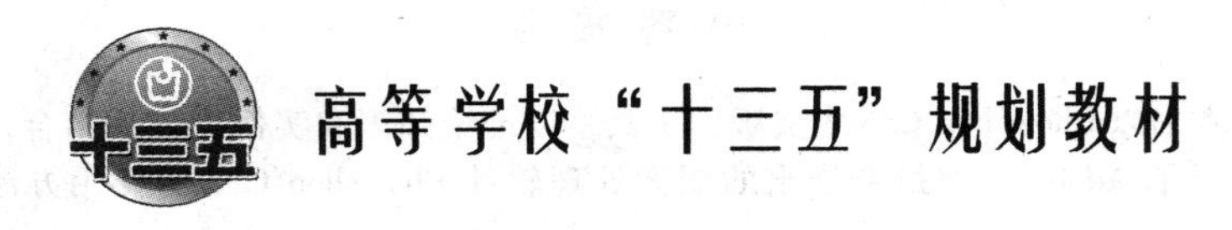

Photoshop CS6 平面设计案例教程

主　编　张　灵　刘红明　刘雨瞳
副主编　程亚维　葛　萌　崔　青　林　琳

北　京
冶 金 工 业 出 版 社
2019

内 容 提 要

本书以 Photoshop CS6 中文版为工具，以理论知识和实例操作相结合，详细介绍了 Adobe 公司最新推出的图像处理软件 Photoshop CS6 的使用方法和技巧。

全书共分 9 个项目，每个项目分别介绍一个技术，内容翔实，实例丰富，通过多种实战练习，读者可以轻松有效地掌握软件技术。并且在掌握软件应用的同时还可以进行设计理念的培养，并将设计理念应用到具体的设计制作中。

本书可作为高等院校计算机、艺术设计等相关专业的 Photoshop CS6 课程教材和教学参考书，也可作为从事平面广告设计、工业设计、CIS 企业形象策划、产品包装造型、印刷制版等工作人员的自学参考书。

图书在版编目(CIP)数据

Photoshop CS6 平面设计案例教程/张灵，刘红明，刘雨瞳主编．—北京：冶金工业出版社，2019.12

ISBN 978-7-5024-8388-3

Ⅰ.①P… Ⅱ.①张… ②刘… ③刘… Ⅲ.①平面设计—图象处理软件—教材 Ⅳ.①TP391.413

中国版本图书馆 CIP 数据核字(2019)第 300905 号

出 版 人　陈玉千

地　　址　北京市东城区嵩祝院北巷 39 号　邮编　100009　电话　(010)64027926

网　　址　www.cnmip.com.cn　电子信箱　yjcbs@cnmip.com.cn

责任编辑　俞跃春　刘林烨　美术编辑　吕欣童　版式设计　孙跃红

责任校对　郑　娟　责任印制　李玉山

ISBN 978-7-5024-8388-3

冶金工业出版社出版发行；各地新华书店经销；北京兰星球彩色印刷有限公司印刷

2019 年 12 月第 1 版，2019 年 12 月第 1 次印刷

787mm×1092mm　1/16；19 印张；463 千字；296 页

49.00 元

冶金工业出版社　投稿电话　(010)64027932　投稿信箱　tougao@cnmip.com.cn

冶金工业出版社营销中心　电话　(010)64044283　传真　(010)64027893

冶金工业出版社天猫旗舰店　yjgycbs.tmall.com

（本书如有印装质量问题，本社营销中心负责退换）

前　言

Photoshop 软件已成为世界各地数百万的设计人员、摄影师和艺术家使用的图形图像处理软件。无论从海报到包装，横幅到网站，从令人难忘的徽标到吸引眼球的图标，Photoshop 都在不断推动设计世界向前发展。由于其直观的工具和易用的模板，即使是初学者也能创作出令人惊叹的作品。无论是寻求基本编辑还是彻底变换，Photoshop 都可提供整套用于将照片转换成艺术作品的专业摄影工具，其包含调整、裁切、润饰和修复旧照片，玩转颜色和效果等功能，让平凡变非凡。

本书全面系统地介绍了 Photoshop CS6 的基本操作方法和图像处理技巧，并对 Photoshop CS6 软件在平面设计领域的应用进行深入地介绍，主要包括 Photoshop 在平面设计中的应用、软件基本操作、照片描图、插画制作、标志 LOGO 设计、海报制作、广告设计和网页设计等内容。

本书内容以案例为主线，通过案例的制作，读者可以快速熟悉案例的制作方法。书中相关理论和软件功能的介绍，可以使学生深入了解理论知识和软件使用，任务实践和项目拓展，能够对读者的实际应用能力进行综合拓展。结合 Photoshop 在日常生活中的应用，本书精心安排了任务实践案例和项目拓展训练，通过对这些实例的详细分析和讲解，能够使读者的艺术创意设计思维更加开阔，实际制作水平不断提升。

本书共分为 9 个项目。项目 1 简要介绍 Photoshop 在平面设计中的应用，以及 Photoshop CS6 的新增功能；项目 2 主要对 Photoshop CS6 工作界面、首选项设置、文件的基本操作以及图像的简单编辑进行讲解，使读者在进行图像处理之前熟练掌握 Photoshop CS6 软件的基本操作；项目 3 介绍了图层的应用与选择工具的使用，通过学习使读者能够进行简单的照片抠图和插画制作；项目 4 主要讲解颜色与填充工具、绘图工具和文字工具的使用，使读者了解并掌握标志 LOGO 的设计；项目 5 详细介绍了修图工具、路径和矢量工具的使用方法，并且在此基础上提供了海报的制作步骤；项目 6 概述了应用色调调整，以广告设计实例介绍了 Photoshop 通道技术的使用方法；项目 7 主要介绍蒙版技术和滤镜技术，并且在此基础上完成了欢畅啤酒节的实例制作；项目 8 详细介绍了包装设计过程中使用的各种辅助工具，使读者能够完成日常生活中的常见包装设计；项目9以网页设计为例制作网页小按钮和电影工作室主页的制作。

本书由玉溪师范学院张灵、山东司法警官职业学院刘红明、平顶山学院刘雨瞳担任主编，济源职业技术学院程亚维、咸阳师范学院葛萌、新疆大学崔青、辽宁城市建设职业技术学院林琳担任副主编。全书由张灵、刘红明、刘雨瞳统编定稿，具体编写分工如下：项目4由张灵编写；项目5、附录由刘红明编写；项目3由刘雨瞳编写；项目1、项目2由程亚维编写；项目6由葛萌编写；项目7、项目9由崔青编写；项目8由林琳编写。

由于编者水平所限，书中不妥之处，望广大读者批评指正。

编　者

2019年6月

目　　录

项目 1　进入 Photoshop 的世界

【学习目标】

Photoshop 软件是一款可以将自己的创意或想法尽情展现的图像处理软件。使用 Photoshop CS6 就像使用多彩的画笔在白纸上绘画一样操作方便。本项目主要介绍 Photoshop 的应用领域、平面设计基本元素以及 Photoshop CS6 软件的新增功能，为后面的学习打下基础。

【知识精讲】

任务 1.1　Photoshop 在平面设计中的应用

Adobe Photoshop 作为功能强大且操作简单的一款图像处理软件，深受专业设计师和业余爱好者们的欢迎，它能结合设计师的设计灵感和创意，创作出精美的作品。Photoshop 软件的诞生极大地丰富了人们的生活，并广泛应用于日常生活中的各种平面设计中，下面就一起来领略 Photoshop 的应用范围。

1.1.1　平面设计的分类

Photoshop 软件广泛应用在平面设计中，平面设计是包含经济学、信息学、心理学和设计学等领域的创造性视觉艺术学科。它通过图形、文字、色彩等元素的设计和编制，通过二维空间进行视觉沟通和信息表达。

日常常见的平面设计项目可以归纳为广告设计、VI 设计、书籍设计、海报设计、包装设计和网页设计等。

1.1.1.1　广告设计

广告设计是通过图像、图形、文字、色彩和版面等视觉元素，结合广告媒体的使用特征构成的艺术表现形式，实现传达广告目的和意图的艺术创意设计。平面广告设计的类别主要包括 POP 广告、杂志广告、报纸广告、招贴广告、户外广告和网络广告等。广告设计效果图如图 1-1 所示。

图 1-1　广告设计效果图

1.1.1.2　VI 设计

VI（Visual Identity）即企业视觉识别，是以建立企业的理念识别为基础，将企业理念、企业使命、企业价值观经营概念变为静态的具体识别符号，并进行具体化和视觉化的传播。VI 设计是将企业标志、产品包装设计和广告设计等有计划地传递给社会公众，树立企业整体统一的识别形象。VI 设计效果图如图 1-2 所示。

图 1-2 VI 设计效果图

1.1.1.3 书籍设计

书籍设计又称作书籍装帧设计，是对书箱的印前、印中、印后对书的形态和传达效果的整体策划及造型设计。书籍设计也是完成书籍形式从平面化到立体化的过程，它包含了艺术思维、构思创意和技术手法的系统设计，也包括书籍的开本、装帧形式、封面、腰封、字体、版面、色彩、插图以及纸张材料、印刷、装订和工艺等各个环节的艺术设计。在书籍设计中，整体设计称为装帧设计或整体设计，只完成封面或版式等部分的设计，只能称作封面设计或版式设计。书籍设计效果图如图 1-3 所示。

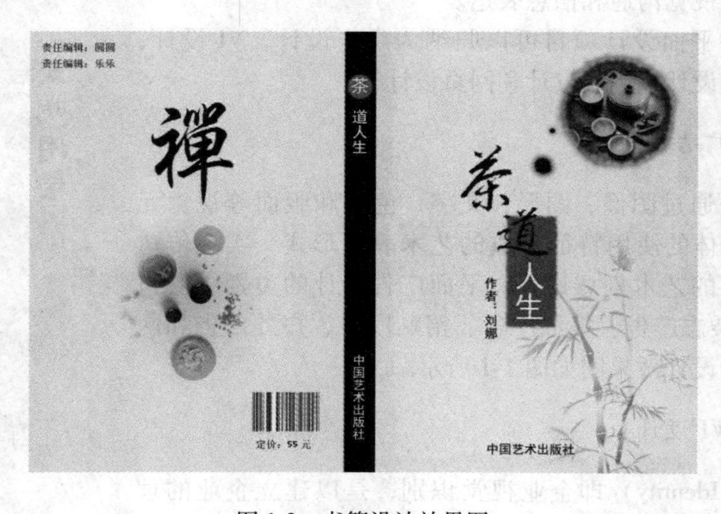

图 1-3 书籍设计效果图

1.1.1.4　海报设计

海报是以单张纸为载体，是一种大众化宣传的可张贴的广告印刷品，其以极强的视觉冲击效果、精美的印刷和突出的产品主题，给人留下很深的印象。海报设计是对图像、文字、色彩、版面和图形等元素，结合广告媒体的使用特征，在计算机上通过相关设计软件来实现表达广告目的和意图，所进行平面艺术创意性的一种设计活动或过程。海报设计效果图如图 1-4 所示。

1.1.1.5　包装设计

包装设计是一门综合运用自然科学和美学知识，为在商品流通过程中更好地保护商品，并促进商品的销售而开设的专业学科。其主要包括包装造型设计、包装结构设计以及包装装潢设计。选用合适商品的包装材料，运用巧妙的制造工艺手段，为商品进行容器结构功能化、形象化的视觉造型设计，使其更利于整合容纳、保护产品、方便储运、优化形象、传达属性和促进销售。包装设计效果图如图 1-5 所示。

图 1-4　海报设计效果图

图 1-5　包装设计效果图

1.1.1.6　网页设计

网页设计是根据网站所要表达的主题，将网站信息整理归纳总结后，进行的版面布局和美化设计。通过网页设计，让网页信息更有条理，页面效果更具美感，从而提高网页的信息获取和阅读效率。网页设计过程中，设计者需要掌握平面设计的基础理论和设计技巧，熟悉网页配色、网站风格和网页制作技术等网页设计知识，才能设计出符合项目需求的艺术化、人性化的网页。网页设计效果图如图 1-6 所示。

1.1.2　平面设计基本元素

平面设计作品主要包括图形、文字和色彩三个基本元素，基本元素的组合组成了一个完整的平面设计作品。三个基本元素之间相互影响，每个元素的变化都会对平面设计作品

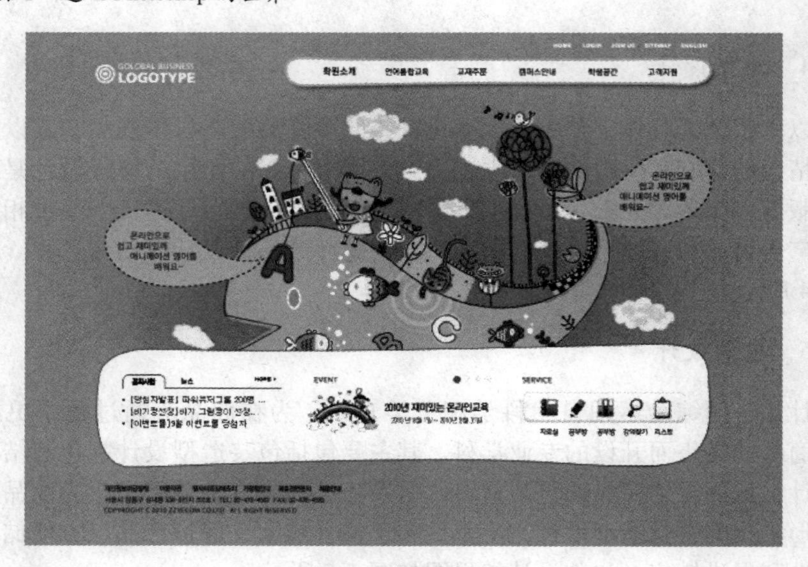

图 1-6 网页设计效果图

产生丰富的视觉效果，每个基本元素对平面设计作品都起着举足轻重的作用。

1.1.2.1 图形

图形的设计是整个设计内容最直观的体现，它最大限度地表现了作品的主题和内涵。人们在观看平面设计作品时，首先注意到的是图片，其次是标题，最后才是正文。如果说标题和正文作为符号的文字受地域和语言背景限制的话，那么图片信息的传递则不受国家、民族和种族语言的限制。它是一种通行于世界的语言，具有广泛的传播性。因此，图形创意策划的选择直接影响着平面设计作品的成败。图形元素效果图如图 1-7 所示。

图 1-7 图形元素效果图

1.1.2.2 文字

文字是最基本的信息传递符号，在平面设计过程中，文字的设计编排也占着相当重要的地位。文字是体现内容传播功能的最直接形式，文字的字体造型和构图的编排直接影响平面设计作品的诉求效果和视觉表现力。文字元素效果图如图 1-8 所示。

1.1.2.3 色彩

平面设计作品的画面的整体色彩对人的整体感受有着重要影响，色彩的色调与搭配受宣传主题、企业形象和推广地域等因素的共同影响，在平面设计中，设计师应考虑消费者对颜色的一些固定心理感和地域文化。色彩元素效果图如图 1-9 所示。

图 1-8　文字元素效果图

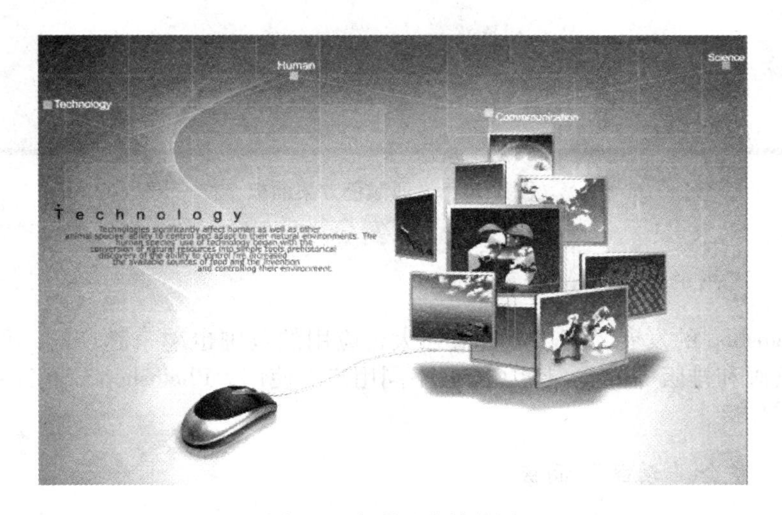

图 1-9　色彩元素效果图

任务 1.2　Photoshop CS6 的新增功能

Photoshop CS6 的工作界面在沿袭 Photoshop CS5 的基础上，做了很多更加方便用户操作的调整。最明显的是在软件的右上方新增了实时工作区切换按钮，可以自动存储反映用户的工作流程，具有针对特定任务的工作区，并且可在工作区之间快速切换，从而可轻松进行界面管理。

1.2.1　改进的工作界面

1.2.1.1　可变的操作界面颜色

Photoshop CS6 对软件的操作提供了更加自由的控制方法，执行“编辑 > 首选项 > 界面”命令，在弹出的“首选项”对话框中可以设置界面的颜色，并提供了 4 种颜色文字供用户选择。“首选项”对话框中界面颜色方案面板如图 1-10 所示。

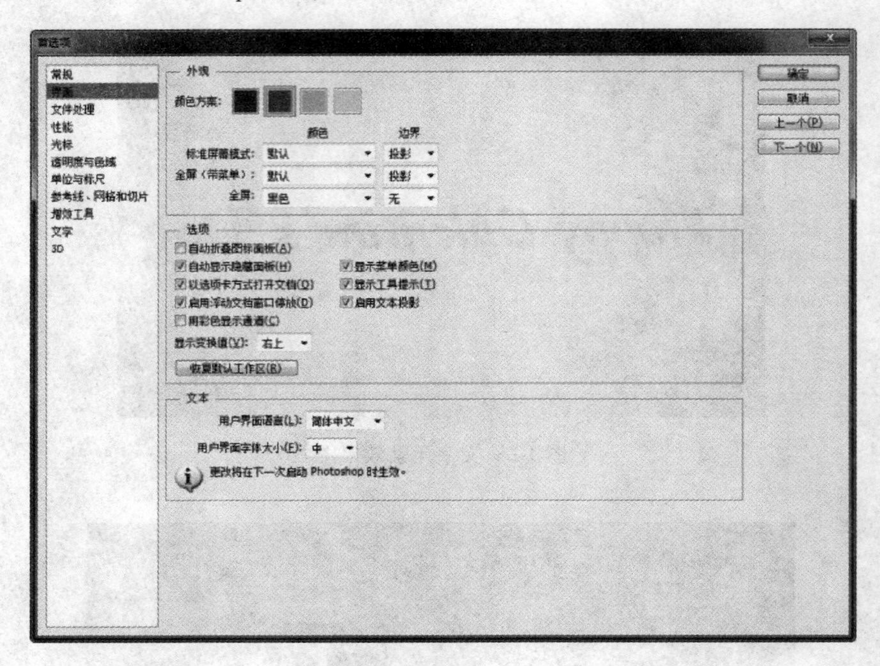

图 1-10 界面颜色方案面板

1.2.1.2 实用的工作区

随着 Photoshop 的发展，其功能日益强大，应用的范围也越来越广泛，可以应用在动画、摄影、绘画和排版等方面。为了方便不同用户的使用，Photoshop CS6 针对不同用户提供了不同的工作区。

1.2.1.3 整合“动画”面板

将“动画”面板更改为“时间轴”面板。在“时间轴”面板中可以使用音轨，为视频添加音轨，将制作帧动画和视频动画整合在一个面板中，并且可以通过单击相关按钮，实现在两种方法间的快速切换。

1.2.1.4 新增的“属性”面板

新增的“属性”面板，如“3D 对象”和“图层复合”面板，可用来显示不同对象的参数，使操作过程更加清晰，同时，也能整合各项功能，方便用户的理解和制作。

1.2.2 改进的菜单和工具

1.2.2.1 面部皮肤探测

新增检测人脸功能，使用“选择 > 色彩范围”命令，勾选“检测人脸”，可以更加精确地对人脸的皮肤进行选择。

1.2.2.2 增强调整命令功能

Photoshop CS6 中增强了“曲线”和“色阶”的自动功能，并为“亮度/对比度”增加了自动功能。

1.2.2.3　新增“文字”菜单

Photoshop CS6 中新增了单独的文字菜单，并且增加了更多实用的文字处理功能，优化了“字符”面板的使用。用户可以将常用的文字板式设置参数保存为字符样式或段落样式，在下次使用时只需要轻轻点击即可完成相同的内容板式。

1.2.2.4　新增的透视剪裁工具

Photoshop CS6 中新增透视裁剪工具，该工具可以完成拉直图像、裁剪透视图像等操作，并且能提供实用的裁剪视图样式，可以帮助用户裁剪出符合构图比例的图像。

1.2.3　改进的图层面板

1.2.3.1　改进图层组内涵

图层组不再是一个容器，具有了普通图层的意义。旧版中的图层组只能设置混合模式和不透明度，新版中的图层组可以像普通图层一样设置样式、填充不透明度、混合颜色带以及其他高级混合选项。在 Photoshop 内核功能升级空间越来越小的情况下，这一功能无疑具有极其重要的意义。新版的图层组样式设置对话框如图 1-11 所示。

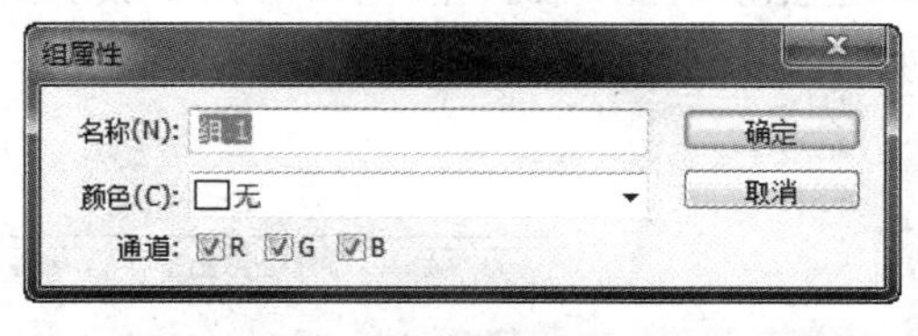

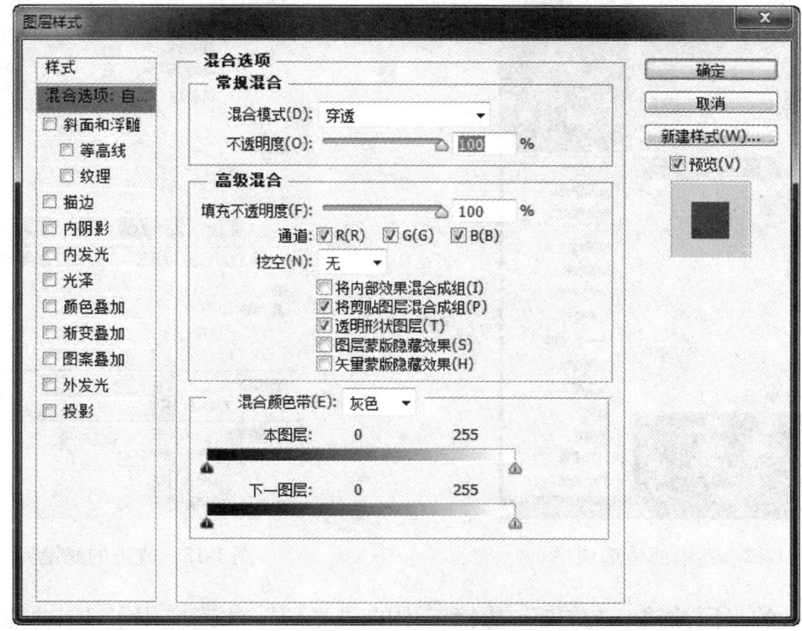

图 1-11　图层组样式设置对话框

1.2.3.2 优化形状图层

在旧版 Photoshop 软件中创建形状图层，通常会同时创建一个蒙版。在 Photoshop CS6 中创建形状图层时，不用再同时创建蒙版，使用起来更加方便，同时也将矢量图绘制的一些概念引入到 Photoshop CS6 中。

1.2.3.3 图层搜索和图层分类

为方便用户对大量图层进行管理，在图层面板中新增了图层搜索和图层分类按钮。使用这两个功能可以随时按照图层的类别进行图层的编辑管理，大大提高工作效率。

1.2.4 优化的滤镜工具

Photoshop CS6 新增了以下滤镜工具：

（1）自动适应广角滤镜和油画滤镜。使用自动适应广角滤镜和油画滤镜能够对图像的视角进行更多的变化调整。

（2）场景模糊、光圈模糊和倾斜模糊滤镜。使用这 3 个滤镜可以非常容易地将普通照片处理成只有专业相机才能拍摄出来的景深效果，新增滤镜选项栏如图 1-12 所示。

（3）重新规划滤镜菜单。将很多同类型的滤镜添加到了滤镜库中，滤镜菜单变得更精简，使用起来更加方便，同时优化了一些滤镜功能，如“液化”滤镜添加了更多使用且效果明显的滤镜命令，改进的滤镜界面如图 1-13 所示。

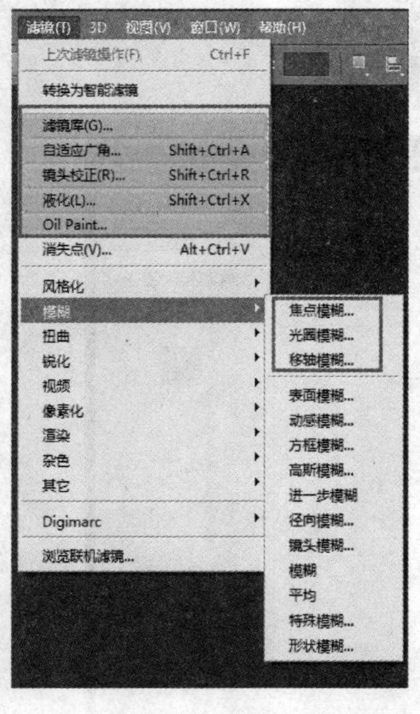

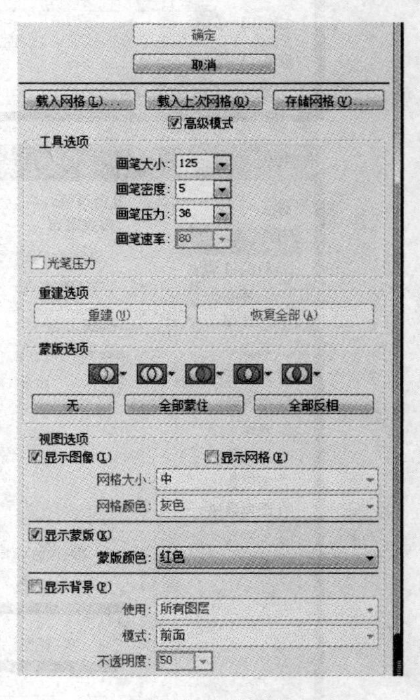

图 1-12 新增滤镜选项栏

图 1-13 改进的滤镜界面

（4）强大的光照滤镜。“渲染”滤镜组中的“光照”滤镜应用了 3D 功能，使得“光照”滤镜更加强大，实现的效果更加逼真。

【任务实践】

切换文档窗口的浮动/停放状态

在 Photoshop CS6 软件中，打开的所有文件在默认情况下都会停放为选项卡的方式紧挨在一起。按住鼠标左键拖曳文档窗口的标题栏，可以将其设置为浮动窗口。浮动窗口如图 1-14 所示。

图 1-14　浮动窗口

按住鼠标左键将浮动文档窗口的标题栏拖曳到选项卡中，文档窗口会停放到选项卡中。文档窗口如图 1-15 所示。

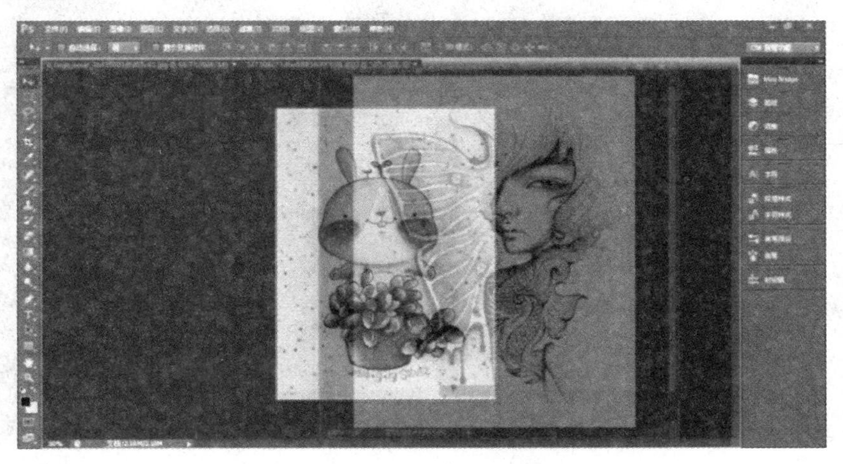

图 1-15　文档窗口

【项目总结】

本项目首先详细讲解了 Photoshop 的应用领域，然后介绍了 Photoshop CS6 的新增功能。新旧版本的对比，对于大家使用 Photoshop CS6 有更大的帮助。

项目 2　初识 Photoshop CS6

【学习目标】

掌握 Photoshop CS6 图像处理技巧，需要从 Photoshop 的基础操作开始学起，只有熟悉工作界面，熟练掌握工作界面及基础知识，才能为后面更深入的学习做好铺垫。在本项目的学习中，读者将会了解 Photoshop 软件的工作界面、首选项设置、文件的基本操作和图像的基本编辑方法等。通过本项目的学习，能够帮助读者快速掌握 Photoshop CS6 的基本操作。

【知识精讲】

任务 2.1　Photoshop CS6 工作界面

Photoshop CS6 的工作界面主要由菜单栏、属性栏、工具箱、选项卡式窗口、面板和状态栏组成。Photoshop CS6 工作界面如图 2-1 所示。

图 2-1　Photoshop CS6 工作界面

2.1.1　菜单栏

菜单栏中包括“文件”菜单、“编辑”菜单、“图像”菜单、“图层”菜单、“文字”菜单、“选择”菜单、“滤镜”菜单、“3D”菜单、“视图”菜单、“窗口”菜单和“帮助”菜单共 10 个菜单命令。菜单栏包含了 Photoshop 中的所有菜单命令，利用菜单命令可以完成文件操作、图像编辑、色彩调整、添加滤镜、视图设置和帮助信息等操作。菜单栏如图 2-2 所示。

图 2-2　菜单栏

2.1.2　属性栏

属性栏位于菜单栏的下方。当选择工具箱中的某个工具后，会出现相应的工具属性栏，用户可以通过属性栏对工具做进一步的设置。属性栏如图 2-3 所示。

图 2-3　属性栏

2.1.3　工具箱

工具箱默认位于工作界面的左侧，要使用某种工具，只需单击该工具。由于 Photoshop CS6 工具箱中包含的工具较多，因此工具箱并没有完全显示所有的工具，有些工具是隐藏在相应的子菜单中。若工具箱上的某工具图标的右下角有一个三角符号，则表明该工具组包含相关的子工具。单击该工具并按住鼠标左键不放或在该工具上单击鼠标右键，则会打开该工具的子菜单，此时将鼠标移到需要的工具并单击，则该工具将成为当前工具出现在工具箱上，工具箱如图 2-4 所示。

2.1.4　选项卡式窗口

选项卡式窗口显示当前打开的图像文件，打开的图像文件窗口称为当前窗口，可以通过鼠标单击或 Tab 键选择某窗口的当前窗口。

2.1.5　面板

窗口右侧的小窗口称为控制面板，如图 2-5 所示。控制面板里的内容可以进行自定义操作，可以删除或在菜单栏进行添加。控制面板的选项卡也可以单独地拉出或者拉入。当用户准备对控制面板进行还原时，只需要对“菜单栏>窗口>工作区>基本功能（默认）”进行选择就可以了。

2.1.6　状态栏

状态栏位于 Photoshop CS6 当前图像文件窗口的最底部，其主要用于显示图像处理的各种信息。状态栏的左侧显示当前图像缩放显示的百分数，在显示区的文本框中输入数值可以改变图像窗口的显示比例。状态栏的中间部分显示当前图像的文件信息。

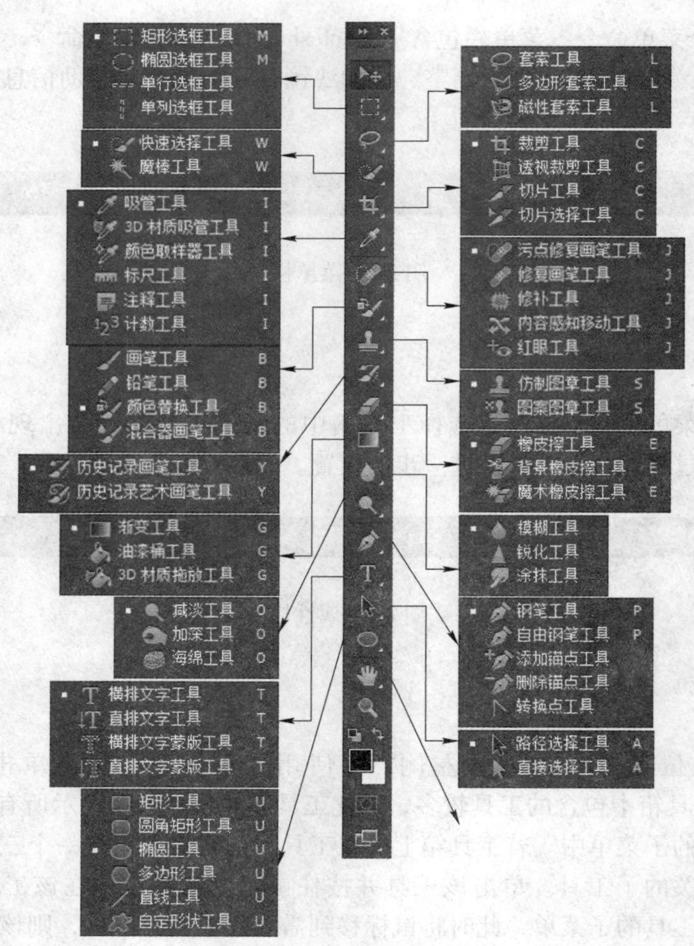

图 2-4 工具箱

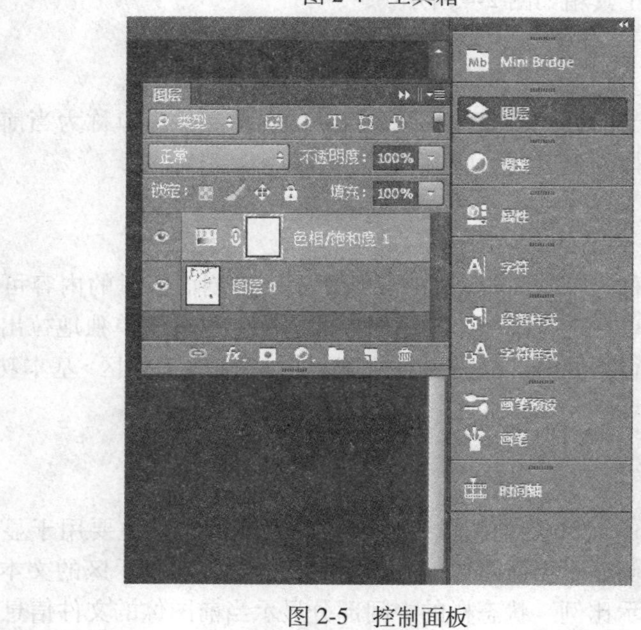

图 2-5 控制面板

任务 2.2 首选项设置

进行平面设计之前，可以对 Photoshop 软件进行首选项设置，使其更加符合用户的工作习惯，提高软件的运行速度和工作效率。在 Photoshop 中选择“编辑>首选项>常规”菜单命令，即可进入 Photoshop 的首选项设置界面，也可以直接按“Ctrl+K”快捷键打开。

首选项主要对软件进行常规面板、界面面板、文件面板、性能面板等设置，下面以常规面板为例进行说明。在常规面板中，读者可以修改 Photoshop CS6 的一些常规设置。常规设置如图 2-6 所示。

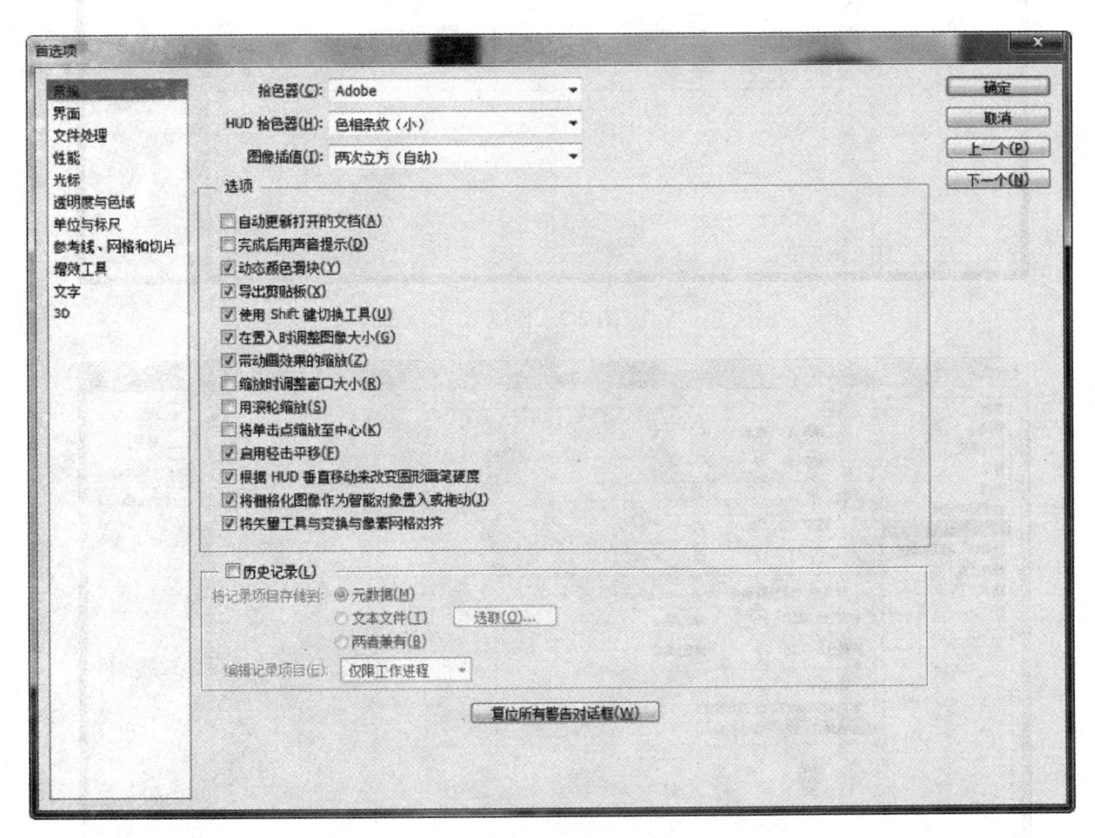

图 2-6 常规设置

性能参数的设置主要是为了提高软件的运行速度和工作效率，其中包括设置内存使用情况、暂存盘、历史记录与调整缓存和图形处理器。如图 2-7 所示。

标尺出现在当前窗口的顶部和左侧，可根据图像处理的需要，进行标尺文字的单位设置，如图 2-8 所示。如果图像是用于印刷，可将标尺和文字单位设置为通用的英寸、厘米、毫米等单位；如果是用于网页图像、软件界面设计等屏幕显示，可将单位设置为像素显示尺寸。

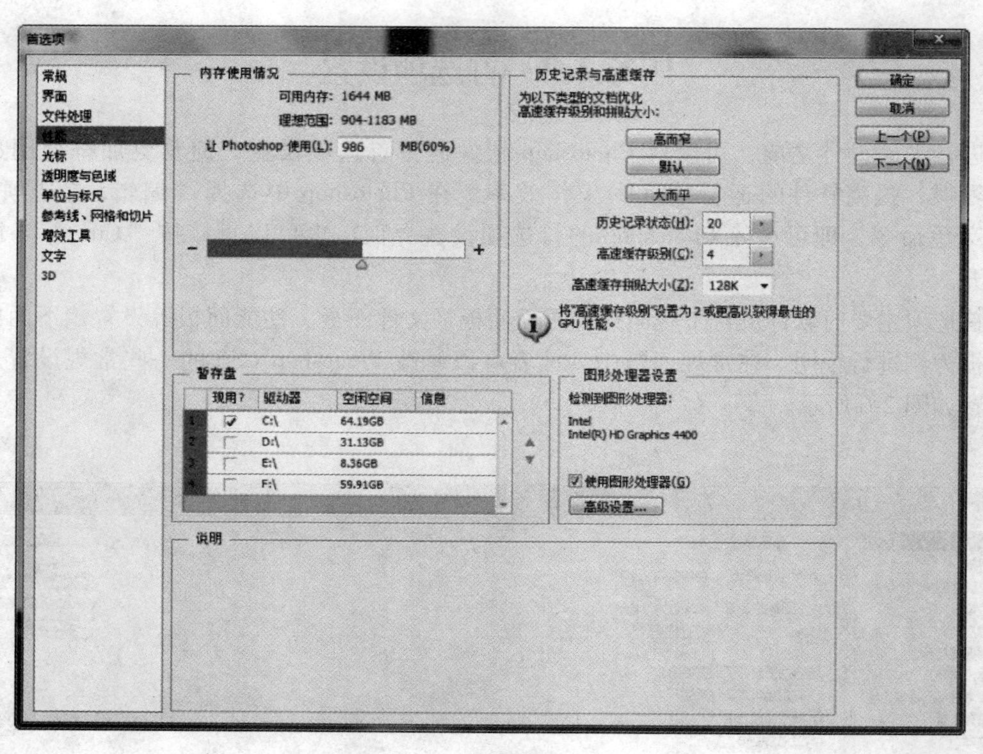

图 2-7 性能

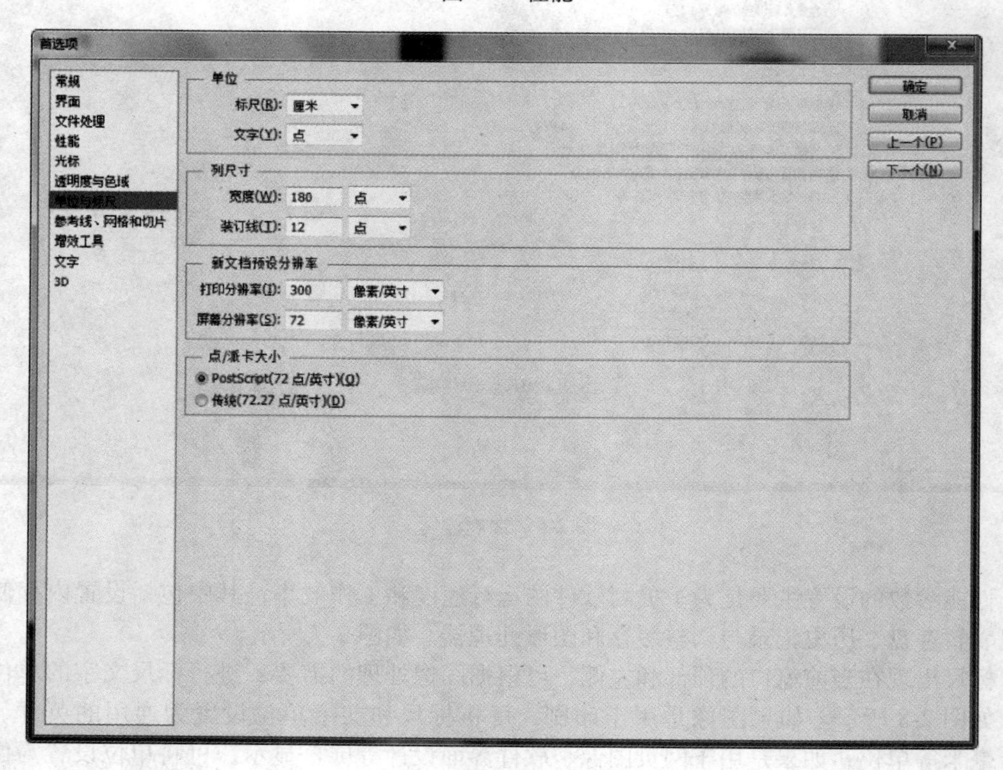

图 2-8 单位与标尺

任务 2.3　文件的基本操作

在 Photoshop CS6 软件中对文件进行基本操作，其主要包括新建文件、打开文件、置入文件、保存文件和关闭文件等。

2.3.1　新建文件

打开 Photoshop CS6 软件后，该软件并未新建或打开一个图像文件，用户可以根据需求新建一个图像文件。新建图像文件可单击“文件>新建”菜单命令或者按下“CTRL+N”组合键打开“新建”对话框，如图 2-9 所示。

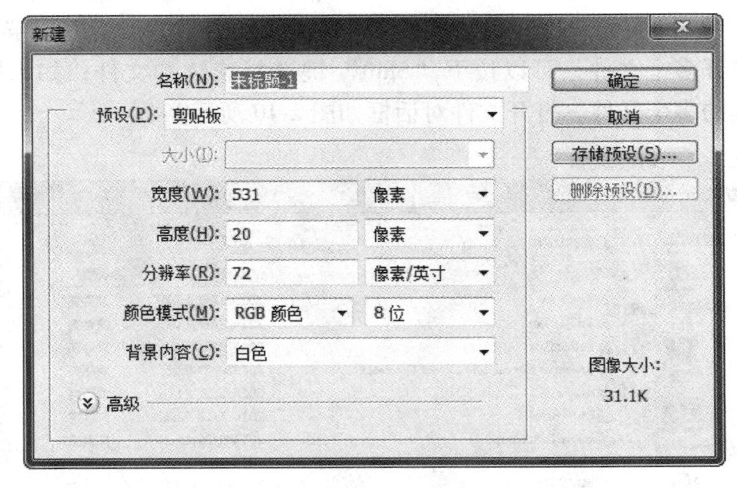

图 2-9　“新建”对话框

其中，“新建”对话框包含以下选项：

（1）“名称”文本框。该选项可以用于填写新建文件的名称，“未标题-1”是 Photoshop 软件默认的名称，为方便文件管理，用户可以将其改为其他名称。

（2）“预设”下拉列表。该选项可以用于提供预设文件尺寸和自定义尺寸。

（3）“宽度”文本框。该选项可以用于设置新建文件的宽度，默认单位为 pixels 像素，也可以选择 inches 英寸、cm 厘米、mm 毫米、point 点、picas 派卡和 columns 列等。通常在制作网页图像时，一般使用像素作为单位；在制作印刷品文件时，一般采用厘米作为单位。

（4）“高度”文本框。该选项可以用于设置新建文件的高度，单位设置与“宽度”设置方法相同。

（5）“分辨率”文本框。该选项可以用于设置文件在单位长度内所含有的点（即像素）的多少，默认单位为像素/英寸，也可以设置为像素/厘米。在图像处理过程中，分辨率越高图像越清晰，但文件占用的空间也就越大。如果所做的图像是用于屏幕显示，分辨率设置为 72 像素/英寸；如果所做的图像是用于印刷或喷绘，分辨率必须达到 300 像素/英寸。

（6）“颜色模式”下拉列表。该选项可以用于设置文件的模式，包括位图、灰度、RGB 颜色、CMYK 颜色和 Lab 颜色等。如果设计的图像只是显示在屏幕上，不需要出图的话，文件颜色模式设置为 RGB 颜色；如果设计的图像用于印刷或户外写真，需要出图，文件颜色模式则设置为 CMYK 颜色。

（7）“背景内容”下拉列表。该选项可以用于选择文件的背景内容，包括白色背景、透明背景和背景色三种。白色背景以单一的白颜色表示；透明背景是以灰色和白色交错的格子表示；背景色以相对于前景色所设定的背景颜色表示。

2.3.2　打开文件

对已有文件进行编辑操作时，首先需要打开文件。打开文件的方法主要有以下几种：

（1）选择“文件>打开”菜单命令或按“Ctrl+O”组合键，或者双击屏幕也可以打开图像。如果想打开多个文件，可以按下“Shift”键选择连续的文件；如果按“Ctrl”键，可以选择不连续的多个文件。打开文件对话框如图 2-10 所示。

图 2-10　打开文件对话框

（2）打开最近打开过的图像，选择“文件>最近打开的文件”命令，也就是说打开最近用过的图像。

（3）选择“文件>打开为”窗口或按下“Ctrl+Shift+O”组合键打开图像。

2.3.3　置入文件

选择“打开”命令，打开的各个图像之间是相互独立的，如果想让图像导入到另一个图像上，需要使用“置入”命令，具体操作方法是：选择“文件>置入”菜单命令，打开“置入”对话框，如图 2-11 所示。在“置入”对话框中选择要置入的文件，单击“置入”按钮，即可置入该图像文件。

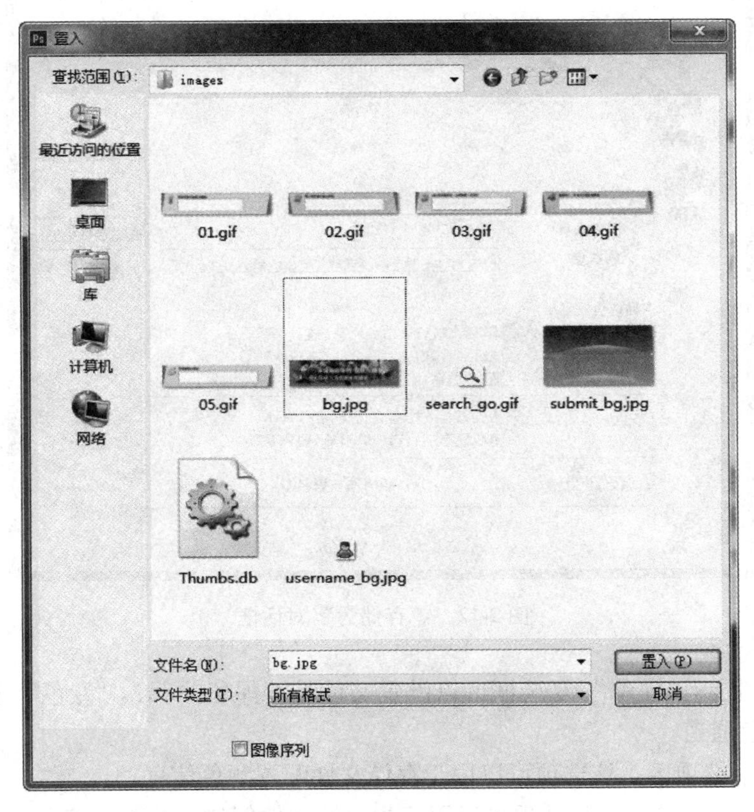

图 2-11　“置入”对话框

2.3.4　保存文件

设计过程中或完成后，需要保存文件，以备以后使用方便。保存文件的方法主要有以下几种。

（1）新建文件的保存。新建的文件在保存时，可以选择“文件>存储为”菜单命令或者按“Ctrl+S”组合键，打开“存储为”对话框，如图 2-12 所示。选择保存文件的位置后，在“文件名”文本框中输入文件名，Photoshop 默认的文件扩展名为 . psd。其中，“存储为”对话框包含以下选项：

1）“存储选项”选项区。该选项可以用于设置文件存储前的各种要素。“作为副本”复选框可以将编辑的文件存储为文件的副本，并保证原来文件不受影响；“Alpha 通道”复选框可以设置文件是否存储 Alpha 通道；“图层”复选框可以保持各图层独立进行存储，

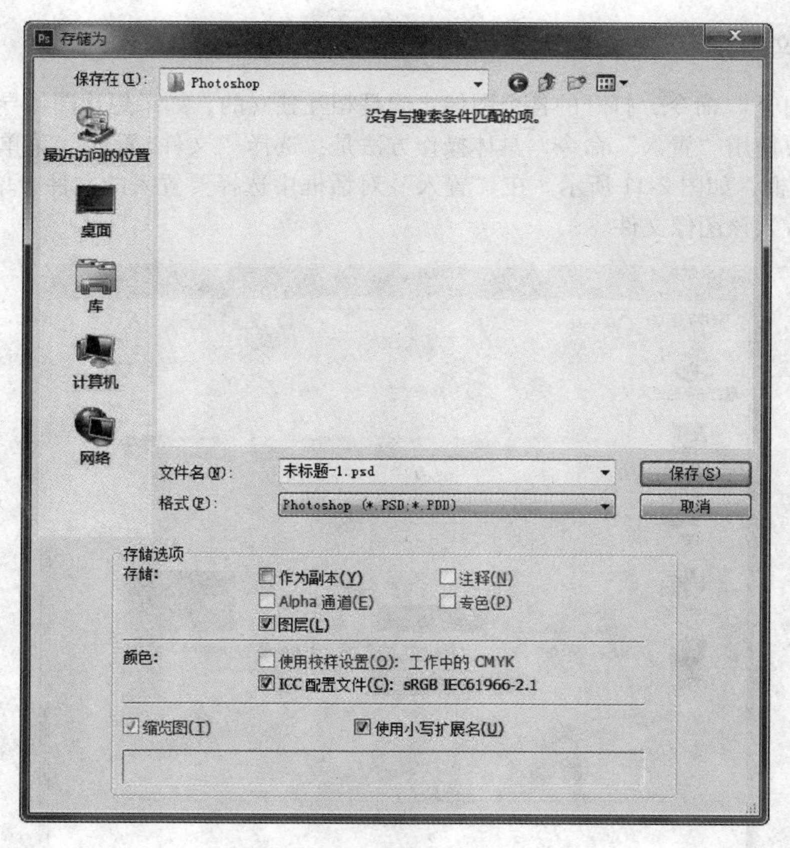

图 2-12　“存储为”对话框

使文件存在多图层；“注释”复选框可以设置文件是否保留注释；“专色”复选框可以保存图像中的专色通道。

2）“颜色”选项区。该选项可以用于存储文件配置颜色信息。

3）“缩览图”复选框。该选项可以用于为存储文件创建缩览图，该选项为灰色，表明系统自动为其创建缩览图。

4）“使用小写扩展名”复选框。该选项可以用于设置创建文件的扩展名是否使用小写字母表示。

（2）存储为 Web 所用格式。当用户设计的图像用于网页显示时，需要将其存储为 Web 所用格式更为方便。存储为 Web 所用格式是输出展示在网页上的图像，在维持图像质量的同时尽可能地缩小文件存储空间。选择“文件>存储为 Web 所用格式”菜单命令或按“Alt+Shift+Ctrl+S”快捷键，打开“存储为 Web 所用格式”对话框，如图 2-13 所示。

存储为 Web 所用格式支持 GIF、JPEG、PNG-8、PNG-24 和 WBMP 五种格式的图像文件，每种图像格式都可以进行灵活地设置。

2.3.5　图像的存储格式

当图像文件处理好之后，需要对其进行存储，因此选择合适的文件格式十分重要。在

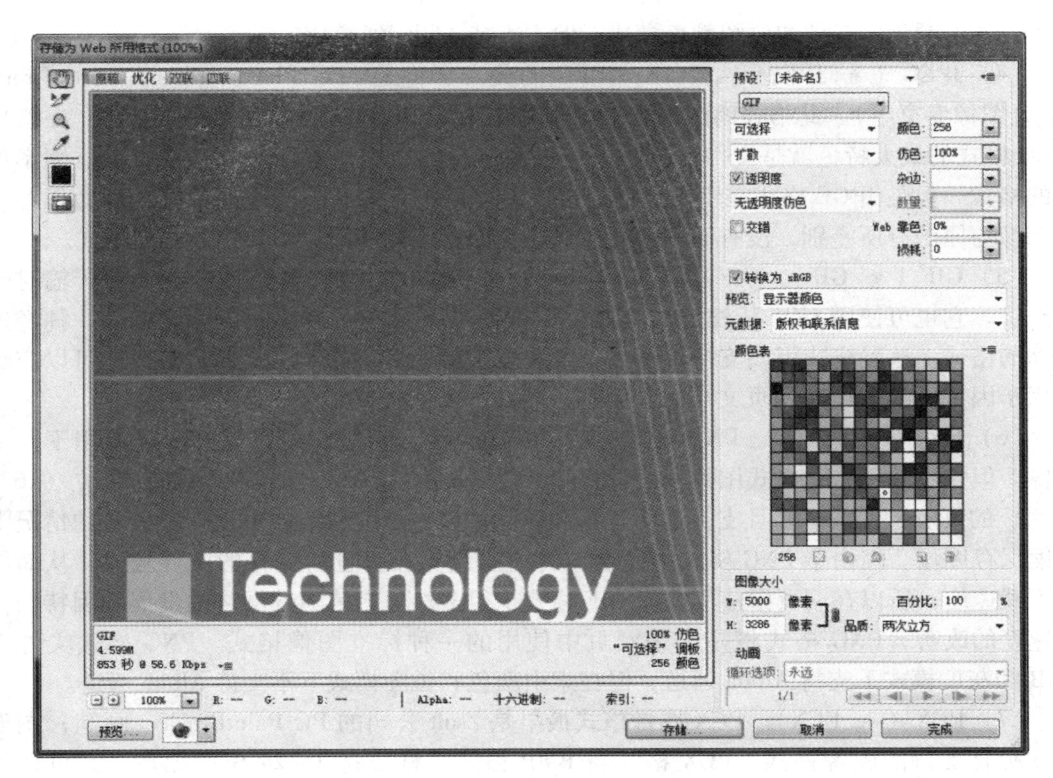

图 2-13 “存储为 Web 所用格式”对话框

Photoshop CS6 中可以存储 20 多种文件格式，这些文件格式既有 Photoshop CS6 的专用格式，也有用于应用程序交换的文件格式，还有一些特殊格式。

Photoshop CS6 中常用格式主要包括：

（1）PSD（＊.PSD；.PDD）。PSD 格式和 PDD 格式是 Photoshop CS6 自身的专用文件格式，能够支持从线图到 CMYK 的所有图像类型，但由于在一些图形处理软件中没有很好地支持，因此其通用性不强。PSD 格式和 PDD 格式能够很好地保存图像数据的细小部分（如图层、通道和路径等），因此该格式比其他格式的图像文件要大得多。但 PSD 文件保留所有原图像数据信息（如图层），因而修改起来较为方便，这也是 Photoshop 专用文件格式优越之处。

（2）TIFF（＊.TIF）。TIFF 的英文全名是 Tagged Image File Format（标记图像文件格式）。此格式便于在应用程序之间和计算机平台之间进行图像数据交换，因此，TIFF 格式应用非常广泛，可以在许多图像软件和平台之间转换，是一种灵活的位图图像格式。TIFF 格式支持 RGB、CMYK、Lab、IndexedColor、位图模式和灰度的颜色模式，并且在 RGB、CMYK 和灰度 3 种颜色模式中还支持使用通道（Channels）、图层（Layers）和路径（Paths）的功能，只要在 Save As 对话框中选中 Layers、Alpha Channels、Spot Colors 复选框即可。

（3）BMP（＊.BMP；＊.RLE）。BMP（Windows Bitmap）图像文件最早应用于微软公司推出的 Microsoft Windows 系统，是一种 Windows 标准的位图式图形文件格式。它支持

RGB、索引颜色、灰度和位图颜色模式，但不支持 Alpha 通道。

（4）JPEG（＊. JPE；＊. JPG）。JPEG 的英文全称是 Joint Photographic Experts Group（联合图像专家组）。此格式的图像通常用于图像预览和一些超文本文档中（HTML 文档）。JPEG 格式的最大特色就是文件比较小，经过高倍率的压缩，是目前所有格式中压缩率最高的格式。但是 JPGE 格式在压缩保存的过程中会以失真方式丢掉一些数据，因而保存后的图像与原图有所差别，没有原图像的质量好，因此印刷品最好不要用此图像格式。

（5）GIF（＊. GIF）。GIF 格式是 CompuServe 提供的一种图形格式，在通信传输时较为经济。它也可使用 LZW 压缩方式将文件压缩而不会太占磁盘空间，因此也是一种经过压缩的格式。这种格式可以支持位图、灰度和索引颜色的颜色模式。GIF 格式还可以广泛应用于因特网的 HTML 网页文档中，但它只能支持 8 位（256 色）的图像文件。

（6）PNG（＊. PNG）。PNG 格式是由 Netscape 公司开发出来的格式，可以用于网络图像，但它不同于 GIF 格式图像只能保存 256 色（8 位），PNG 格式可以保存 24 位（1670 万色）的真彩色图像，并且支持透明背景和消除锯齿边缘的功能，可以在不失真的情况下压缩保存图像。但由于 PNG 格式不完全支持所有浏览器，且所保存的文件较大，从而影响下载速度，所以在网页中使用要比 GIF 格式少得多。但相信随着网络的发展和因特网传输速度的改善，PNG 格式将是未来网页中使用的一种标准图像格式。PNG 格式文件在 RGB 和灰度模式下支持 Alpha 通道，但在索引颜色和位图模式下不支持 Alpha 通道。

（7）PCX（＊. PCX）。PCX 图像格式最早是 Zsoft 公司的 PC PaintBrush（画笔）图形软件所有支持的图像格式。PCX 格式与 BMP 格式一样支持 1～24 位的图像，并可以用 RLE 的压缩方式保存文件。PCX 格式还可以支持 RGB、索引颜色、灰度和位图的颜色模式，但不支持 Alpha 通道。

（8）EPS（＊. EPS）。EPS（Encapsulated PostScript）格式应用非常广泛，可以用于绘图或排版，是一种 PostScript 格式。它的最大优点是可以在排版软件中以低分辨率预览，将插入的文件进行编辑排版，而在打印或出胶片时则以高分辨率输出，做到工作效率与图像输出质量两不误。EPS 支持 Photoshop 中所有的颜色模式，但不支持 Alpha 通道，其中在位图模式下还可以支持透明。

（9）PDF（＊. PDF）。PDF（Portable Document Format 可移植文档格式）格式是 Adobe 公司开发的用于 Windows、Mac OS、UNIX（R）和 DOS 系统的一种电子出版软件的文档格式。它以 PostScript Level 2 语言为基础，因此可以覆盖矢量式图像和点阵式图像，并且支持超级链接。PDF 文件是由 Adobe Acrobat 软件生成的文件格式，该格式文件可以存有多页信息，其中包含图形、文档的查找和导航功能。由于该格式支持超文本链接，因此是网络下载经常使用的文件。PDF 格式支持 RGB、索引颜色、CMYK、灰度、位图和 Lab 颜色模式，并且支持通道、图层等数据信息，PDF 格式还支持 JPEG 和 ZIP 的压缩格式（位图颜色模式不支持 ZIP 压缩格式保存）。

2.3.6 关闭文件

关闭文件的方法有：

（1）双击图像窗口标题栏左侧的图标按钮；

（2）单击图像窗口标题栏右侧的关闭按钮；

（3）单击“File/Close”命令；

（4）按下“Ctrl+W”或“Ctrl+F4”组合键；

（5）如果用户打开了多个图像窗口，并想把它们都关闭，可以单击“文件>关闭全部”命令。

任务 2.4　图像的简单编辑

要想真正掌握和使用一个图像处理软件，不但要掌握该软件的操作，而且还要掌握图像的基础知识，如位图的特征、矢量图的特征等。

2.4.1　图像的基础知识

在计算机中，图像是以数字方式来记录、处理和保存的，所以图像也可以称为数字化图像。图像类型大致可以分为矢量式图像和位图式图像。这两种类型的图像各有特色，也各有优缺点。两者各自的优点恰好可以弥补对方的缺点，因此在绘图与图像处理的过程中，往往需将这两种类型的图像交叉运用，才能取长补短，使用户的作品更为完善。

2.4.1.1　矢量式图像

矢量式图像以数学描述的方式来记录图像内容，它的内容以线条和色块为主。例如一条线段的数据只需要记录两个端点的坐标、线段的粗细和色彩等。因此它的文件所占的容量较小，也可以很容易地进行图像的放大、缩小或旋转等操作，并且不会失真，可用于制作 3D 图像。但矢量图不易制作色调丰富或色彩变化太多的图像，而且绘制出来的图形不是很逼真，无法像照片一样精确地描述自然界的景观，同时也不易在不同的软件间交换文件。

2.4.1.2　位图式图像

位图式图像弥补了矢量式图像的缺陷，它能够制作出颜色和色调变化丰富的图像，可以逼真地表现自然界的景观，同时也可以很容易地在不同软件之间交换文件，这就是位图式图像的优点。但是位图式图像缩放和旋转时会产生图像失真，所以无法制作真正的 3D 图像。同时文件较大，对内存和硬盘容量的需求也较高。位图式图像是由许多点组成的，这些点称为像素（pixel）。Adobe Photoshop 属于位图式的图像软件，用它保存的图像都为位图式图像，但它能够与其他矢量图像软件交换文件，且可以打开矢量式图像。

2.4.2　查看图像

在 Photoshop CS6 软件中可以通过“视图”菜单命令、“导航器”面板或“缩放”工具等操作方式查看图像。

查看图像的方法有：

（1）使用“视图”菜单命令查看图像。“视图”菜单命令中的放大、缩小、按屏幕大小缩放、实际像素显示和打印尺寸可以对图像进行缩放显示，方便用户查看图像信息。

（2）使用“导航器”面板查看图像。“导航器”面板中包含了图像的缩放图和各种窗口缩放工具，用户可以通过“窗口>导航器”菜单命令打开导航器面板，查看图像信息。

（3）使用“缩放工具”查看图像。在处理图像过程中，如果想要查看图像中某个区域的图像细节信息，可以通过工具箱中的缩放工具对图像进行放大或缩小进行查看。当选择缩放工具后，按“Alt”键，可以在放大与缩小之间进行切换。

（4）使用“抓手工具”查看图像。使用“抓手工具”可以在选项卡式窗口中移到整个画布，移动时不会影响图层间的位置，抓手工具常常配合导航器面板一起使用。在任何一个工具下，按住空格键不放，都可以转换成抓手工具。当选择抓手工具后，鼠标光标变成手的形状，按住鼠标左键，在图像窗口中拖动就可以移动图像。

2.4.3　调整图像大小和画布大小

通过图像菜单中的命令，可以对图像的大小和画布的大小进行修改，并配合图像进行裁剪和旋转等操作。

2.4.3.1　调整图像的尺寸

在 Photoshop CS6 中，可以通过“图像>图像大小”菜单命令或按“Ctrl+Alt+I”快捷键，打开“图像大小”对话框，对图像的大小、打印尺寸和分辨率进行查看图像和调整。“图像大小”对话框如图 2-14 所示。

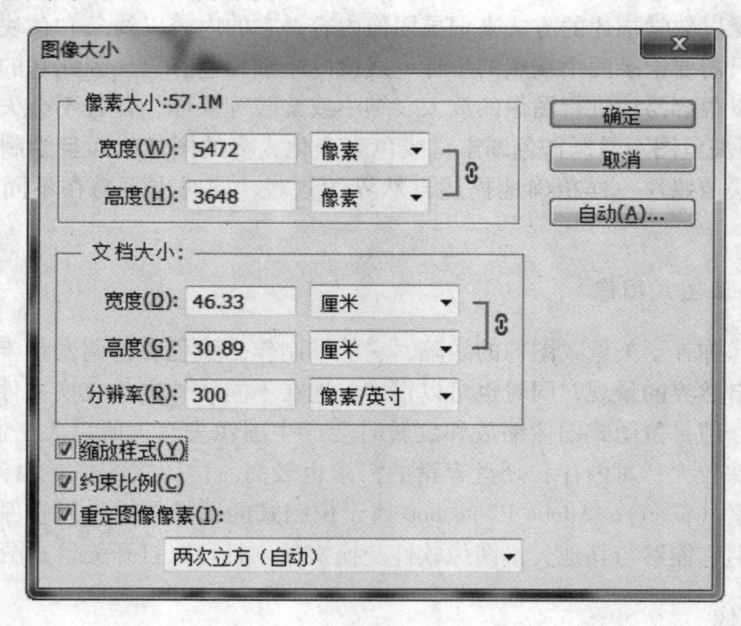

图 2-14　“图像大小”对话框

其中，“图像大小”对话框包含以下选项：

（1）像素大小。该选项可以显示图像的宽度和高度，它决定图像尺寸的大小。

（2）文档大小。该选项可以显示图像的尺寸和打印分辨率，默认的图像宽度及高度是锁定在一起的，其中的一个数值改变后，另外一个也会按比例改变。用户可以根据输出设备的需要，设定“分辨率”的值（用于冲洗或打印的照片图像，通常建议设为 300 像素/

英寸)，再根据打印需求，设置宽度或高度（通常以厘米为单位）。

（3）缩放样式。该选项可以根据设计需求选中。

（4）约束比例。在进行图像的修改时，会自动按照比例调整其宽度和高度，图像的比例保持不变。勾选这一复选框后，图像的宽度和高度的比例就会被固定，即使只输入宽度值，高度值也会根据图像的比例发生改变；如果取消勾选，则与原图像的宽度和高度比例无关，图像的尺寸将会按照输入的数值进行改变。约束比例示例如图 2-15 所示。

图 2-15　约束比例

（5）重定图像像素。选中该复选框，当用户在改变图像分辨率时，将自动改变图像的像素数，而不改变图像的打印尺寸；取消此项的选择，则宽度、高度以及分辨率三者都会进行成比例的锁定，此时如果对图像的尺寸或者分辨率进行修改，也不会影响图像自身的像素变化，最后的质量效果是一样的。如图 2-16 所示，两幅图中取消勾选“重定图像像素”复选框，分辨率从 300 降低到 72 后，虽然图像的宽度和高度都缩小到一定的数值，但图像的整体容量还是原来的数值，没有发生变化。

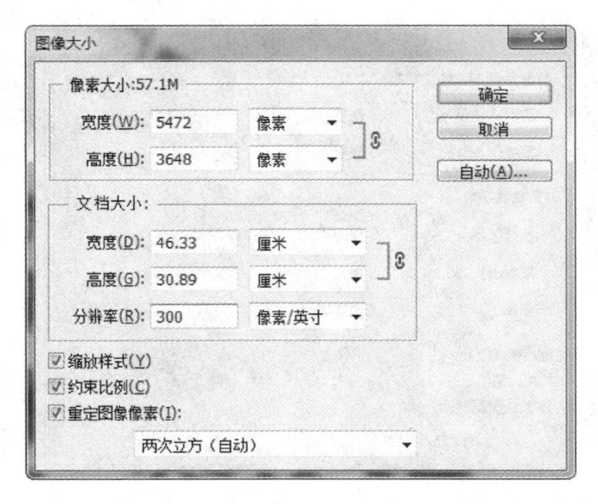

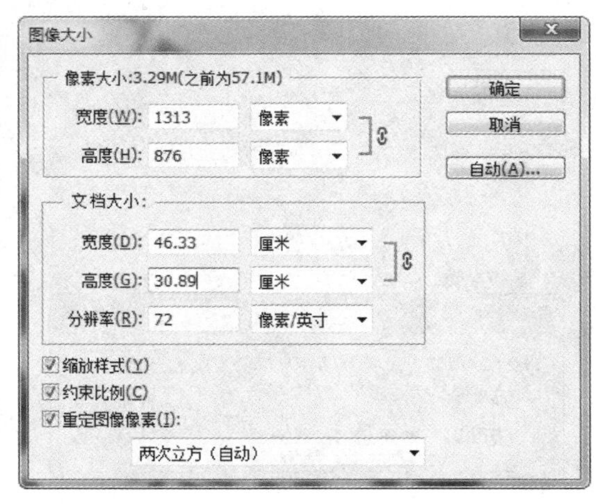

图 2-16　重定图像像素

（6）自动。单击“自动”按钮，则会弹出“自动分辨率”对话框，在该对话框中可对图像的挂网和品质进行设置，然后单击“确定”按钮，即可自动调整分辨率。

将“品质”选项设置为“草图”后，图像的分辨率会自动调整为 133 像素/英寸，如图 2-17 所示。

将“品质”选项设置为“好”后，图像的分辨率会自动调整为 200 像素/英寸，如图 2-18 所示。

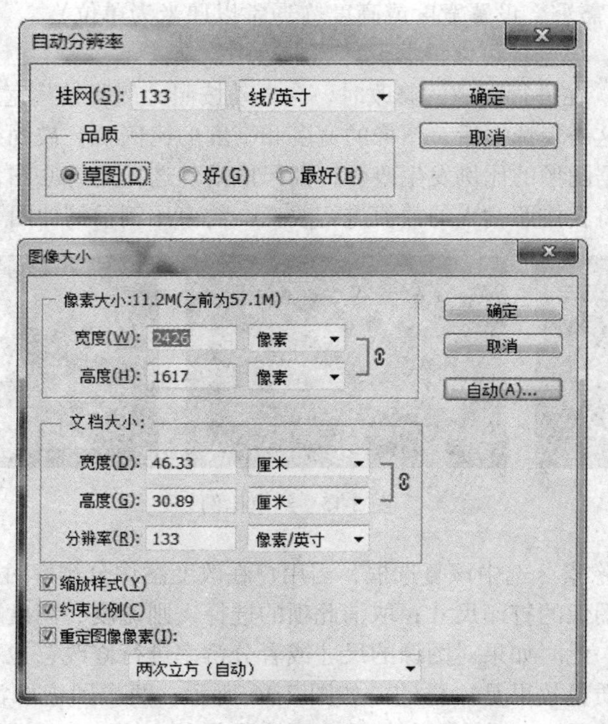

图 2-17　选项设置

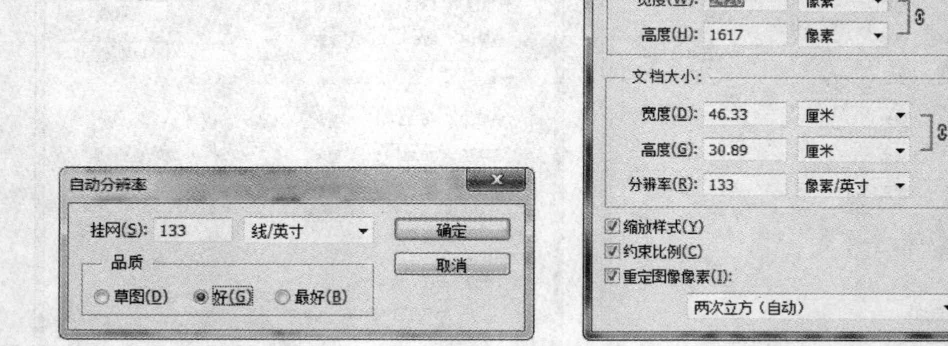

图 2-18　分辨率自动调整

将“品质”选项设置为“最好”后，图像的分辨率会自动调整为 266 像素/英寸，如图 2-19 所示。

2.4.3.2　调整画布大小

画面大小是指整个文档的工作区域的大小，并且包括图像以外的文档区域。修改画面大小不影响图像的尺寸，而只是将画布的大小改变，一般用来增加工作区域。其步骤为：

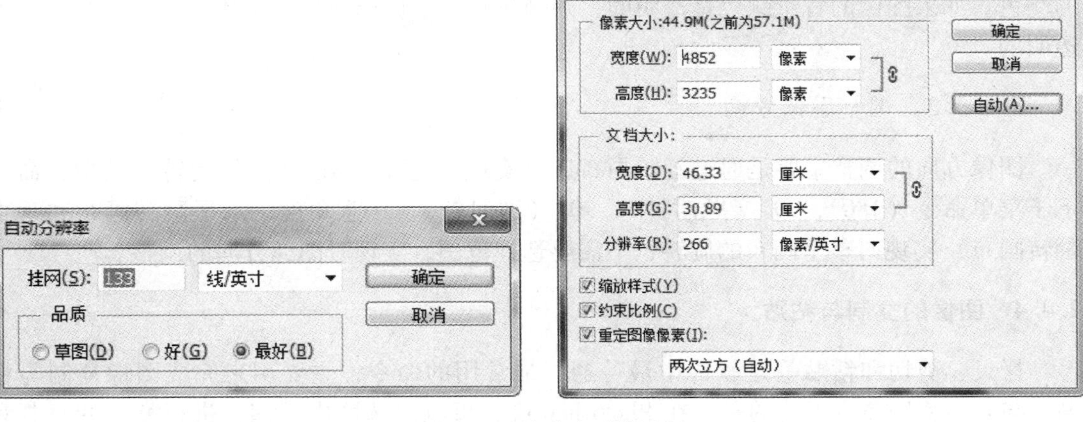

图 2-19 品质选项设置

单击“图像>画布大小”菜单命令，打开“画布大小”对话框，如图 2-20 所示。

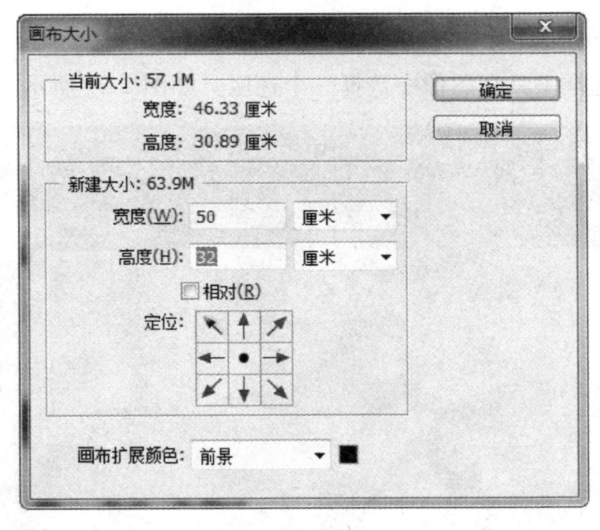

图 2-20 设置画布大小对话框

其中，设置画布大小对话框包含以下选项：

（1）当前大小。显示图像当前文档的实际大小、宽度和高度。

（2）新建大小。设置或修改画布的宽度和高度。如果设置的宽度和高度大于图像的尺寸，Photoshop 就会在原图的基础上增加画布尺寸；相反，将减小画布尺寸，减小画布会裁剪图像。

（3）相对。选中此复选框，设置宽度和高度的数值会实际增加或减小画布区域的大小，而不再代表整个文档的大小。在宽度和高度文本框中输入正值会增加画布尺寸，输入负值会减小画布尺寸。

（4）定位。单击 9 个不同的位置，可以确定图像修改后的画布中的相对位置，一般默认为水平和垂直都居中。

（5）画布扩展颜色。设置扩展以后的那部分的画布颜色，可以设置为前景色或背景色的颜色。如果图像的背景颜色是透明的，则画布扩展颜色选项将不可用，添加的画布也是透明的。

2.4.3.3　调整图像方向

图像方向的调整主要是通过旋转画布进行实现，选择“图像>图像旋转”菜单，命令下子菜单命令（180°、90°（顺时针）、90°（逆时针）、任意角度、水平翻转画布和垂直翻转画布）实现对整个画布的旋转，不需要选择范围，实现对图像方向的调整。

2.4.4　图像的复制与粘贴

拷贝、剪切和粘贴等是软件中最普通、最常用的命令，主要用来完成图像复制与粘贴。与其他程序命令不同的是，在 Photoshop 中，可以对选区内的图像进行特殊的复制和粘贴，比如在选区内粘贴图像，或者清除选区内的内容等。

2.4.4.1　图像的剪切与粘贴

图像的剪切与粘贴的操作步骤为：

（1）使用矩形选框工具在图像中选择一个选区，如图 2-21 所示。

图 2-21　选择一个选区

（2）选择“编辑>剪切”菜单命令或者按下“Ctrl+X”组合键，即可将选区中的图像内容的图像信息剪切到剪贴板中。剪切后的图像效果如图 2-22 所示。

（3）选择“文件>新建”菜单命令，在“新建”对话框中，单击“确定”按钮，创建一个空白文档。“新建”对话框如图 2-23 所示。

（4）选择“编辑>粘贴”菜单命令或按下“Ctrl+V”组合键，将剪贴板中的图像粘贴

图 2-22　剪切图像

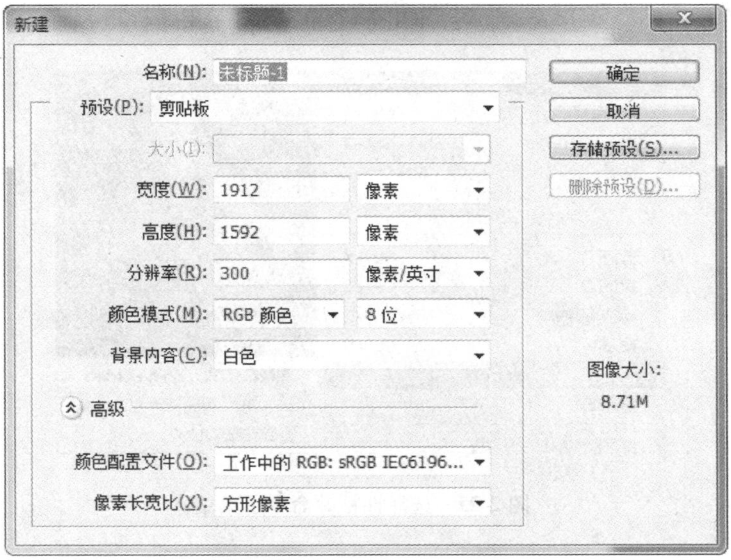

图 2-23　“新建”对话框

到当前文档中，如图 2-24 所示。

至于图像的复制与粘贴与图像的剪切与粘贴相似，只是复制之后原图还存在，请在操作中细细体会。

2.4.4.2　选择性粘贴命令

将图像复制或剪切到剪贴板。相关的复制或剪切命令都在“编辑”菜单中。将鼠标移

图 2-24 粘贴图像

入“编辑>选择性粘贴”菜单命令，会弹出一个子菜单，如图 2-25 所示。

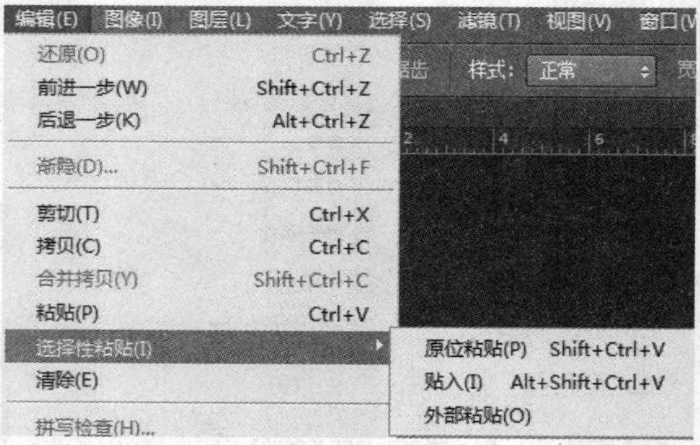

图 2-25 选择性粘贴命令子菜单

其中，“选择性粘贴”菜单命令包含以下选项：

（1）原位粘贴。执行该命令，可以将复制或剪切的图像按照它原来的位置粘贴到文档中。

（2）贴入。执行该命令，可以将复制或剪切的图像粘贴到选区内，并自动添加蒙版，将选区之外的图像隐藏，如图 2-26 所示。

（3）外部粘贴。执行该命令，可以将复制或剪切的图像粘贴到选区内，并自动添加蒙版，将选区之内的图像隐藏，如图 2-27 所示。

提示：粘贴图像以后，使用移动工具可以移动粘贴图像的位置。

图 2-26　贴入图像

图 2-27　外部粘贴图像

2.4.4.3　合并拷贝命令

如果文档中包含了多个图层，如图 2-28 所示，则可用合并拷贝命令。

提示：使用移动工具将图像拖入到另一个图像文档中，也可以创建多个图层。

合并拷贝的操作步骤为：

(1) 在文档中创建一个选区。图 2-28 中的矩形选区是用矩形选框工具制作的。

图 2-28 多个图层的图像

（2）选择“编辑”菜单，点击“合并拷贝”命令，或者按下“Shift+Ctrl+C”组合键，即可将所有可见图层中的内容，也就是所显示的图层中的内容复制到剪贴板中。

（3）新建文档，选择“编辑”菜单，粘贴，即得复制后的图像，如图 2-29 所示。

图 2-29 合并拷贝后的图像

提示： 使用该命令拷贝的是选区中的图像内容。复制选区以后，画面中的内容将保持不变。按下“Ctrl+D”组合键，可以取消选区。

2.4.5　裁剪图像

裁剪工具可以对图像进行裁剪，重新定义画布的大小。选择该工具以后，在画面中单击并拖出一个矩形定界框，按下“Enter”键，就可以将定界框以外的图像裁掉。此工具多用于将扫描或者拍照不当而变歪的图片纠正，或者是将图片中不需要的部分去掉，同时也可以将全身照片裁切为适当像素的证件照。例如，如图 2-30 所示，图片中有许多的部分是不需要的，因此可以用裁切工具进行裁切和角度的调整。

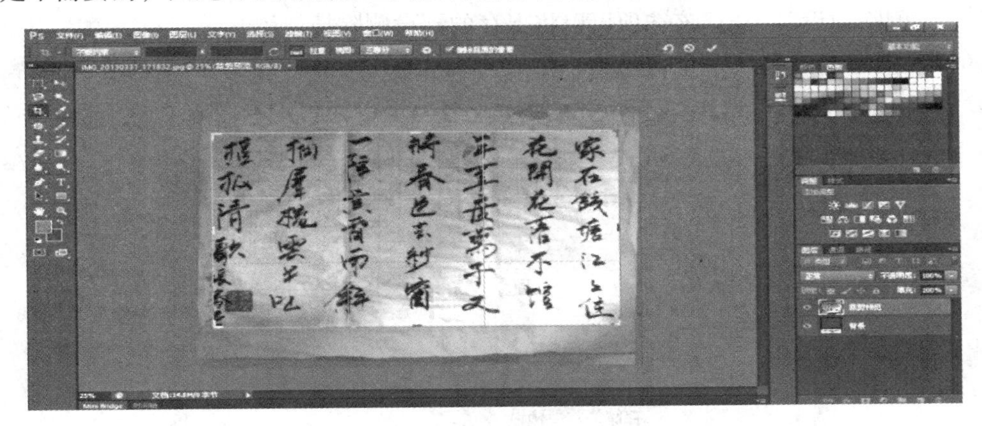

图 2-30　裁剪工具示例

裁切完成之后，按下“Enter”键，就可以完成裁切，如图 2-31 所示。

在工具箱中选择“裁剪工具”以后，不但裁剪框会自动出现在图像中，同时裁剪工具的工具选项栏也会出现在菜单栏下面，如图 2-32 所示。该工具选项栏包含以下选项：

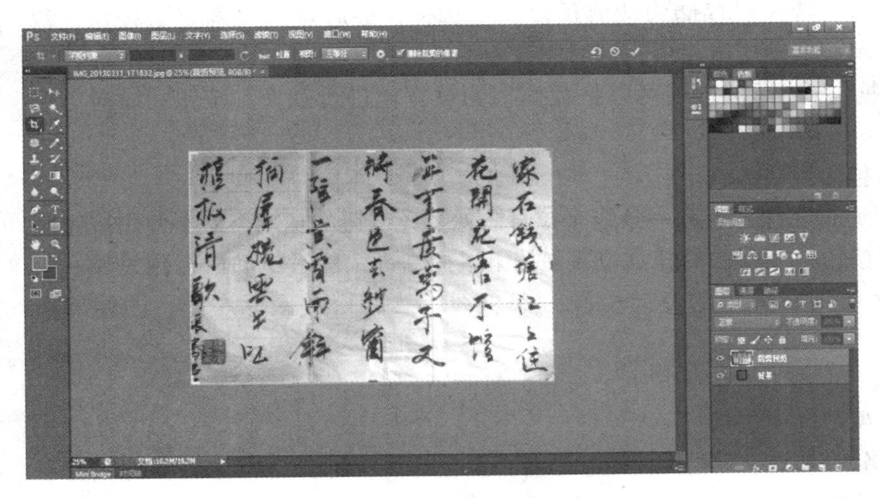

图 2-31　裁剪图像

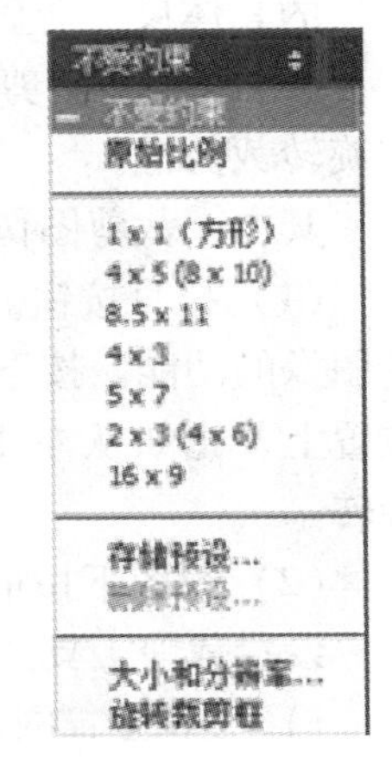

图 2-32　工具选项栏

（1）“不受约束”。选择该选项可以在图像上绘制出任意比例的矩形裁剪框。

（2）“原始比例”。选择该选项只能按照该图像原来的长度和宽度比例来绘制矩形裁剪框。同时，也只能按照这个比例对裁剪框进行缩放操作。

（3）“1×1（方形）”。选择该选项则会在长宽比文本框中显示出来。同时，只能在图像中绘制出正方形的裁剪框，即使是进行缩放操作，也是这样。选择“4×5（8×10）”“8.5×11”“4×3”“5×7”“2×3(4×6)”和“16×9”等比例。当然，也可以在长宽比文本框中输入自己的裁剪比例，然后按下回车键即可。

（4）“存储预设”。点击“存储预设”项，则会弹出“新建裁剪预设”对话框，可以将刚才的设置保存起来，以便下次使用。

（5）“删除预设”。选择该选项可以将保存的预设删除掉。

（6）在图像中绘制出一个裁剪框以后，可以设置这个裁剪框的具体尺寸。选择“大小和分辨率”，打开“裁剪图像大小和分辨率”对话框，如图 2-33 所示。

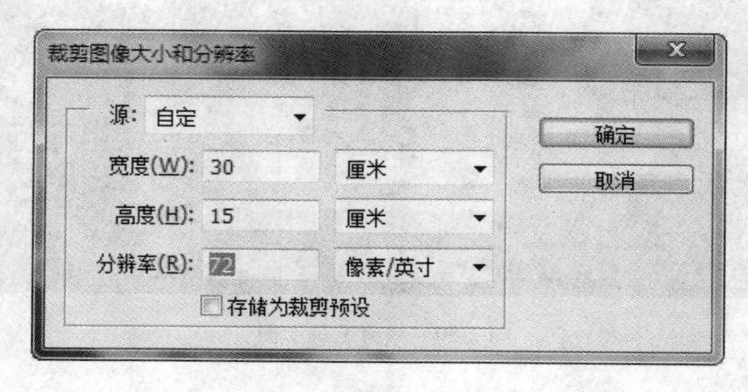

图 2-33 “裁剪图像大小和分辨率”对话框

在“源”下拉列表中选择“自定”，可以输入裁剪框的宽度、高度和分辨率等，在右侧的下拉列表中可以选择单位。裁剪后图像的尺寸由输入的数值决定，与裁剪区域的大小没有关系。然后确认是否选择“存储为裁剪预设”复选框，最后点击“确定”按钮，裁剪框的具体尺寸会显示在裁剪工具栏中，同时图像中的裁剪框大小也被设置好。

（7）“旋转裁剪框”。选择该选项可以将裁剪框的长宽比进行互换。按钮：纵向与横向旋转裁剪框。

其中，裁剪图像包括：

（1）拉直按钮。通过在图像上画一条线来拉直图像。此按钮的功能类似于使用按钮旋转图像的功能。按下按钮，在图像的任意位置上按下鼠标左键，然后拖动鼠标到另外一个位置上，比如从左上角到右下角的方向上画一条直线，然后松开鼠标左键，图像即可旋转。

（2）视图下拉框。点击右侧的下拉列表按钮，打开下拉框。

设置裁剪工具的视图选项包括：

1）三等分、网格、对角、三角形、黄金比例和金色螺线等部分是常见的 6 种裁剪参考线，视图下拉框如图 2-34 所示。其中，“三等分”参考线基于三分法则。三分法则是摄影师构图时使用的一种技巧，简单地说，就是把画面按水平方向在 1/3、2/3 位置画两条水平线，按垂直方向在1/3、2/3位置画两条垂直线，然后把景物尽量放在交点的位置上。其他的参考线，如网格、对角、三角形、黄金比例和金色螺线等都是类似的技巧。其中包括：

2）自动显示叠加、总是显示叠加和从不显示叠加等部分确认是否显示裁剪参考线。

①自动显示叠加，只有在裁剪框内移动图像时，才会显示裁剪参考线；

②总是显示叠加，不论是否移动图像，总是显示裁剪参考线；

③从不显示叠加，不论是否移动图像，都不会显示裁剪参考线；

④裁剪参考线可以帮助我们进行合理构图，使画面更加艺术、美观。

3）循环切换叠加和循环切换叠加取向等部分。循环切换叠加可以在裁剪参考线之间进行切换，每点击一次此命令，或按一次键盘上的“O”字母键，都可以进行切换；循环切换叠加取向可以切换三角形、金色螺线等参考线的方向，每点击一次此命令，或按一次键盘上的“Shift+O”组合键，都可以切换一次方向。

（3）按钮。点击该按钮，能够打开如图2-35所示的对话框。

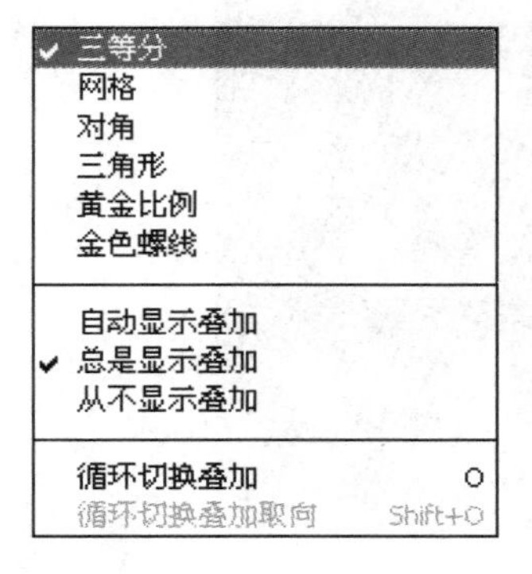

图2-34　视图下拉框

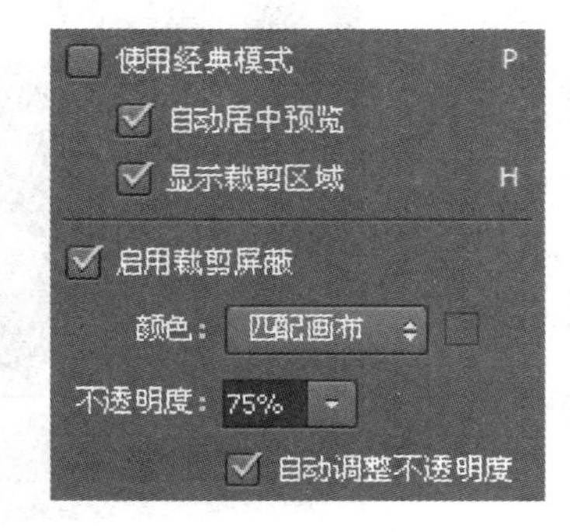

图2-35　按钮使用

（4）删除裁剪的像素。能够确定是保留还是删除裁剪框外部的像素数据。如果选择该项，则会删除被裁剪的图像；如果取消该项的选择，则可以调整画布的大小，但不会删除图像。选择“图像”菜单，点击“显示全部”命令，可以将隐藏的内容重新显示出来。使用移动工具拖动图像，也可以显示出隐藏的部分。

（5）按钮。该按钮可以复位裁剪框、图像旋转以及长宽比设置。

（6）按钮。该按钮可以取消当前裁剪操作。

（7）按钮。该按钮可以提交当前裁剪操作，和按下“Enter”键的结果一样。

【重点答疑解惑】 在裁剪区域内如何进行移动、缩放与旋转？

使用“裁剪工具”不仅可以自由控制裁切范围的大小和位置，还可以在裁切的同时对图像进行旋转、变形等操作。其操作步骤为：

（1）打开一个图像文件。

（2）在工具箱中选择裁剪工具，在图像中绘制出一个裁剪区域。

（3）将鼠标光标移动到裁剪区域内，等到光标变成▶形状时，按住鼠标左键拖动，可以将图像的其他任意一部分移动到裁剪区域内。

（4）将光标放在 8 个控制点的任意一个上面，当光标变为双箭头时，按下鼠标左键来回拖动，就可以把裁剪范围放大或缩小。

（5）Photoshop CS6 裁剪区域的旋转。将光标移动到裁剪区域的外面，当光标变成的形状时，按下鼠标左键来回拖动，就可以旋转当前图像。

（6）此时，如果确认裁剪区域已经修改完成，按下“Enter”键即可完成图像的剪切。

（7）在工具箱中点击一下其他按钮，即可取消裁剪区域的选择。

【重点技术拓展】使用“裁剪”命令裁剪图像

使用“裁剪”命令可以方便地裁剪图片中的任意区域，其操作步骤为：

（1）打开一个图像文件，如图 2-36 所示。

图 2-36　打开图像

（2）在工具箱中选择“矩形选框工具”，如图 2-37 所示。

（3）在画面中单击并拖动鼠标创建一个矩形区域，这个矩形区域内选择的就是要保留下来的图像，如图 2-38 所示。

（4）选择“图像”菜单，在下拉列表中点击“裁剪”命令，如图 2-39 所示。

（5）将矩形区域以外的图像裁剪掉，只保留下来了矩形区域内的图像，如图 2-40 所示。

（6）在如图 2-40 所示的图像中，还保留着矩形的选择区域，按下“Ctrl+D”组合键可以取消矩形区域。

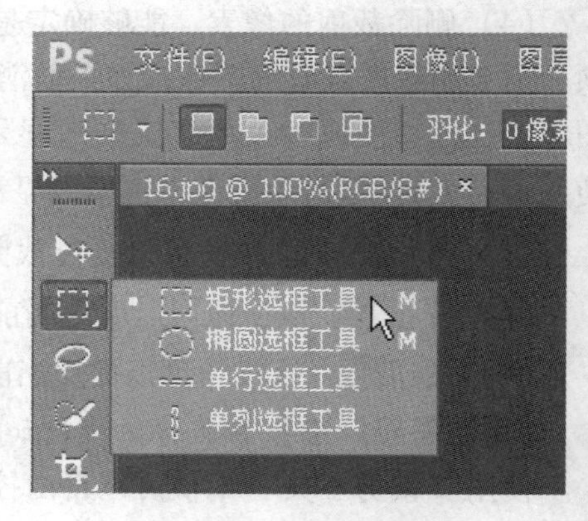

图 2-37　矩形选框工具

提示：即使在图像上创建的是椭圆区域或多边形区域，裁剪后的图像仍然为矩形图像。

图 2-38　创建矩形区域

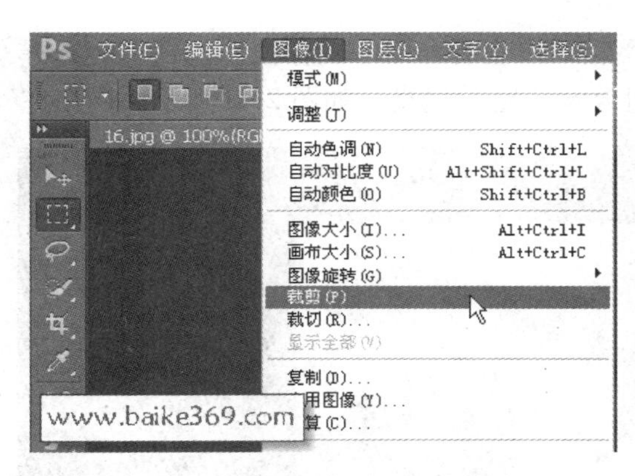

图 2-39　裁剪命令

图 2-40　裁剪图像

2.4.6　辅助工具

在 Photoshop CS6 中处理图像时，经常会使用标尺、网络等一些辅助工具。

2.4.6.1　使用标尺

标尺和标尺工具统称为标尺，前者主要用于整个图像画布的测量和精确操作，后者用于测量图像中的具体部分，操作灵活。选择“视图>标尺”菜单命令或按“Ctrl+R”组合键，可显示和关闭标尺。标尺具有多个单位以适应不同大小的图像操作，标尺默认单位为厘米。用户可以在标尺上单击鼠标右键，在弹出的快捷菜单中更改标尺单位，如图 2-41 所示。

图 2-41　显示标尺

2.4.6.2　使用网格

网格对于对称布局的图像很有帮助，使用网格可以查看和跟踪图像扭曲的情况，选择“视图>显示>网格”菜单命令或按“Ctrl+,”组合键，显示网格，如图 2-42 所示。网格在

图 2-42　显示网络

默认情况下显示为不打印的线条，也可以设置为点，可以通过“编辑>首选项>参考线、网格和切片”菜单命令，在“首选项”对话框中设置网格的颜色、样式、网格线间隔和子网络数等。

2.4.7 还原与恢复操作

在编辑图像的过程中，如果操作出现了失误或对创建的效果不满意，可以撤销操作或者将图像恢复为最近保存的状态。Photoshop CS6 提供了帮助用户恢复操作的命令，有了这些命令，设计者就可以大胆地创作了。

2.4.7.1 还原与重做

执行“编辑>还原”，或者按“Ctrl+Z”组合键，可以撤销对图像所做的最后一次修改，将其还原到上一步编辑的状态中。如果要取消还原操作，可以执行“编辑>重做”菜单命令或者按“Shift+Ctrl+Z”快捷键。

2.4.7.2 前进一步与后退一步

还原命令在操作中只能还原一次操作，如果想要多次还原，可以连续执行“编辑>后退一步”菜单命令或者按“Alt+Ctrl+Z”组合键来逐步撤销操作。

如果要取消还原，可以连续执行“编辑>前进一步”菜单命令或者按“Shift+Ctrl+Z”快捷键来逐步恢复撤销操作。

2.4.7.3 恢复文件

执行“文件>恢复”菜单命令，可以直接将文件恢复到最后一次保存的状态。

2.4.8 图像的自由变换

图像的自由变换主要是对图像进行变形操作，包括图像的缩放、旋转、扭曲、斜切、透视等快捷操作。对图像进行扭曲、斜切、透视等操作时，经常会配合快捷键进行操作。选择“编辑>自由变换”菜单命令可对图像进行自由变换，将光标移动到变换框的四周的控制点上，按住“Ctrl”键，再按下鼠标左键拖动可对图像进行扭曲操作；将光标移动到变换框水平方向的中间部分的控制点位置（斜切控制点的水平和垂直方向的中间点），按住“Shift+Ctrl”组合键，再按下鼠标左键拖动可对图像进行水平（垂直）方向斜切操作；将光标移动到变换框的四个角部的控制点上，按住“Shift+Ctrl+Alt”组合键，再按下鼠标左键拖动可对图像进行透视操作。

【重点技术拓展】使用“自由变换”命令对图像进行扭曲操作

使用“自由变换”命令可以方便地对图像进行缩放、旋转、扭曲、斜切和透视等操作，其操作步骤为：

（1）打开一个图像文件，如图 2-43 所示。

（2）在图层面板中，双击背景图层，弹出“新建图层”对话框，在“新建图层”对话框中单击“确定”按钮，将背景图层转换成图层 0。“新建图层”对话框如图 2-44 所示。

图 2-43　打开图像

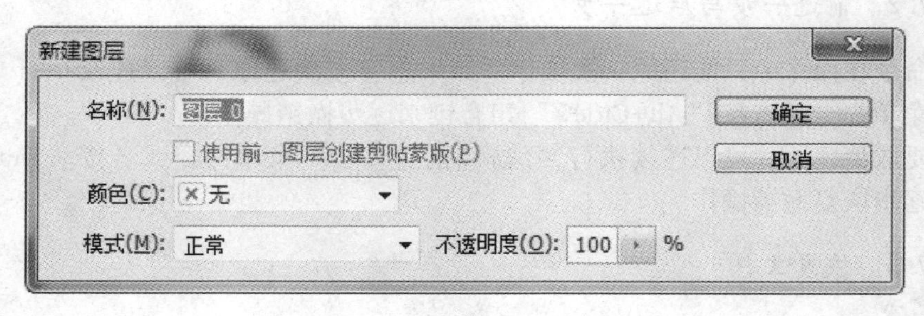

图 2-44　“新建图层”对话框

（3）选择“编辑>自由变换”菜单命令或按“Ctrl+T”组合键，对图像进行自由变换工具栏，按住“Ctrl”键拖动图像可对图像进行斜切操作，效果如图 2-45 所示。

图 2-45　图像斜切效果

【任务实践】

显示隐藏在画布之外的图像

显示隐藏在画布之外的图像的操作步骤为：

（1）打开一个较小的图像文件，如图 2-46 所示。

图 2-46　打开较小图像文件

（2）打开一个较大的图像文件，如图 2-47 所示。

图 2-47　打开较大图像文件

（3）用移动工具将较大的图像拖入到较小的文档中时，图像中总会有一些内容会位于画布之外显示不出来。如果在较小的新建文档中置入较大的图像文件，也会出现这种情况。

（4）选择，点击图像菜单“显示全部”命令，即可自动扩大画布，显示全部图像。

（5）此时，如果使用移动工具拖动图像，可以看到较小图像中的画布扩大情况，如图2-48 所示。

图 2-48 拖动图像

【项目拓展】

DIY 自己的计算机桌面壁纸

DIY 自己的计算机桌面壁纸的操作步骤为：

（1）在桌面的空白位置上单击鼠标右键，在快捷菜单中选择“屏幕分辨率”命令，打开“屏幕分辨率”窗口，查看一下自己电脑屏幕的像素尺寸，屏幕分辨率为 1092×1080 像素，记住这个尺寸，然后单击“确定”按钮关闭屏幕分辨率对话框。“屏幕分辨率”窗口如图 2-49 所示。

（2）在 Photoshop CS6 软件中，按下“Ctrl+N”组合键，打开“新建”对话框，在“宽度”和“高度”文本框中输入前面看到的电脑分辨率 1092×1080，单位都是像素；在“分辨率”文本框中输入 72，单位为像素/英寸，如图 2-50 所示。

（3）设置完成，点击“确定”按钮，即可创建一个与桌面大小相同的文档。按下“Ctrl+O”快捷键，打开一张任意尺寸的照片，使用移动工具将照片拖入到新建的文档中，对照片的大小通过自由变换进行简单的调整。调整结果如图 2-51 所示。

（4）将文件存储为 JPEG 格式的文件。

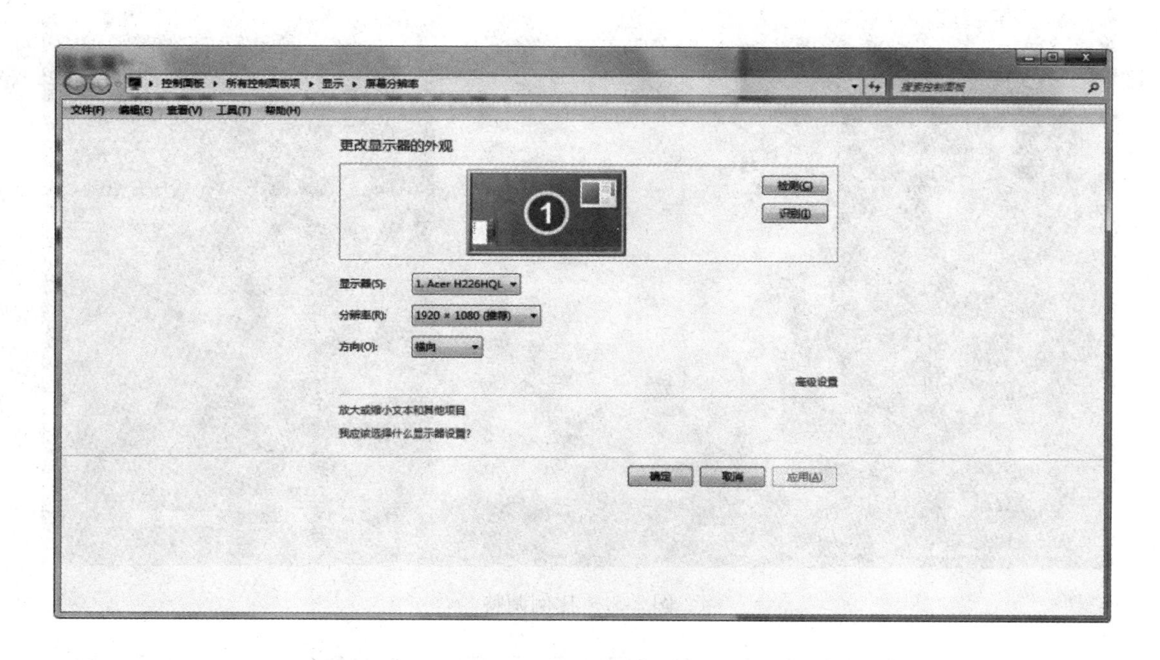

图 2-49　“屏幕分辨率”窗口

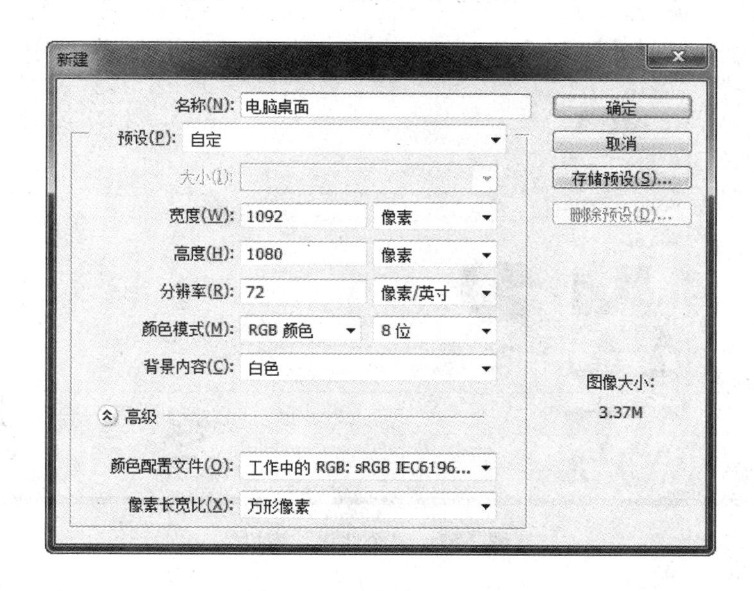

图 2-50　“新建”对话框

（5）在桌面的空白位置单击鼠标右键，在快捷菜单中选择“个性化”菜单，打开“个性化”窗口。如图 2-52 所示。

（6）在“个性化”窗口中单击“桌面背景”按钮，打开“桌面设置”窗口。在“桌面设置”窗口中单击“浏览”按钮，在弹出的对话框中选择保存的照片，然后单击“确定”按钮，返回到“桌面设置”对话框，在“图片位置”下拉列表中选择“居中”，使照

图 2-51 比例调整

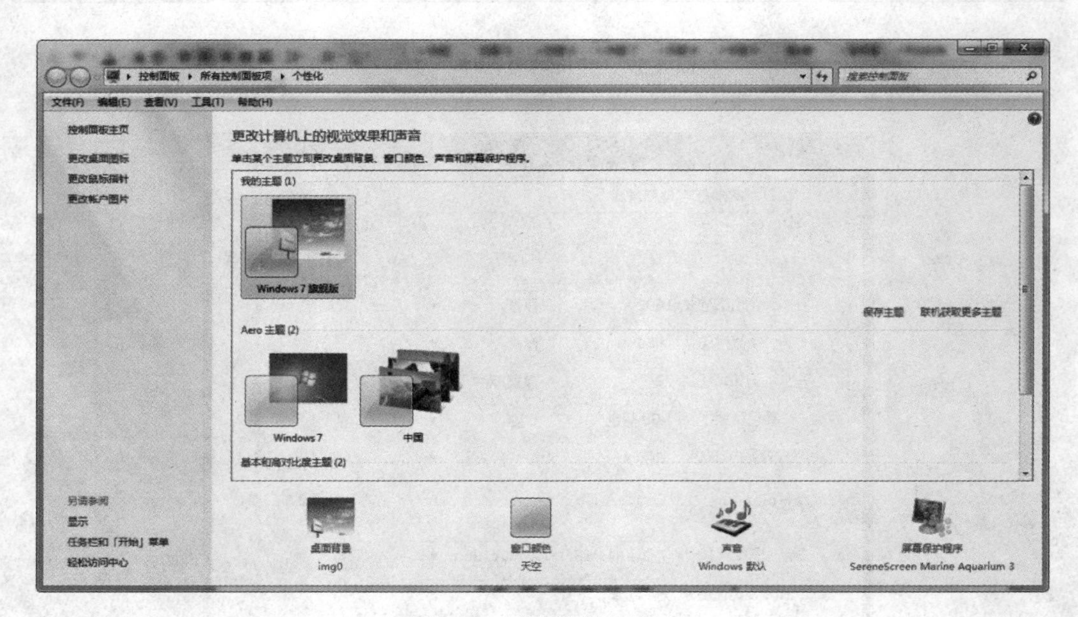

图 2-52 “个性化”窗口

片位于屏幕的中央，如图 2-53 所示。

（7）单击“保存修改”按钮，即可将照片设置为桌面。

【项目总结】

本章主要讲解了 Photoshop CS6 的全新界面、首选项的设置和文件的基本操作方法，包括新建文件、打开文件、存储文件、关闭文件、图像的存储格式和图像的基本编辑方法，重点在于裁剪图像工具的使用。通过本章的学习，可以为下一章打下基础。

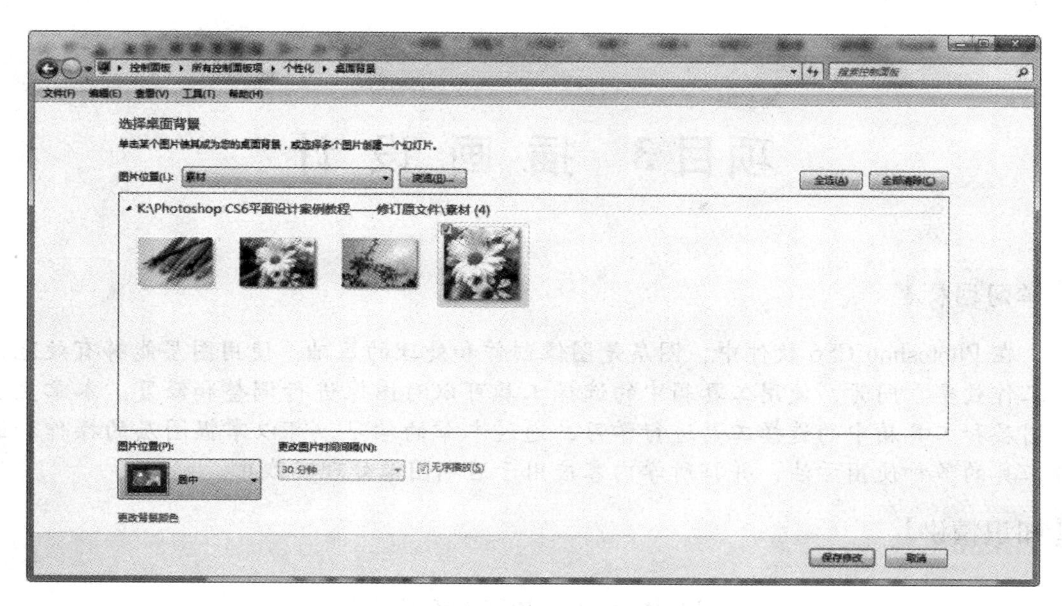
控制面板 ▸ 所有控制面板项 ▸ 个性化 ▸ 桌面背景
选择桌面背景
单击某个图片使其成为您的桌面背景，或选择多个图片创建一个幻灯片。
图片位置(L):
素材
浏览(B)...
全选(A)
全部清除(C)
K:\Photoshop CS6平面设计案例教程——修订原文件\素材 (4)
图片位置(P):
居中
更改图片时间间隔(N):
30 分钟
无序播放(S)
更改背景颜色
保存修改
取消

图 2-53 “桌面设置”窗口

项目3　插　画　设　计

【学习目标】

在 Photoshop CS6 软件中，图层是图像创作和处理的基础，使用图层能够有效地提高工作效率。同时，使用工具箱中的选择工具可以对图像进行调整和修复。本章主要对图层和工具箱中的选择工具进行学习，通过本章的学习，可以掌握图层的操作和选择工具的多种使用方法，并将所学内容应用于后期图像处理实践中。

【知识精讲】

任务3.1　图层的应用

3.1.1　理解图层

图层就像是一张张含有文字、图像或图形等元素的胶片按顺序叠放在一起，组合起来形成画面的最终效果。图层可以移动，也可以调整堆叠顺序。使用图层可以把一幅复杂的图像按照一定的规则分解为相对简单的多个部分，将每一部分按照相同的坐标系和比例保存在不同的图层中，从而能够对每一图层分别进行处理，同时不会影响到其他图层。最后将这些图层按照同样的坐标堆叠在一起，组成一幅完整的图像。这样就降低了图像处理的工作难度，也减少了工作量。

3.1.2　图层类型

在 Photoshop CS6 中的图层主要有背景图层、普通图层、文字图层、调整图层、形状图层和填充图层等组成，不同的图层应用范围和实现功能有所不同，操作方法也各不相同，其中包括：

（1）背景图层。背景图层是一个以背景色为底色填充的不透明图层。背景图层始终位于图层面板的底部，用户无法移动背景图层的叠放顺序。如果用户需要改变背景图层的不透明度、混合模式或叠放次序，则需要将背景图层转换为普通图层。

（2）普通图层。普通图层是一般方法新建的图层，是一种最常用的图层。普通图层可以通过混合模式实现对其他图层的整合。

（3）文字图层。文字图层是使用文字工具建立的图层。文字图层含有文字内容或文字格式，可以单独保存在文件中，并且可以进行重复修改和编辑。文字图层转换为普通图层后，将无法还原为文字图层（可以使用“Ctrl+Z”快捷键立即撤销操作），此时将失去文字图层反复编辑和修改的功能，所示在转换时要慎重考虑。

（4）调整图层。调整图层主要用来控制色调和色彩的调整。选择“图层>新建调整图层”菜单命令，打开相应调整框进行设置。在使用调整图层时，如果不想对在调整图层下面的所有图层造成影响，可以将调整图层与其下方的图层进行编组，这样该调整图层就只对编组的图层起作用，而不影响其他没有编组的图层。

（5）形状图层。形状图层具有可以反复修改和编辑的特性。当使用“矩形工具”“圆角矩形工具”“椭圆工具”“多边形工具”“直线工具”或“自由形状工具”等形状工具在图像中绘制时，就会在图层面板中自动产生一个形状图层，并自动命令为“形状 1”。在图层面板中单击选中剪辑路径预览缩览图，会在路径面板中自动选中当前路径。

（6）填充图层。填充图层主要是以一种纯色颜色、渐变颜色或图案填充图层，并结合图层蒙版使用，从而产生一种遮盖特效。选择“图层>新建填充图层”菜单命令，打开相应调整框进行设置。

3.1.3 “图层”面板

图层上保存有图像的信息，通过对图层的编辑、不透明度的修改和图层混合模式的设置，能够获取图层上的图像效果。在 Photoshop 中，图像的层次关系，对图层的各种操作都是通过“图层”面板来实现的。

选择“窗口>图层”菜单命令或按“F7”键，可以打开“图层”面板。当没有任何文件被打开时，“图层”面板会显示为一个空的面板；当有文件被打开时，“图层”面板将显示与文件图层有关的信息，如图 3-1 所示。

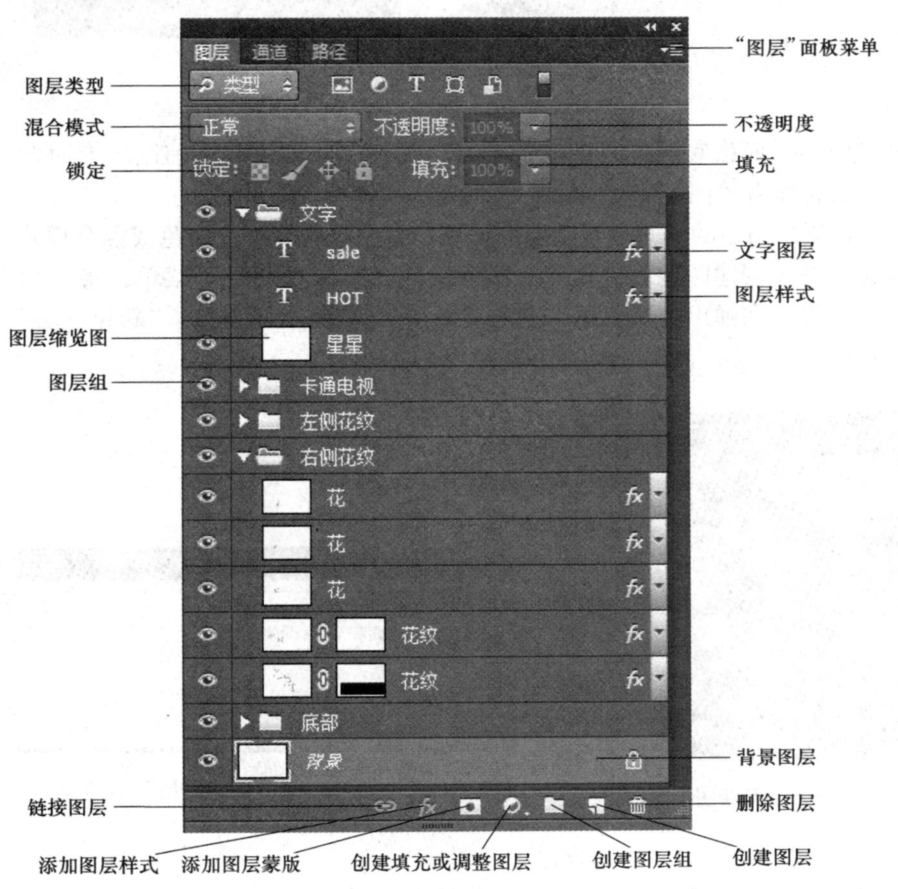

图 3-1 “图层”面板

3.1.4　创建图层

可以在“图层”面板中，在编辑图像的过程中以及使用命令等过程中创建图层。

打开一个图像文件，观察“图层”面板，如图 3-2 所示。“图层”面板中只有一个“背景”层。

图 3-2　图层面板

点击“图层”面板底部的“创建新图层”按钮，即可在当前图层上面新建一个空白图层，默认名称为“图层 1”，如图 3-3 所示。

如果要在创建图层的同时设置图层的属性，如图层的名称、颜色或混合模式等，可以使用“新建”命令创建图层，打开一个图像文件。选择“图层”菜单，将鼠标光标移动到“新建”上面，在弹出的子菜单中点击“图层”命令，即可打开“新建图层”对话框，如图 3-4 所示。

图 3-3　创建新图层

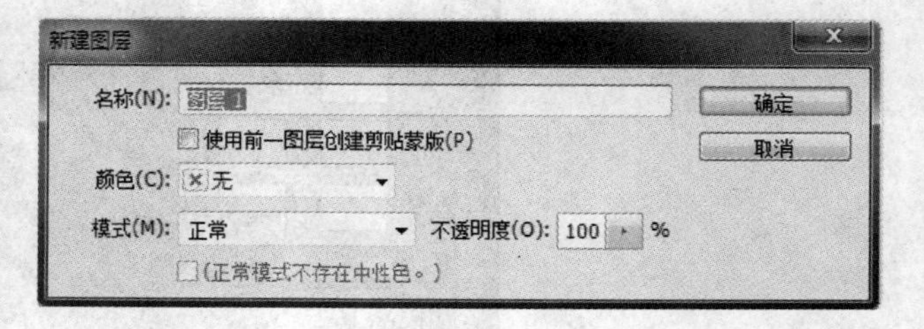

图 3-4　“新建图层”对话框

其中，“新建图层”对话框包含以下选项：

（1）名称。在该选项中可以输入所需的图层名称。

（2）选择“使用前一图层创建剪贴蒙版”选项，可以将新建的图层与下面的图层创建为一个剪贴蒙版组。

（3）颜色。在“颜色”下拉列表中选择一种颜色后，可以使用颜色标记图层有效区分不同用途的图层。

（4）模式。在该选项中设置新建图层的混合模式。

（5）不透明度。在该选项中设置新建图层的透明度。0%为完全透明，100%为完全不透明。设置好参数后，点击“确定”按钮，即可创建一个新的图层。

【重点答疑解惑】 背景图层与普通图层如何相互转换

背景图层与普通图层的相互转换包括以下两种方法：

（1）将普通图层转换成背景图层。当文档中没有背景图层时，如需将普通图层转换成背景图层，可在“图层”面板中选择一个普通图层，如“图层 1”。选择“图层>新建>背景图层”菜单命令，即可将普通图层转换成背景图层。

（2）背景图层转换成普通图层。背景图层永远在“图层”面板的最底层，不能调整堆叠顺序，不能设置不透明度和混合模式，同时也不能添加图层样式。如果想对背景图层进行这样设置，选择“图层>新建>背景图层”菜单命令，或者在“图层”面板中，双击背景图层，即可打开“新建图层”对话框。“新建图层”对话框如图 3-5 所示。

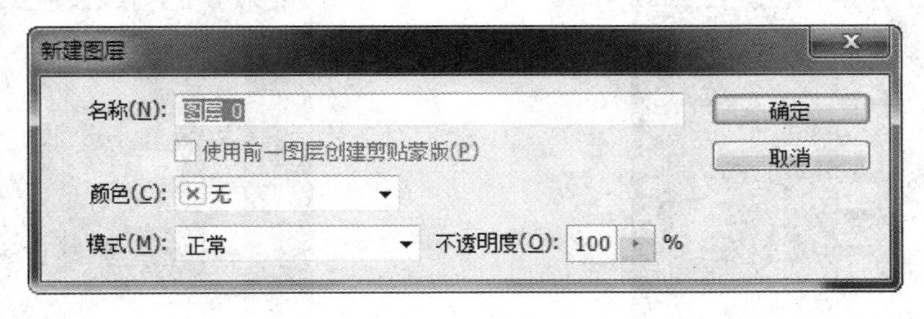

图 3-5　“新建图层”对话框

在“名称”文本框中输入一个新的名称，或者使用默认的名称，然后单击“确定”按钮，即可将背景图层转换成普通图层。

3.1.5　编辑图层

3.1.5.1　选择图层

当要选择一个图层时，单击“图层”面板中的一个图层即可选择该图层，那么该图层也将成为当前图层，如图 3-6 所示。

当要选择相邻的多个图层时，可以单击第一个图层，然后按住“Shift”键单击最后一个图层即可，如图 3-7 所示；选择不相邻的多个图层时，可以按住“Ctrl”键，然后单击要选择的图层即可，如图 3-8 所示。

当要选择所有图层时，单击“选择”菜单，点击“所有图层”命令，即可选择“图层”面板中除“背景”图层以外的所有图层。

当要选择链接的图层时，选择一个链接的图层，然后选择“图层”菜单，点击“选择链接图层”命令，即可选择与它相链接的所有图层。

图 3-6　选择图层

图 3-7　相邻多个图层

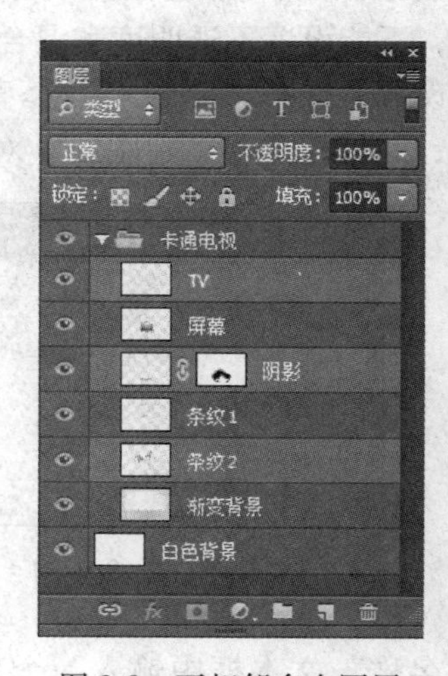

图 3-8　不相邻多个图层

如果不想选择任何图层，可以在“图层”面板中最下面一个图层下方的空白处单击，即可取消所选择的图层。

3.1.5.2　移动与复制图层

打开图像文件，在“图层”面板中选择要移动的图层，将光标移动到图像中的任意位置上，按住鼠标左键进行拖动，即可移动所选择的图层。

复制图层是在图像内或者在图像之间拷贝内容的一种快捷方法。通过“图层”面板复制图层，在“图层”面板中选择要复制的图层，将选择的图层拖动到“图层”面板底部的“创建新图层”按钮上，释放鼠标左键即可复制该图层，如图 3-9 所示。

通过菜单命令复制图层，选择要复制的图层，选择“图层”菜单，点击“复制图层”命令，打开“复制图层”对话框，如图 3-10 所示。

其中，“复制图层”对话框包含以下选项：

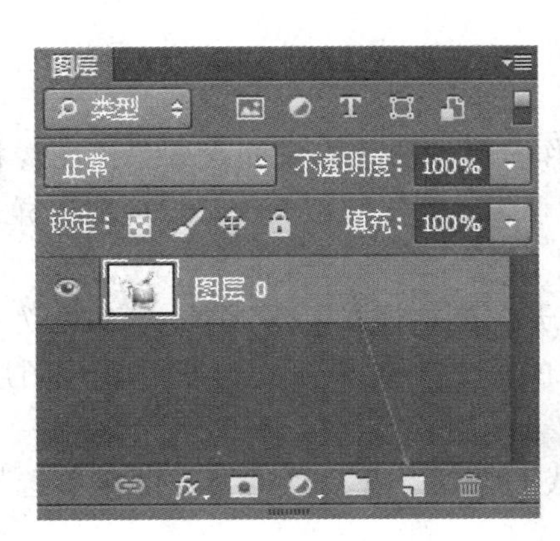

图 3-9　复制图像

（1）该选项为输入图层的名称。

（2）文档。在下拉列表中选择其他打开的文档，可以将图层复制到该文档中。如果选择“新建”，则可以设置文档的名称，将图层内容创建为一个新文件。点击“确定”按钮，即可复制该图层。

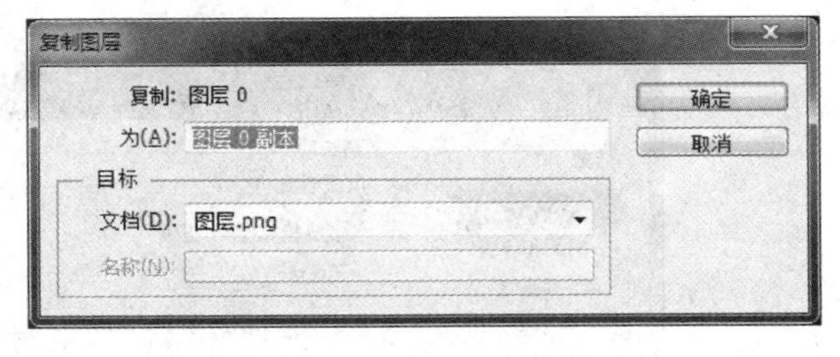

图 3-10　“复制图层”对话框

3.1.5.3　图层的其他操作

图层的其他操作包括：

（1）在图层面板中，图层缩览图前面的眼睛图标可用于控制该图层的可见性。

（2）锁定透明像素。按下该按钮后，将只能编辑图层的不透明区域，而图层的透明区域则不能被编辑。

（3）锁定图像像素。按下该按钮后，将只能对图层进行移动和变换操作，而不能在图层上进行绘画、擦除或者应用滤镜等。

（4）锁定位置。按下该按钮后，图层将不能移动。对于设置了精确位置的图像，将它的位置锁定后就不用担心被意外移动了。

（5）锁定全部。按下该按钮后，将可以锁定以上全部选项。

（6）删除图层。在图层面板中选择要删除的图层，按下鼠标左键，将该图层拖动到图层面板右下角的删除图层按钮上即可删除图层。

3.1.6　图层组管理图层

创建复杂图像处理时，可能会在一个图像中创建数十个或百个图层，单一使用图层管理会对后期图像修改造成不方便，在 Photoshop CS6 中可以通过图层组功能进行图层管理。在图层面板底部单击创建图层组按钮，也可以通过“图层>新建>组”菜单命令，在当前图层的上方创建一个图层组。

3.1.7 设置图层样式

图层样式是 Photoshop CS6 中一个用于制作投影、质感以及光影效果等图像特效的功能，图层样式具有速度快、效果精确和可编辑性强等无法比拟的优势。但图层样式不能在背景图层、全部被锁定的图层或图层组上应用。

首先选择要添加图层样式的图层，然后打开“图层样式”对话框，其方法为：

（1）选择“图层>图层样式”子菜单中的任一个效果命令，即可打开图层样式对话框。

（2）在图层面板中，单击“添加图层样式”按钮，在打开的下拉菜单中选择一个效果命令，打开图层样式对话框。

（3）在图层面板中，双击需要添加图层样式的图层，打开图层样式对话框。“图层样式”对话框如图 3-11 所示。

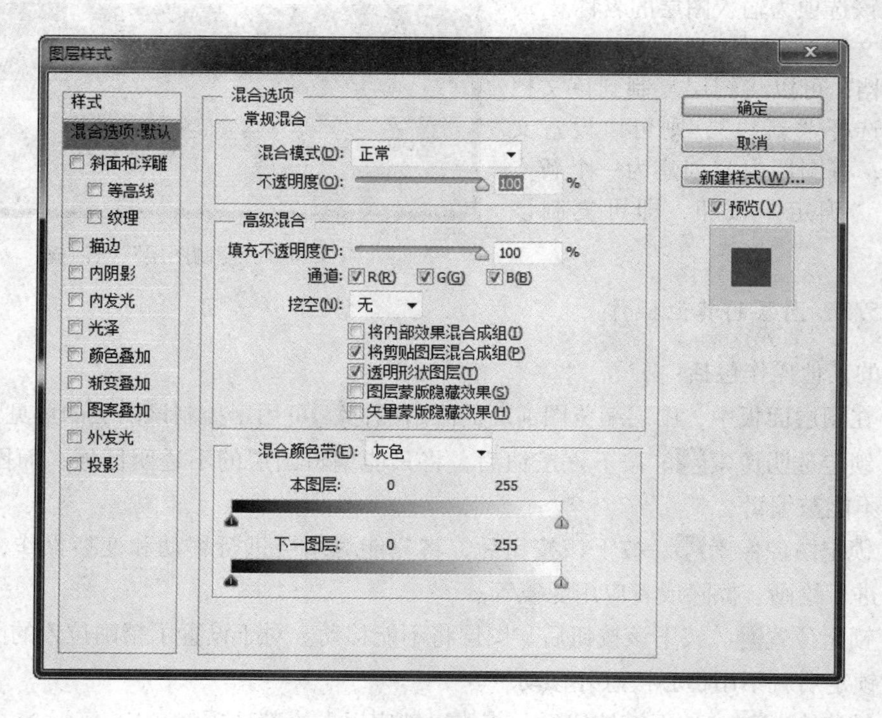

图 3-11 “图层样式”对话框

其中，“图层样式”对话框包含以下选项：

（1）混合选项。该选项包括：

1）混合模式。设置当前图层与其下方图层的混合模式，可以产生不同的混合效果。

2）不透明度。拖动右侧滑块可以设置当前图层产生效果的不透明程度，以便制作出朦胧效果；也可以在右侧文本框中输入 0~100 的数值。

3）填充不透明度。拖动右侧滑块可以设置填充颜色或图案的不透明程度，也可以在右侧文本框中输入 0~100 的数值。

4）通道。选中 R（R）、G（G）、B（B）通道复选框，用以确定参与图层混合的通道。

5）挖空。用于控制混合后图层色调的深浅，通过当前图层看到其他图层中的图像，包含无、浅和深三个选项。

6）将内部效果混合组合。可以将混合后的效果编成一组，将图像内部做成镂空效果，方便以后使用时修改。

7）将剪贴图层混合成组。选中该复选框，挖空效果将对编组图层有效，如果取消该复选框，将只对当前图层有效。

8）透明形状图层。添加图层样式的图层有透明区域时，选中该复选框，可以产生蒙版效果。

9）图层蒙版隐藏效果。添加图层样式的图层有蒙版时，选中该复选框，生成的效果延伸到蒙版中，将会被遮盖。

10）矢量蒙版隐藏效果。添加图层样式的图层有矢量蒙版时，选中该复选框，生成的效果如果延伸到图层蒙版中，将会被遮盖。

11）混合颜色带。选择右侧的下拉列表选项，可以选择和当前图层混合的颜色。

12）本图层。拖动颜色带下方的滑块可以调整当前图层颜色深浅，按下“Alt”键，可以将滑块分成两个直角三角形滑块，拖动其中一个可以精确地调整当前图层颜色的深浅。

13）下一图层。与本图层的使用方法一样，但它是用于控制下一个图层颜色的深浅。

（2）斜面和浮雕。该选项可以为图层添加高亮显示和阴影的各种组合效果。

（3）描边。该选项可以使用颜色、渐变或图案对当前图层上的对象、文本或形状描绘轮廓。

（4）内阴影。该选项可以在当前图层上的对象、文本或形状的边缘添加阴影，让图层产生一种凹陷外观。

（5）内发光。该选项可以在当前图层上的对象、文本或形状的边缘向内添加发光效果。

（6）光泽。该选项可以将对图层对象的内部应用阴影，与对象的形状互相作用，通常创建规则波浪形状，产生光滑的磨光及金属效果。

（7）颜色叠加。该选项可以在当前图层上的对象上叠加一种颜色，即用一层纯色填充到应用样式的对象上，通过“设置叠加颜色”对话框可以选择任意颜色。

（8）渐变叠加。该选项可以在当前图层上的对象上叠加一种渐变颜色，即用一层渐变填充到应用样式的对象上，通过“渐变编辑器”对话框可以设置渐变颜色。

（9）图案叠加。该选项可以在当前图层上的对象上叠加图案，即用一致的重复图案填充对象。

（10）外发光。该选项可以在当前图层上的对象、文本或形状的边缘向外添加发光效果，设置该参数可以让对象、文本或形状更加精美。

（11）投影。该选项可以在当前图层上的对象、文本或形状的后面添加阴影效果。

任务3.2　选择工具

在Photoshop中处理局部图像时，首先要创建选区，就是要先指定编辑操作的有效区域。

3.2.1　选区的基本功能

选区可以将编辑范围限定在一定的区域内，这样就可以在处理选区内的图像时不会影响选区外的内容。另外，选区还可以分离图像。例如，如果要为一幅图像换一个背景，就要先用选区将该图像选中，再将该图像从背景中分离出来，然后置入新的背景即可。

Photoshop中可以创建普通选区和羽化的选区这两种类型的选区。普通选区具有明确的边界，使用它选出的图像边界清晰、准确；使用羽化的选区选出的图像，其边界会呈现出逐渐透明的效果，将选出的对象与其他图像合成时，适当设置羽化，可以使合成效果更加自然。

3.2.2　选择的常用方法

Photoshop提供了很多选择工具和选择命令，它们都有各自的优势和劣势。在不同的场景中，需要选择不同的选择工具选择对象，其中包括：

（1）选框选择法。对于形状比较规则的图案（如圆形、椭圆形、正方形、长方形），就可以使用最简单的“矩形选框工具”或“椭圆选框工具”进行选择；对于转折处比较强烈的图案，可以使用“多边形套索工具”进行选择；对于背景颜色比较单一的图像，可以使用“魔棒工具”进行选择。

（2）路径选择法。Photoshop中的“钢笔工具”是一个矢量工具，它可以绘制出光滑的曲线路径。如果对象的边缘比较光滑，并且形状不是很规则，就可以使用“钢笔工具”勾选出对象的轮廓，然后将轮廓转换为选区，从而选取对象。

（3）色调选择法。“魔棒工具”“快速选择工具”“磁性套索工具”和“色彩范围”命令都可以基于色调之间的差异来创建选区。如果需要选择的对象与背景之间的色调差异比较明显，就可以使用这些工具和命令进行选择。

（4）通道选择法。如果要抠取毛发、婚纱、烟雾、玻璃以及具有运动模糊的物体，使用前面介绍的工具就很难抠取出来，这时就需要使用通道进行抠像。

（5）快速蒙版选择法。单击“工具箱”中的“以快速蒙版模式编辑”按钮，可以进入快速蒙版状态。在快速蒙版状态下，可以使用各种绘画工具和滤镜对选区进行细致的处理。在快速蒙版状态下使用“笔画工具”在“快速蒙版”通道中的背景对象上进行绘制（绘制的选区为红色状态）。绘制完成后按“Q”键退出快速蒙版状态，Photoshop会自动创建选区，这时就可以删除背景，同时也可以为前景对象重新更换背景。

（6）抽出滤镜选择法。抽出滤镜是Photoshop中非常强大的抠像滤镜，适合抠取细节比较丰富的对象。（关于“抽出”滤镜的具体用法将在后边进行详细讲解。）

3.2.3　选区的基本操作

选区的基本操作包括：

（1）使用“全部”命令选择全部选区。

如果需要复制当前图层中的整个图像，请执行“全部”命令。该命令生成的选区大小与画布大小相等，因此可以复制整个图像。其操作步骤为：打开一个图像文件，选择“选择>全部”菜单命令或者按下“Ctrl+A”组合键，即可将当前图层中的图像全部选中，如图 3-12 所示。

图 3-12　选中图像

提示：此时，如果再次按下“Ctrl+C”快捷键，即可拷贝全部图像。

（2）使用“反向”命令反向选择选区。创建了选区以后，使用“反向”命令可以将图像中的选区进行反向选取。假如使用“色彩范围”命令选择了如图 3-13 所示图像中的背景，选择“选择>反向”菜单命令或者按下“Shift+Ctrl+I”组合键，即可将图像中的对象选中，如图 3-14 所示。

图 3-13　使用色彩范围

图 3-14　选中对象

（3）取消选区与恢复选区。在创建选区的过程中，或者创建选区以后，可以随时使用“取消选择”命令来取消选区，使用“重新选择”命令恢复选区。假设在图 3-15 所示图像中创建了一个矩形选区，选择“选择>取消选择”菜单命令或者按下“Ctrl+D”组合键，即可取消已经选择的选区，如图 3-16 所示。

“重新选择”命令可恢复选区，对于已经被取消的选区，如果要恢复选区，选择“选择>重新选择”菜单命令或者按下“Shift+Ctrl+D”组合键，即可恢复被取消的选区，如图 3-17 所示。

（4）移动选区。创建选区时移动选区。在使用矩形选框工具、椭圆选框工具创建选区

图 3-15 创建矩形选区

图 3-16 取消选区

时，在松开鼠标左键之前，按住空格键，然后再拖动鼠标时，即可移动正在创建的选区；移动选区到适当的位置以后，松开空格键，可以继续扩大或缩小正在创建的选区。

图 3-17　恢复选区

创建选区后移动选区。创建选区以后，如果工具选项栏中的“新选区”按钮处于按下状态时，那么在使用选框、套索和魔棒工具的过程中，只要将光标移动到选区内，光标会自动变成的形状，如图 3-18 所示。

图 3-18　新选区按钮使用

此时，按下鼠标左键不要松开，拖动鼠标即可移动选区。如果要轻微移动选区，可以按下键盘中的“→”“←”“↑”“↓”等方向键进行操作。

（5）移动选区内的图像。使用“矩形选框工具”在图像中创建一个矩形选区。在工具箱中选择“移动工具”，将光标移动到选区内，光标变成的形状，按下鼠标左键，不要松开，拖动鼠标，即可移动选区内的图像，如图3-19所示。其中，按下“Ctrl+D”组合键可以取消选中的选区。

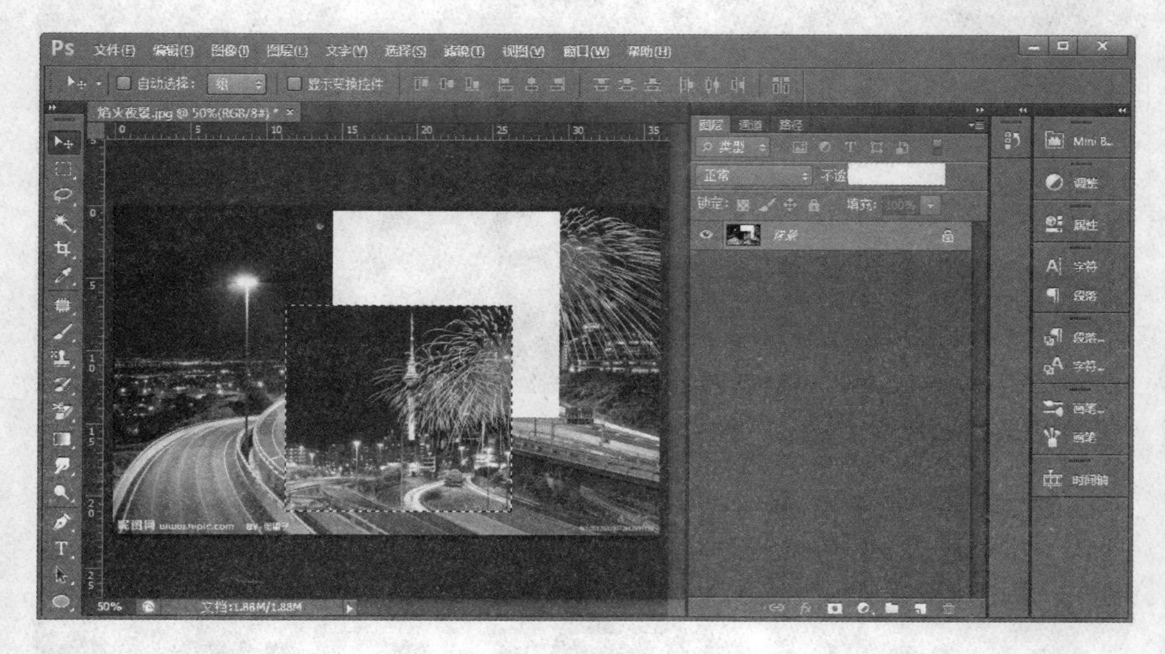

图3-19 移动选区图像

3.2.4 基本选择工具

3.2.4.1 选框工具

选框工具分为矩形选框工具、椭圆选框工具、单行选框工具和单列选框工具，如图3-20所示。按“Shift+M”组合键可以在矩形和圆之间切换。选择工具，然后在页面上直接拖动操作即可绘制。如果按“Shift”键则可以画正方形或者正圆；如果按“Alt”键可以从中心点绘制矩形或者圆；如果按“ALT+Shift”组合键则可以从中心点绘制正方形或者正圆。如果想取消选框工具，选择“选择/取消选区”或者按“Ctrl+D”组合键。按“Alt+Delete”组合键可填充前景色；按“Ctrl+Delete”组合键可填充背景色。

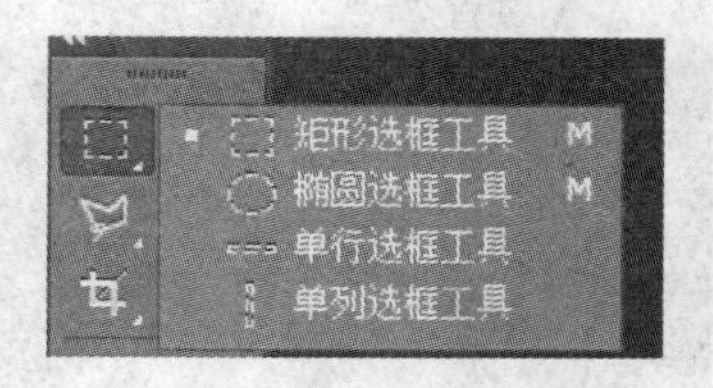

图3-20 选框工具

提示： 下拉列表框只适用于矩形选框和椭圆选框工具。

属性选项栏有羽化、样式、宽度、高度等。

如图3-21所示，样式设置分为正常、固定比例和固定大小三种，这3种样式设置的作用分别是：

(1) 正常。其为默认设置下的选择方式，这种方式最为常用，可以选择不同大小、形状的长方形和椭圆。

图 3-21 默认设置的选择

(2) 固定比例。在这种方式下，可以设定选取范围的宽和高的比例，默认值为 1∶1，此时可选择不同大小的正方形或圆。若设置宽和高比例为 2∶1 时，产生的矩形选取范围的宽是高的两倍，而椭圆选取范围的长轴是短轴的两倍。

(3) 固定大小。在这种方式下，选取范围的尺寸由 Width（宽度）和 Height（高度）文本框中输入的数值决定。此时在图像中单击即可获得选取范围，并且该选取范围的大小是固定不变的。

当使用选框工具选择图形的一部分时，对于图像的操作就相当于只对选择区的部分图像进行操作。比如，当图片的以下部分被选框工具所选择时，选择“图像>调整>黑白”菜单命令，可以看到只有被选择的区域变成了黑色。

在使用移动选框工具时，可以按下鼠标左键不放开来进行选框的移动操作。这个时候，移动的是选框本身，而当鼠标工具选择了工具栏的移动工具的时候，所能够移动的就是被选择区域内的所有图像，而剩下的区域则被选择的背景色所填充，如图 3-22 所示。

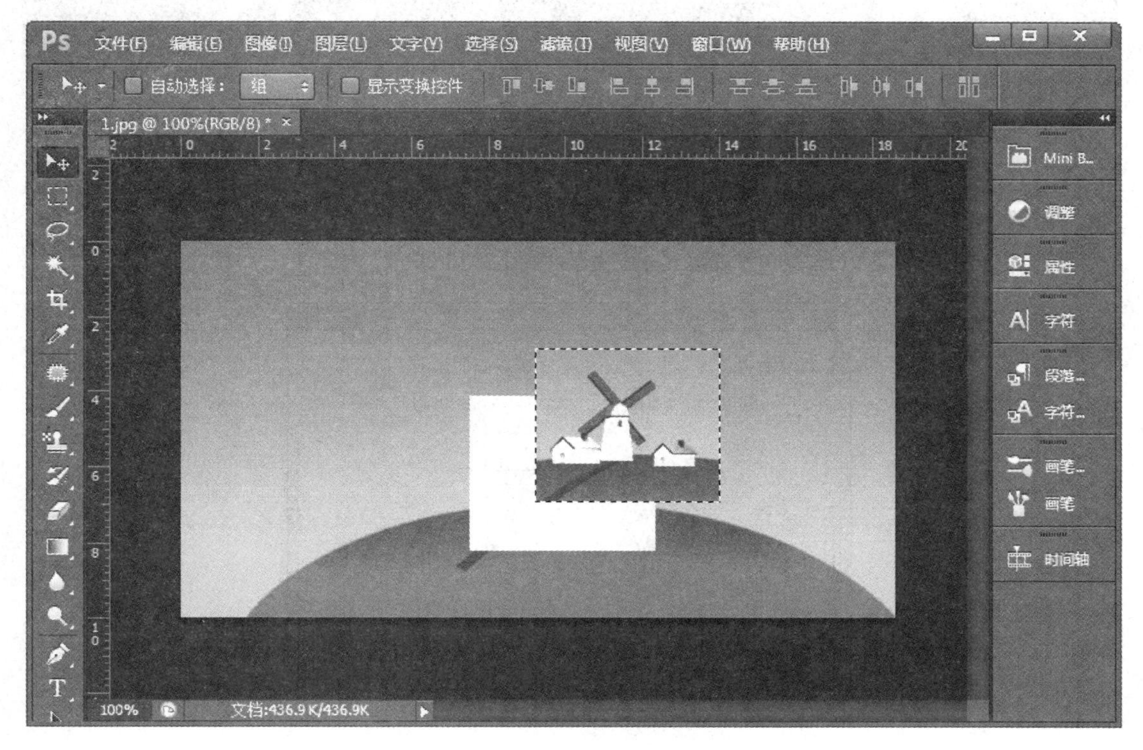

图 3-22 移动选框工具

这就是使用了选择工具以后移动选框的效果。

使用选框工具的加选功能，值得注意的是，当使用矩形选框工具时，按下“Shift”键时，拖动鼠标进行选框操作，这个时候能选得出来的区域是一个正方形。而当使用椭圆选框工具时，按下“Shift”键就可以选择出一个正圆形的区域来。

单行选框工具和单列选框工具就可以选择出横向或者纵向的，单位为一个像素的区域。它们的作用是在图像中制作一条直线，如图3-23所示。

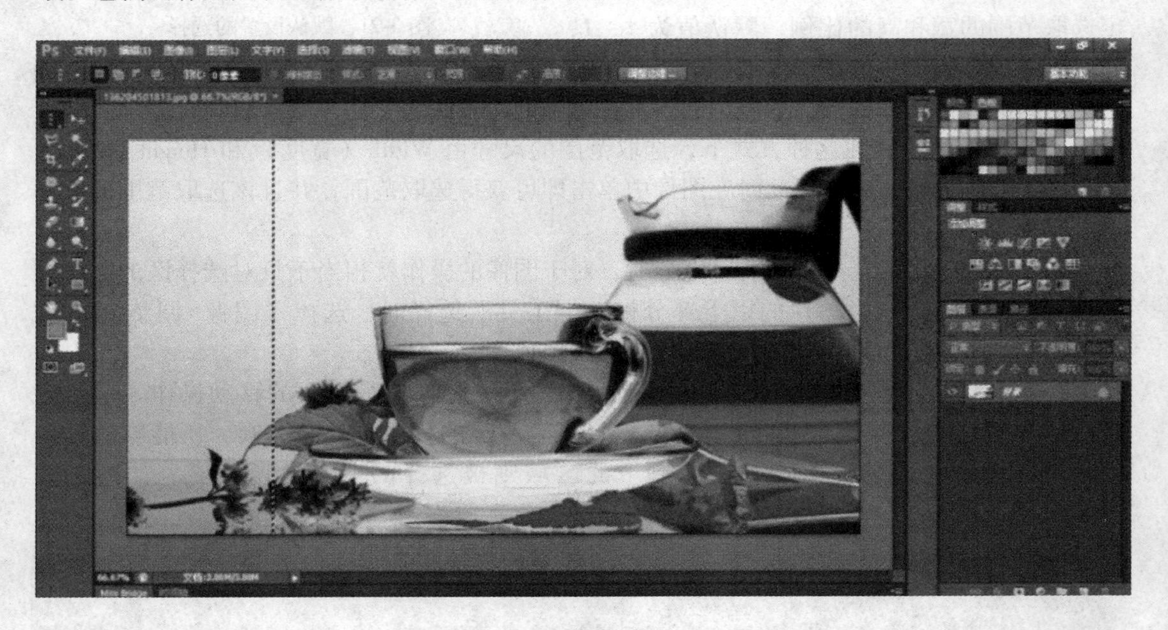

图3-23 单列选框工具

当要选择图片中的一列像素点时，选择“编辑>填充”菜单命令，打开“填充”对话框，如图3-24所示。在“填充”对话框中选择使用背景色填充。然后在取消选择操作时，图片上就会出现一条以填充色为着色的线条，如图3-25所示。

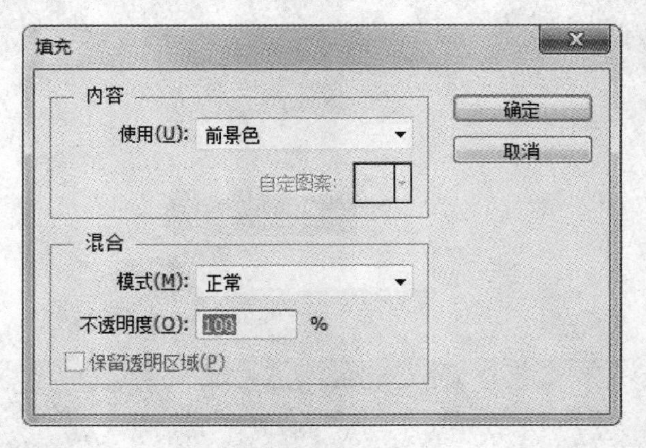

图3-24 编辑填充

【重点答疑解惑】 如何用椭圆形选框工具制作效果？

用椭圆形选框工具制作效果的操作步骤为：

（1）先在属性栏里将羽化值设置为50，使用椭圆工具选择一个选区，如图3-26所示。

图 3-25 取消选择操作

图 3-26 椭圆选择区域

（2）然后进行“选择—反选”命令，进行“编辑>填充”操作，再在选择里取消选择，那么，图像会有如图 3-27 所示的效果。

图 3-27 反选填充后的效果

3.2.4.2 套索工具

套索工具是一种常用的范围选取工具，该工具箱中包含了3种类型的套索工具，包括套索工具、多边形套索工具和磁性套索工具。这3种类型工具的作用分别是：

（1）套索工具。使用套索工具，可以选取不规则形状的曲线区域，也可以设定消除锯齿和羽化边缘的功能。当选择了套索工具以后，按下鼠标左键，就可以划出一块任意的区域，如图3-28所示。

在用套索工具拖动选取时，如果按下“Delete”键不放，则可以使曲线逐渐变直，到最后可删除当前所选内容，按下“Delete”键时最好停止用鼠标拖动。在未放开鼠标键之前，若按一下“Esc”键，则可以直接取消刚才的选定。

（2）多边形套索工具。使用多边形套索工具可以选择不规则形状的多边形，如三角形、梯形和五角星等区域。当使用时，每次弯折时按下鼠标左键，就可以进行任意形状的选取，如图3-29所示。

图3-28 曲线套索工具

图3-29 多边形套索工具

提示：若在选取时按下“Shift”键，则可按水平、垂直或45°角的方向选取线段。在使用多边形套索工具选取时，若按下“Alt”键，则可切换为磁性套索工具的功能；而在选用曲线套索工具时，按下“Alt”可以切换为多边形套索工具的功能。在用多边形套索工具拖动选取时，若按一下“Delete”键，则可删除最近选取的线段；若按住“Delete”键不放，则可删除所有选取的线段；如果按一下“Esc”键，则取消选择操作。

（3）磁性套索工具。该工具具有方便、准确和快速选取的特点，是任何一个选框工具和其他套索工具无法相比的。磁性套索工具可以根据图像中颜色的区别来进行自动选取，如图3-30所示。

该工具在图像组成简单、对比度明显的时候使用效果较好；当图像比较复杂或者对比度不明显的时候，该工具的可操控性就会很低。若在选取时按下“Esc”或“Ctrl+.”组合键，则可取消当前选定。菜单栏的具体参数设置包含以下选项：

1）羽化。可以设定选取范围的羽化功能，设定了羽化值后，在选取范围的边缘部分，会产生晕开的柔和效果，其值在0~250像素之间。

2）消除锯齿。设定所选取范围是否具备消除锯齿的功能。选中后，这时进行填充或删除选取范围中的图像，都不会出现锯齿，从而使边缘较为平顺。

图 3-30 磁性套索工具

3）宽度。此选项用于设置磁性套索工具在选取时，指定检测的边缘宽度，其值在 1~40 像素之间，值越小检测越精确。

4）频率。用于设置选取时的定点数。

5）边对比度。用于设定选取时的边缘反差（范围在 1%~100%之间）。值越大反差越大，选取的范围越精确。

6）光笔。用于设定绘图板的光笔压力，该选项只有安装了绘图板及其驱动程序时才有效。

3.2.4.3 魔棒工具

和套索工具一样，魔棒工具也是对图像中的任意部分进行选取的工具。它可以选择图像中颜色相近的区域。使用魔棒选取时，用户还可以通过工具栏设定颜色值的近似范围。其中，魔棒工具包含以下选项：

（1）容差。在此文本框可以输入 0~255 之间的数值来确定选取范围。输入的值越小，则选取的颜色范围越近似，选取范围也就越小。

（2）消除锯齿。该选项可以设定所选取范围域是否具备消除锯齿。

（3）对所有图层取样。该复选框用于具有多个图层的图像。未选中它时，魔棒只对当前选中的层起作用，若选中它则对所有层起作用，即可以选取所有层中相近的颜色区域。

（4）连续。选中该复选框，表示只能选中单击处邻近区域中的相同像素；而取消选中该复选框，则能够选中符合该像素要求的所有区域。在默认情况下，该复选框总是被选中的。

（5）属性选项栏。在选框工具、套索工具和魔棒工具使用状态下时，有以下选项：

1）新选区选项。该选项只允许在图像场景中存在一个选择区域。

2）添加到选区。该选项允许两个或两个以上的选区存在，两个相交的选区会合二为一。

3）从选区减去。该选项会从已被选的区域减去所选的区域。

4）与选区交叉按钮 。该选项会选取两个不同选区的相交部分。

5）魔棒工具的容差按钮 。容差即魔棒工具选择近似区域时的精确性。容差值越小，精确度越高。

在使用魔棒工具选取场景中的人物时，由于人物背景比人物本身更容易选择，那么可以先行选取图片中的背景部分，然后在菜单栏的选择里进行反选，就可以选取人物了。

3.2.4.4 快速选择工具

“快速选择工具”按钮 可以调整画笔的笔尖而快速通过单击创建选区。拖动时，选区会向外扩展并自动查找和跟随图像中定义的边缘。

【重点理论实践】 使用快速选择工具抠图。

使用快速工具抠图的操作步骤为：

(1) 打开一个图像文件，如图 3-31 所示。

(2) 在工具箱中点击“快速选择工具”按钮 。

(3) 在工具选项栏中单击“新选区”按钮 ，设置“画笔”的直径为 40 像素。

(4) 将鼠标光标移动到图像中要选择的图像位置上。

(5) 单击鼠标左键即可选择颜色相似的图像范围，如图 3-32 所示。

图 3-31 打开图像文件

图 3-32 选择图像范围

(6) 从选择的选区中可以看到，有些部分没有被选中，此时，在选项栏中可以看到新选区按钮 已经自动切换到“添加到选区”按钮 。

(7) 继续在其他区域单击鼠标左键或者按下鼠标左键不要松开，然后拖动鼠标，即可将图像选中，如图 3-33 所示。

(8) 此时有些背景也被选中了，在工具选项栏中点击“从选区减去”按钮 ，或者按下“Alt”键，然后在选区的背景上按下鼠标左键不要松开，拖动鼠标，即可将背景从选区中排除掉。其间，可以随时调整“画笔”的直径。

(9) 按照上面的步骤反复操作，即可将图像从背景中抠出来，如图 3-34 所示。

其中，在工具箱中点击“快速选择工具” ，即可打开快速选择工具选项栏。

快速选择工具的工具选项栏设置包含以下选项：

图 3-33　选中图像

图 3-34　抠出图像

（1）“新选区”按钮。该按钮为默认选项，用于创建新选区。当创建新选区以后，此项会自动切换到“添加到选区”。

（2）“添加到选区”按钮。该选项可以在原有选区的基础上，通过单击或拖动来添加更多的选区。

（3）“从选区减去”按钮。该选项可以在原有选区的基础上，通过单击或拖动来减去当前绘制的选区。

（4）“画笔”。单击按钮，可以在打开的下拉面板中选择笔触，设置大小、硬度和间距。也可以在绘制选区的过程中，按下右方括号键“]”增加笔触的大小；按下左方括号键“[”减小笔触的大小。

（5）对所有图层取样。选中该复选框，可以基于所有图层创建一个选区，而不是仅基于当前选定图层。

（6）自动增强。选中该复选框，可以减少选区边界的粗糙度和块效应。可以通过自动将选区向图像边缘进一步流动并应用一些边缘调整，也可以在“调整边缘”对话框中使用“平滑”“对比度”和“半径”选项手动应用这些边缘调整。

3.2.5　高级选择工具

3.2.5.1　“色彩范围”对话框

打开“色彩范围”对话框的操作步骤为：

（1）首先，打开一个图像文件，如图 3-35 所示。

（2）选择“选择>色彩范围”菜单命令，打开“色彩范围”对话框，如图 3-36 所示。

其中，“色彩范围”对话框包含以下选项：

（1）选择。该选项可以用于设置选区的创建方式。在该选项右侧的下拉列表中包括取样颜色、红色、黄色、绿色、青色、蓝色、洋红、高光、中间调、阴影、肤色、溢色等命令，其作用分别为：

1）取样颜色。这是默认选项，可以将吸管（位于对话框右侧）放在文档窗口中的图像上。单击背景中的某一处区域来选择颜色，此时，在“色彩范围”对话框中的“选

图 3-35　打开图像

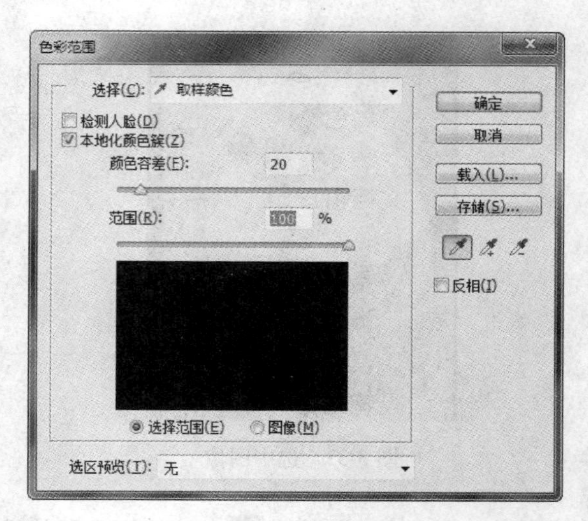

图 3-36　“色彩范围”对话框

区预览图”内会自动显示刚才选择的颜色的色彩范围。如果要添加颜色，可以按下“添加到取样”按钮，然后在文档窗口中的图像上的背景中选取颜色；如果要减去颜色，可以按下“从取样中减去”按钮，然后在文档窗口中的图像上选取要减去的颜色。“取样颜色”可以配合“颜色容差”进行设置，颜色容差中的数值越大，则选取的色彩范围也就越大。

2）红色、黄色、绿色、青色、蓝色、品红。该选项可以指定图像中的红色、黄色、绿色等成分的色彩范围。选择该选项后，“颜色容差”就会失去作用。

3）高光。该选项可以选择图像中的高光区域。

4）中间调。该选项可以选择图像中的中间调区域。

5）阴影。该选项可以选择图像中的阴影区域。

6）肤色。该选项可以选择图像中的皮肤颜色的区域。

7）溢色。该选项可以将一些无法印刷的颜色选出来。但该选项只用于 RGB 模式下。

对这些命令的选择，可以实现图形中相应内容的选择。比如，如果要选择图形中的高光区，可以选择“选择”右侧下拉列表中的“高光”项，然后点击对话框的“确定”按钮，即可选中图形中的高光部分。

（2）检测人脸。如果图像中包含了人脸部分，勾选此项后，会自动显示出人脸部分。

（3）本地化颜色簇/范围。如果正在图像中选择多个颜色范围，则选中“本地化颜色簇”复选框将构建更加精确的选区。如果已选中“本地化颜色簇”复选框，则使用“范围”滑块以控制要包含在蒙版中的颜色与取样点的最大和最小距离。例如，图像在前景和背景中都包含一束黄色的花，但只想选择前景中的花，这时对前景中的花进行颜色取样，并缩小范围，以避免选中背景中有相似颜色的花。

（4）颜色容差。该选项可以用于控制颜色的选择范围，该值越高，包含的颜色越广。

（5）选区预览图。在对话框的中间有一个选区预览图，它下面包含两个选项。勾选“选择范围”时，在预览区域的图像中，白色代表了被选择的区域，黑色代表了未选择的区域，灰色代表了被部分选择的区域（带有羽化效果的区域）；如果勾选了“图像”，则预览区内会显示彩色图像，而没有选择区域的显示，所以一般不常用。

（6）选区预览。用于设置文档窗口中选区的预览方式。选择“无”表示不在文档窗口中显示选区；选择“灰度”表示在文档窗口中，可以按照选区在灰度通道中的外观来显示选区；选择“黑色杂边”表示在文档窗口中，可以在未选择的区域上覆盖一层黑色；选择“白色杂边”表示在文档窗口中，可以在未选择的区域上覆盖一层白色；选择“快速蒙版”表示在文档窗口中，可以显示选区在快速蒙版状态下的效果，此时，未选择的区域会覆盖一层宝石红色。

（7）载入/存储。点击“存储”按钮，可以将当前的设置状态保存为选区预设；点击“载入”按钮，可以载入存储的选区预设文件。

（8）吸管工具。吸管工具位于对话框的右侧，主要包括3个吸管，它们主要用于选取颜色。点击“吸管工具”按钮，即可选择相对应的颜色范围。点击“添加到取样”按钮，即可增加选取范围；点击“从取样中减去”按钮，即可减少选取范围。

（9）反相。可以在选取范围和非选取范围之间切换。功能类似于菜单栏中的“选择”和“反向”命令。

提示：如果在图像中创建了选区，则“色彩范围”命令只分析选区内的图像。如果要细调选区，可以重复使用该命令。

【重点答疑解惑】“色彩范围”命令是如何进行抠图的？

运用“色彩范围”命令进行抠图的操作步骤为：

（1）打开一个图像文件，如图3-37所示。

（2）选择“选择>色彩范围”菜单命令，打开“色彩范围”对话框，如图3-38所示，勾选“本地化颜色簇”复选框。

图3-37　打开图像

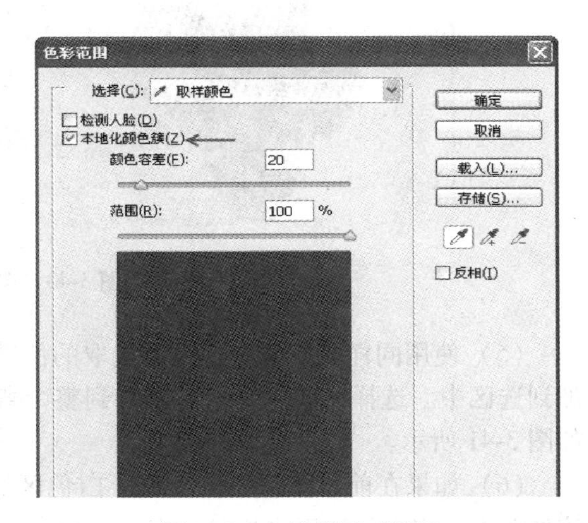

图3-38　色彩范围对话框

（3）在文档窗口的背景上单击，进行颜色的取样，如图3-39所示。

（4）单击取样后，从“选区预览图”中可以看出并没有达到选取的目的。在“色彩范围”对话框的右侧点击“添加到取样”按钮，然后在图片左边的背景区域内单击鼠标左键，可以在“色彩范围”的“选区预览图”中看到添加选择区域后的效果，选中的地方变成了白色，如图3-40所示。

图 3-39　颜色取样

图 3-40　选区预览图

（5）使用同样的方法，在没有选取的位置处单击或拖动，将其他区域的背景图像也添加到选区中。选择完成以后，可以看到整个背景显示为白色效果，表示背景已经被选中，如图 3-41 所示。

（6）如果在前景图像中也出现了白色区域，可以按下“从取样中减去”按钮，在该处单击，将它从选区中排除。点击“确定”按钮关闭对话框，即可选中背景，如图 3-42 所示。

（7）选择“选择>反向”菜单命令，将选区反选，即可将图片中的绿色植物选中，如图 3-43 所示。

（8）这时，可以按下“Ctrl+C”组合键拷贝选中的植物，然后在“图层”面板中新建一个图层，隐藏背景图层，再次按下“Ctrl+V”组合键将绿色植物粘贴到新建的图层中。

图 3-41　选区预览图

图 3-42　选中背景

图 3-43　选中

3.2.5.2　快速蒙版

快速蒙版主要用于创建和编辑选区。在快速蒙版状态下，几乎可以使用任何的 Photoshop 工具或滤镜来修改蒙版，因此，快速蒙版是最为灵活的选区编辑工具之一。

【重点理论实践】 使用快速蒙版编辑选区。

在使用快速蒙版编辑选区时，包括两个部分，分别是：

（1）创建快速蒙版，其操作步骤为：

1）打开一个图像文档，使用“快速选择工具”将人物选中，以便创建一个人物选区。根据图像的具体情况，可以利用任意一款选区工具来创建选区。只有首先创建好了选区，然后才能使用快速蒙版进行操作。此时，在“通道”面板中只有图像的原始通道。在工具箱底部点击“以快速蒙版模式编辑”按钮，如图 3-44 所示。

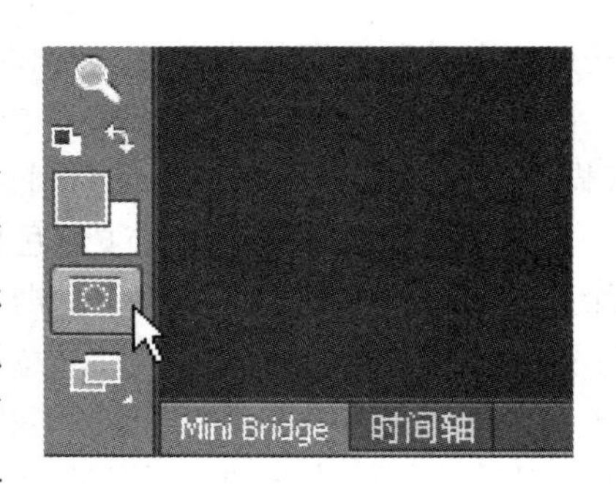

图 3-44　快速蒙版

2）进入快速蒙版编辑模式，即可创建快速蒙版，如图 3-45 所示。

图 3-45 快速蒙版编辑模式

3）选择“选择>在快速蒙版模式下编辑”菜单命令，也可以创建快速蒙版。此时能看到红色半透明区域显示在图像中。在默认状态下，红色半透明区域表示被保护的区域，为非选取区域，也称为蒙版区域；非红色半透明的区域为最初创建的选区，也称为非蒙版区域，它保持了图像中原来的色彩，并且在“通道”面板中，创建了一个新的“快速蒙版”通道。

提示：在“通道”面板中添加了“快速蒙版”通道以后，它左侧的眼睛图标显示出来并选择了当前通道，表示“快速蒙版”通道处于编辑状态，即目标通道，所以文档中会以半透明的红色来显示图像中未被选取的区域。

（2）编辑快速蒙版。使用快速蒙版，可以通过绘图工具在快速蒙版中进行调整，以便创建复杂的选区。编辑快速蒙版时，可以使用黑、白或灰色等颜色来编辑蒙版选区效果。一般修改蒙版的工具为画笔工具和橡皮擦工具。

在使用黑色编辑蒙版选区时，将前景色设置为黑色，然后使用画笔工具在非保护区（即前面创建的选区）内拖动，可以减少创建的选区范围，如图 3-46 所示。

如果使用画笔工具涂抹了红色区域，则不受影响；只有涂抹了选区内的区域，才能将涂抹的部分排除到选区之外。此时，如果使用的是橡皮擦工具，则操作的效果正好相反。不过，使用橡皮擦工具时，应注意设置背景的颜色。

在使用白色编辑蒙版选区时，将前景色设置为白色，然后使用画笔工具在保护区（即红色半透明区域）内拖动，可以减少保护区的范围，从而增加创建的选区的范围，如图 3-47 所示。

图 3-46　编辑蒙版选区一

图 3-47　编辑蒙版选区二

此时，如果使用的是橡皮擦工具，则操作的效果正好相反。

在使用灰色编辑蒙版选区时，如果将前景色设置为介于黑色与白色之间的灰色，使用画笔工具在图像中拖动时，Photoshop 将根据灰度级别的不同产生带有柔化效果的选区，如果将这种选区填充，将根据灰度级别出现不同深浅透明的效果。此时，如果使用的是橡皮擦工具，则不管灰度级别，都将增加选择区域。

提示：“快速蒙版”中编辑好选区以后，点击工具箱底部的“以快速蒙版模式编辑”按钮，或者选择“选择>在快速蒙版模式下编辑”命令，即可退出快速蒙版，切换回正常模式。在正常模式下，没有蒙版的区域将会转换为选区。如图 3-36 所示就是转换以后的选区，可以对这个选区进行各种相关的选区操作。

【重点技术拓展】选区的高级编辑方法

选区的高级编辑方法包括：

（1）创建边界选区。在图像中创建选区时，有时候需要将选区变为选区边界，如图 3-48 所示。其操作步骤为：

1）选择“选择>修改>边界”菜单命令，打开“边界选区”对话框，如图 3-49 所示。

图 3-48 边界选区

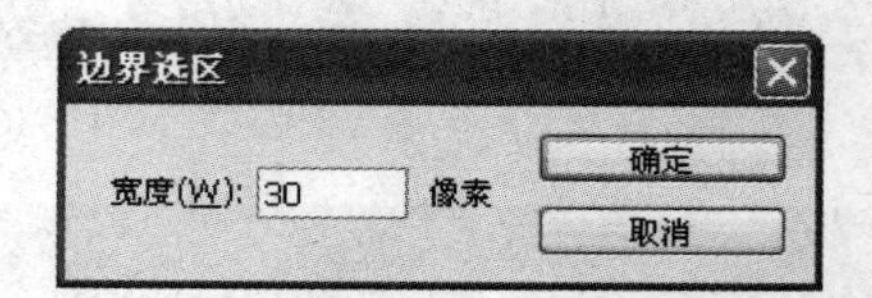

图 3-49 选区像素

2）输入宽度的像素值，点击“确定”按钮即可创建边界选区，如图 3-50 所示。其中，宽度用于设置选区扩展的像素值。比如将“宽度”设置为 30 像素时，原选区会分别向外和向内扩展 15 像素。

（2）平滑选区。某些图像的色彩过渡非常细腻，使用选框工具或其他选取命令选取时容易得到比较细碎的选区，使得该选区存在严重的锯齿状态。因此，需要对这些图像进行平滑选区，其操作步骤为：

1）在图像中创建选区，如图 3-51 所示。

图 3-50 建边界选区

图 3-51 创建选区

2）选择“选择>修改>平滑”菜单命令，打开“平滑选区”对话框，如图 3-52 所示，取样半径用于设置选区的平滑范围。输入“取样半径”的像素值，点击“确定”按钮，即可使选区的边界平滑，如图 3-53 所示。

图 3-52 选区对话框

图 3-53 取样半径

（3）选区的扩展。其操作步骤为：

1）在图像中创建一个选区，如图 3-54 所示。

2）选择“选择>修改>扩展”菜单命令，打开“扩展选区”对话框，如图 3-55 所示。

图 3-54 扩展

图 3-55 扩展选区对话框

3）设置选区“扩展量”的像素值为 10 像素，点击“确定”按钮，即可扩展选区，如图 3-56 所示。其中，扩展量可以用于设置选区向外扩展的像素值，还可以进行选区的收缩处理，操作方法与上面类似。

图 3-56 扩展量

（4）选区的羽化技巧。羽化是通过建立选区和选区周围像素之间的转换边界来模糊边缘的，这种模糊方式将丢失选区边缘的一些图像细节。但是，这种羽化方法能够让图片产生渐变的柔和效果。

可以通过以下几种方法进行羽化：

（1）利用工具选项栏进行羽化。在工具选项栏中，先设置羽化数值，然后再创建选区。Photoshop 中的基本选框工具的工具选项栏中都包含了“羽化”选项。只要在“羽化”文本框中输入数值就可以对选区进行柔化处理。数值越大，柔化效果就越明显，同时选区形状也会发生一定的变化。下面以“椭圆选框工具”为例，来说明羽化的具体用法，其用法为：

1）打开一个图像文件，如图 3-57 所示。

图 3-57　羽化技巧

2）点击工具箱中的“椭圆选框工具”按钮，椭圆选框工具的工具选项栏如图 3-58 所示。

图 3-58　选项栏

3）在“羽化”文本框中输入数值 0，按下回车键。然后，在图像中创建一个椭圆选区，设置一个合适的前景色，按下“Alt+Delete”组合键填充前景色。此时的图像效果如图 3-59 所示。

4）按下“Alt+Ctrl+Z”组合键，将前面的填充取消。在“羽化”文本框中输入数值 30，按下回车键。在工具选项栏中按下“新选区”按钮，在图像中重新创建一个椭圆选区。按下“Alt+Delete”组合键填充前景色，此时的图像效果如图 3-60 所示。

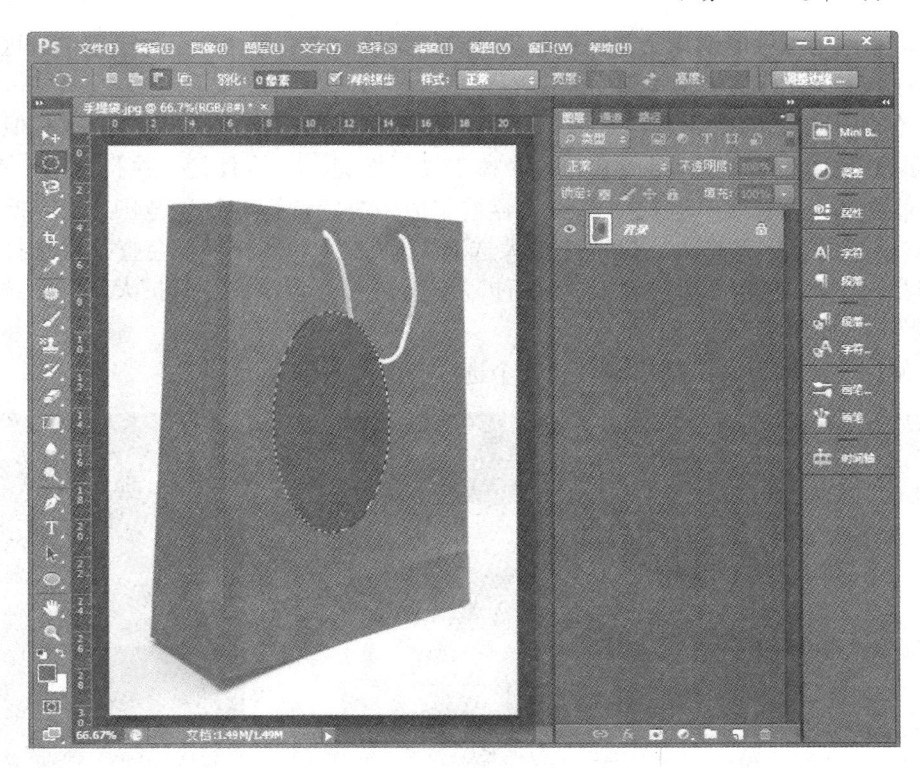

图 3-59 效果

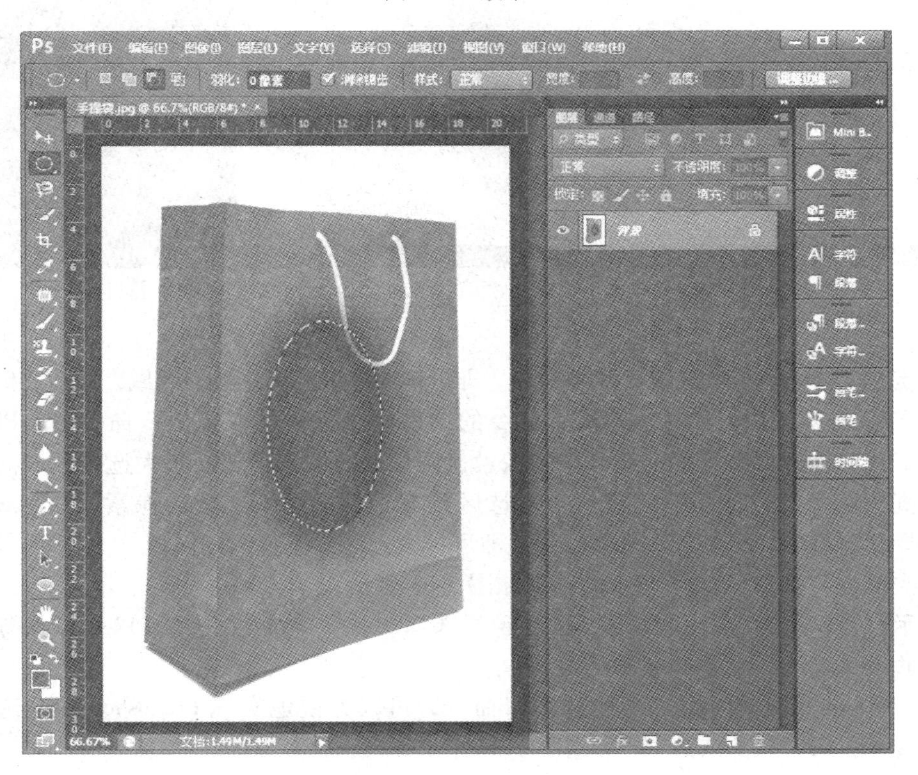

图 3-60 填充效果

（2）利用菜单中的羽化命令进行羽化。利用菜单中的羽化命令是先绘制出选区，然后再使用羽化命令进行羽化，其用法为：

1）使用“扩大选取”和“选取相似”扩展选区。“扩大选取”和“选取相似”都是用来扩展现有选区的命令，一般常和“魔棒工具”按钮配合使用。执行这两个命令时，Photoshop会基于魔棒工具选项栏中的“容差”值来决定选区的扩展范围，“容差”值越高，选区扩展的范围就越大。执行“扩大选取”命令时，Photoshop会查找并选择那些与当前选区中的像素色调相近的像素，从而扩大选择区域。但该命令只扩大到与原选区相连接的区域。其操作步骤为：

① 使用“魔棒工具”按钮创建一个选区，如图3-61所示。

图3-61　魔棒工具

② 选择“选择>扩大选取”菜单命令，即可扩大选区的相连接的区域，如图3-62所示。

图3-62是多次执行“扩大选取”命令的结果。执行“选取相似”命令时，Photoshop同样会查找并选择那些与当前选区中的像素色调相近的像素，从而扩大选择区域。但该命令可以查找整个文档，其中就包括与原选区没有相邻的、不连续的像素。在图3-62中，继续选择“选择>扩大选取”菜单命令，即可扩大选区中不连续的区域。

多次执行“选取相似”命令的结果如图3-63所示。

提示：可以多次执行“扩大选取”和“选取相似”命令，并且可以交替执行，以扩大更多的选区或选择更多的颜色范围。

2）选区的变换。使用“变换选区”命令，可以方便地实现Photoshop CS6选区的缩放、旋转、斜切、扭曲或透视等操作。其操作步骤为：

打开图像文件，创建一个选区，如图3-64所示。

图 3-62　扩大选取命令

图 3-63　相似命令

图 3-64　选区命令

选择“选择>变换选区”菜单命令，即可显示变换框，如图 3-65 所示。其中，可以进行以下操作。

图 3-65　显示变换框

① 选区的缩放操作。将鼠标光标移动到变换框四周的控制点上，当光标显示为↔、↕、↗或↘的形状时，按下鼠标左键不要松开，然后拖动鼠标即可按照指定的方向缩放选区，如图 3-66 所示。

图 3-66　缩放操作

② 选区的旋转操作。选择“编辑>后退一步”菜单命令，或者按下“Alt+Ctrl+Z”组合键，恢复文件。选择“选择>变换选区”菜单命令，显示变换框。将光标移动到变换框外侧靠近控制点的位置，当光标变成↻的形状时，单击鼠标左键不要松开，然后拖动鼠标即可旋转选区，如图 3-67 所示。

旋转操作完成，按下回车键进行确认。

③ 选区的斜切操作。按下“Alt+Ctrl+Z”组合键，以恢复文件。选择“选择>变换选区”菜单命令，显示变换框，将鼠标光标移动到变换框四周的控制点上。按住“Shift+Ctrl”组合键，当光标变成▷的形状时，按下鼠标左键不要松开，然后拖动鼠标，即可将选区进行斜切变形。按下“Ctrl+Z”组合键可以还原选区，如图 3-68 所示。

按住“Shift+Ctrl”组合键，当光标变成▷的形状时，按下鼠标左键不要松开，然后拖动鼠标，即可将选区进行斜切变形，如图 3-69 所示。

按住“Alt+Ctrl”组合键，当光标变成▷的形状时，再按下鼠标左键不要松开，然后拖动鼠标，即可将选区进行平行斜切变形，如图 3-70 所示。

斜切操作完成以后，按下回车键进行确认。

④ 选区的扭曲操作。按下“Alt+Ctrl+Z”组合键，以恢复文件。选择“选择>变换选区”菜单命令，显示变换框。将光标移动到变换框四周的控制点上，按住“Ctrl”键，光标会变成▷的形状，此时，按下鼠标左键不要松开，然后拖动鼠标，即可扭曲选区。扭曲操作完成，按下回车键确认，如图 3-71 所示。

图 3-67　旋转操作

图 3-68　选区斜切操作

图 3-69 选择斜切变形

图 3-70 平行斜切变形

图 3-71　扭曲操作

⑤ 选区的透视操作。按下“Alt+Ctrl+Z”组合键，以恢复文件。选择“选择>变换选区”菜单命令，显示变换框。将光标移动到变换框的四周的控制点上。按住“Shift+Ctrl+Alt”组合键，光标会变成▷的形状，此时，按下鼠标左键不要松开，然后拖动鼠标，即可进行透视变换，如图 3-72 所示。

图 3-72　透视操作

透视操作完成，按下回车键确认。

提示： 选区的变换可以看作是选区的缩放、旋转、斜切、扭曲、透视和变形等的快捷操作方式。打开图像文档，创建一个选区以后，如果使用“编辑”菜单中的“自由变换”命令，或者“变换”子菜单中的各个命令进行操作，则会对选区和选中的图像同时进行变换操作。

创建选区以后，为了防止操作失误而造成选区丢失，或者以后要使用该选区，可以将该选区保存起来。存储选区的操作方法为：

假设在图像 1. jpg 中创建好一个选区，如图 3-73 所示。

选择“选择>存储选区”菜单命令，打开“存储选区”对话框，如图 3-74 所示。

图 3-73 存储选区

图 3-74 “存储选区”对话框

其中，“存储选区”对话框包含以下选项：

① 文档。在默认情况下，保存为当前图像的文件名，也可以在“文档”右侧的下拉列表中选择“新建”命令，这样，关闭对话框以后，会创建一个新的图像窗口，那时就可以保存为新的文件名了。

提示： 经过测试，本文只能使用当前文件名 1. jpg，这样在以后才能正确载入选区。

② 通道。在右侧的下拉列表中可以为当前选区指定一个目标通道。在默认情况下，选区会被存储在一个新通道中。如果当前文档中有选区，也可以选择一个原有的通道，以进行操作运算。

③ 名称。该选项可以用于设置新通道的名称。

④ 操作。在该选项区中可以设置保存时的选区和其他原有选区之间的操作关系。选择“新建通道”，可以将当前选区存储在新通道中；选择“添加到通道”，可以将选区添加到目标通道的现有选区中；选择“从通道中减去”，可以从目标通道内的现有选区中减去当前的选区；选择“与通道交叉”，可以从与当前选区和目标通道中的现有选区交叉的区域中存储一个选区。设置完成以后，如图 3-75 所示。

点击“确定”按钮，即可将选区保存起来，如图 3-76 所示。

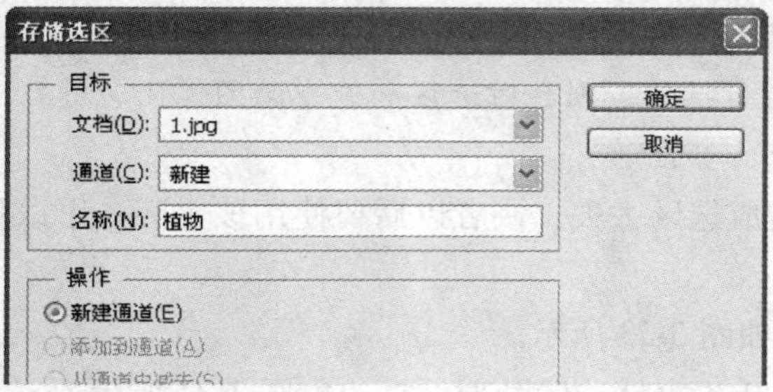

图 3-75　新建通道

图 3-76　保存选区

注意： 此时应该选择“文件”菜单，点击“存储”或者“存储为”命令，在打开的对话框中将文件保存为 1. psd。

提示： 将文件保存为 . PSB、. PSD、. PDF、. TIFF 格式，可以存储多个选区。

将选区存储以后，如果想重新使用存储后的选区，就需要将选区载入。其操作步骤为：

打开在存储选区中保存的 1. psd 文件，如图 3-77 所示。

点击“选择”菜单，点击“载入选区”命令，打开“载入选区”对话框，如果是第一次载入选区，“载入选区”对话框如图 3-78 所示。

图 3-77　打开文件 1. psd

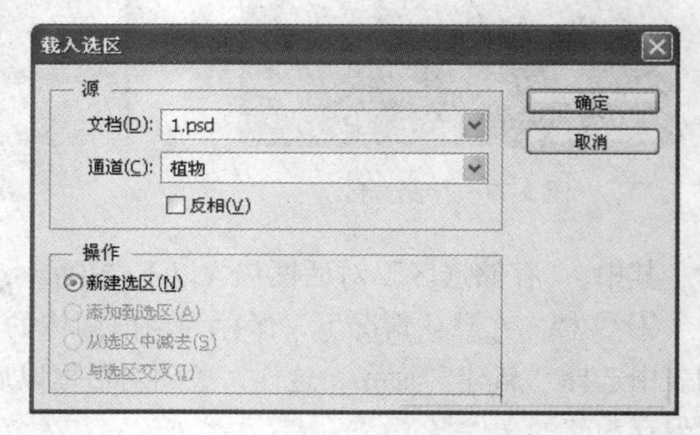

图 3-78　“载入选区”对话框

如果是第二次或多次载入选区，“载入选区”对话框如图 3-79 所示。

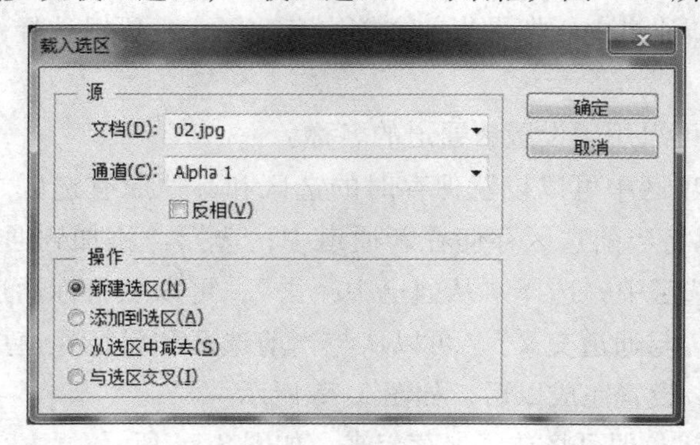

图 3-79　多次载入选区

其中，“载入选区”对话框包含以下选项：

① 文档。该选项可以选择包含选区的目标文件。

② 通道。该选项可以选择包含选区的通道。

③ 反向。该选项可以反转选区。相当于载入选区后执行“选择|反向”命令。

④ 操作。如果当前文档中包含选区，可以通过该选项设置如何合并载入的选区。选择“新建选区”，可以使用载入的选区替换当前选区；选择“添加到选区”，可以将载入的选区添加到当前选区中；选择“从选区减去”，可以从当前选区中减去载入的选区；选择“与选区交叉”，可以得到载入的选区与当前选区交叉的区域。

设置完成以后，点击“确定”按钮即可将选区载入，如图 3-80 所示。

图 3-80 将选区载入

在 Photoshop 中的一个选区内，不但可以填充颜色，还可以使用图案进行填充。选区填充的操作步骤为：

打开图像文件，如图 3-81 所示。

图 3-81 打开图像文件

创建一个选区，如图 3-82 所示。

图 3-82 创建选区

选择“编辑”菜单，在下拉列表中点击“填充”命令，如图 3-83 所示。

图 3-83 点击“填充”命令

打开“填充”对话框，如图 3-84 所示。

其中，按下“Shift+F5”组合键，可以快速打开“填充”对话框。

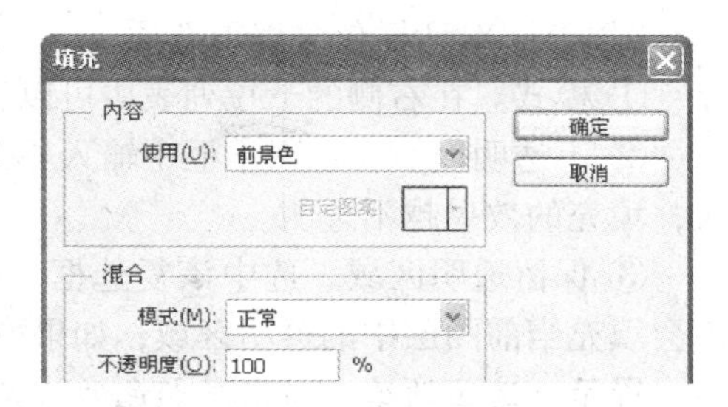

图 3-84 “填充”对话框

在“填充”对话框中的“应用”选项中，其下拉列表中可以选择前景色、背景色、颜色、内容识别、图案、历史记录、黑色、50%灰色或白色等。选择任一项，然后点击“确定”按钮即可。填充前景色如图 3-85 所示。

按下“Ctrl+D”组合键，可以取消选区。按下“Alt+Ctrl+Z”组合键可以取消前景色的填充。图案填充如图 3-86 所示。

图 3-85 填充前景色

图 3-86 图案填充

“填充”对话框包含以下选项：

① 模式。在右侧的下拉列表中可以选择混合模式。

② 不透明度。在该文本框中输入不透明度数值，可以控制填充的不透明程度。值越大，填充的效果越不透明。

③ 保留透明区域。选中该复选框，在进行填充时，如果当前图层中有透明区域，将不会填充当前图层中的透明区域；如果取消该复选框，将填充透明区域。

提示：选区的填充与图层颜色的填充一样，只是填充的选项更多，操作更复杂。选区也可以使用与图层填充相同的方法进行颜色的填充。

选区描边的操作步骤为：

打开图像文件，创建一个选区，如图 3-87 所示。

图 3-87 创建选区

选择“编辑”菜单，在下拉列表中点击“描边”命令，打开“描边”对话框，如图 3-88 所示。

如果是在“图层”中，则可以使用“背后”模式和“清除”模式，其他模式请阅读 Photoshop CS6 图层混合模式效果示例。

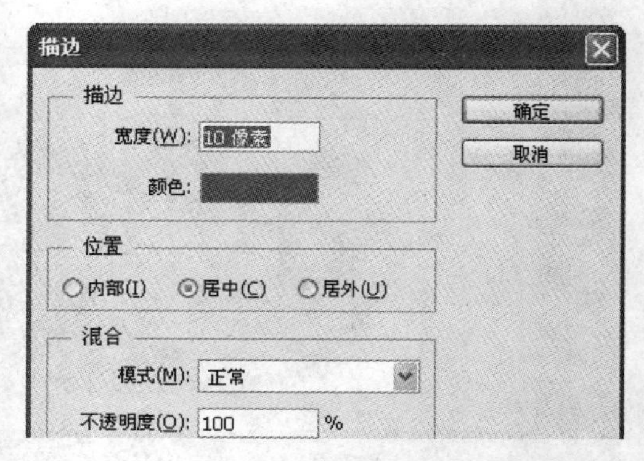

图 3-88 对话框

【任务实践】

为鲜花照片抠图

为鲜花照片抠图的操作步骤为：

（1）打开一个图像文件，如图 3-89 所示。

图 3-89　打开图像

（2）在工具箱中选择“魔棒工具”按钮，在“魔棒工具选项栏”中将“容差”设置为 30，并按下回车键，然后取消“连续”复选框。

（3）将鼠标光标移动到图像中，在鲜花的背景上单击，即可选取颜色容差相似的颜色范围，如图 3-90 所示。

图 3-90　选取颜色容差

（4）从选择的选区中可以看到，有些部分没有被选中。此时，按住“Shift”键或单击工具选项栏中的“添加到选区”按钮，可以看到魔棒工具的左下角多出一个“+”字形，然后在要添加颜色的位置单击鼠标左键，如图 3-91 所示。

（5）如果一次不能添加选区完成，可以多次单击添加需要的选区，即可将背景全部选取，但此时并没有选择鲜花图像，如图 3-92 所示。

图 3-91　添加到选区

图 3-92　背景选取

（6）选择“选择>反向”菜单命令，即可选中鲜花图像，如图 3-93 所示。

提示：使用“魔棒工具”时，按住“Shift”键单击，或单击工具选项栏中的“添加到选区”按钮，即可添加选区；按住“Alt”键单击，或单击工具选项栏中的“从选区减去”按钮，可在当前选区中减去选区；按住“Shift+Alt”组合键单击，或单击工具选项栏中的“与选区交叉”按钮，可得到与当前选区相交的选区。“色彩范围”命令、魔棒工具和快速选择工具的相同之处是，都基于色调差异创建选区。而“色彩范围”命令可以创建带有羽化的选区，也就是说，选出的图像能够呈现出透明效果；而魔棒工具和快速选择工具则不能。

图 3-93 选择反向命令

【项目拓展】

制作风景插画

制作风景插画的操作步骤为：

（1）打开一个“草坪”“草”“天空”和“热气球”等图像文件素材，如图 3-94 所示。

图 3-94 打开图像文件

（2）选中“草”文件，在工具箱中选择“魔棒工具”按钮，将鼠标光标移动到图像中，在白色背景上单击鼠标左键，选中文件中空白区域，选择“选择>反向”菜单命令，即可选中草图像。在工具箱中选择“移动工具”按钮，将草选区拖动到“草坪”文件中，效果如图3-95所示。

图3-95 添加草素材效果图

（3）选中“天空”文件，在工具箱中选择“移动工具”按钮，将鼠标光标移动到图像中，然后按下鼠标左键，将“背景”图层的内容复制到“草坪”文件中。效果如图3-96所示。

图3-96 添加天空素材效果图

（4）在“图层”面板中选中“图层 2”，然后在“图层”面板中单击“添加图层蒙版”按钮。在工具箱中选择“渐变工具”按钮，在选项栏中，单击“点按可编辑渐变”按钮，打开“渐变编辑器”对话框，在“预设”栏中选择“从前景色到背景色渐变”按钮，然后单击“确定”按钮，退出渐变编辑器对话框。在“图层 2”中，按住“Shift”键。从上至下拖动鼠标左键，为图层 2 添加图层蒙版，效果如图 3-97 所示。

图 3-97　添加图层蒙版效果图

（5）选中“热气球”文件，在工具箱中选择“多边形套索工具”，将鼠标光标移动到图像中，沿着热气球的边缘位置单击鼠标左键，建立一个闭合的选区选中热气球，效果如图 3-98 所示。

图 3-98　创建选区

（6）在工具箱中选择“移动工具”，将鼠标移入热气球，将选区中的图像添加到“草坪”文件中。选择“编辑>自由变换”菜单命令，对热气球进行角度旋转，按回车键确定退出自由变换。选择“文件>保存”菜单命令，完成风景插画制作，效果如图 3-99 所示。

图 3-99　风景插画效果图

【项目总结】

本章主要讲解了 Photoshop 软件中的图层操作和各种选择工具。使用图层可以有效地提高工作效率，利用选择工具可以对图像进行调整和修复操作。

项目4　标 志 设 计

【学习目标】

Photoshop之所以强大，其最主要的一个原因就是绘画功能强大。利用Photoshop的绘画功能可以绘制任何形状的图像。而文字工具能够直观地传达出各种信息，因此它也是一幅设计作品中不可缺少的内容之一。

走进标志LOGO设计

标志作为一种大众传播的符号，以准确、精炼的视觉形象表达一定的含义。同时也借助人们对符号识别和联想等各方面的思维能力，传递特定的信息。标志是传播信息的视觉符号，常见标志有公共标识、徽标和商标等。

（1）LOGO设计全面解析。LOGO其实是Logotype的简称，该词起源于希腊语Logos，意思是“文字”。为了叙述方便，在下面使用“标志”一词来代表公司的符号，使用“报头”来代表出版行业。

1）概述。LOGO设计就是标志的设计，它在传递企业形象的过程中的应用最为广泛。出现次数最多，也是一个企业CIS战略中最重要的因素，企业将它所有的文化内容，包括产品与服务，整体的实力等都融合在企业标志里，通过后期的不断努力与反复的宣传策划，使之在大众的心里留下深刻的印象。

2）LOGO的作用。LOGO图形化的形式，特别是动态的LOGO，比文字形式的链接更能吸引人的注意。在如今争夺眼球的时代，这一点尤其重要。

3）LOGO的表现形式。作为具有传媒特性的LOGO，为了在最有效的空间内实现所有的视觉识别功能，一般分为特示图案、特示字体和合成字体。

① 特示图案。特示图案属于表象符号，因为其图案本身独特和醒目，所以易被区分和记忆。通过隐喻、联想、概括和抽象等绘画表现方法表现被标识体，对其理念的表达概括而形象，但与被标识体的关联性不够直接。受众容易记忆图案本身，但对被标识体关系的认知需要进行相对较曲折的过程，但一旦建立联系，因为印象较深刻，所以被标识体会被记忆相对持久。

② 特示文字。特示文字属于表意符号，在沟通与传播活动中，反复使用的被标识体的名称或是其产品名，可用一种文字形态加以统一，其含义明确，直接，与被标识体的联系密切，易于被理解和认知，对所表达的理念也具有说明的作用。

③ 合成文字。合成文字是指文字与图案结合的设计，兼具文字与图案的属性，能够直接将被标识体的印象，透过文字造型让读者理解。造型后的文字，较易于使观者留下深刻印象与记忆。

4）LOGO设计规范。设计LOGO时，要面向应用的各种条件做出相应规范。须规范

LOGO 的标准色，设计可能被应用的恰当的背景配色体系、反白，在清晰表现 LOGO 的前提下确定 LOGO 最小的显示尺寸，为 LOGO 确定一些特定条件下的配色以及辅助色带等方便在制作横幅、标语等场合的应用。另外应注意文字与图案边缘应清晰，字与图案不宜相交叠。另外还可考虑 LOGO 竖排效果，考虑作为背景时的排列方式等。

（2）标志图形的设计制作。标志的设计制作可分为两个阶段。

1）调查分析。在接受商标标志设计任务进行构思设计之前，应先对委托设计者（企业或单位）进行全面的调查研究。调查的内容包括商品的本质特征，商品拥有者的经营现状与发展方向，消费市场环境，同类商品的资料，以及消费者对商品的现有印象与需求等。在全面调查、掌握商品资料的基础上，进行整理与分析，建立客观评价，以确立商标设计的基础，以便顺利地将信息化的抽象含义转换成系统化的视觉形象。

2）设计制作。商标的设计是将具有识别性的抽象概念转换成系统化和象征化的视觉形象。对市场进行调查，对企业、商品进行分析，同时进行原创性的构思，创作出一定数量的创意图形，从中优化选择，将有个性和代表性的构思草图进行设计稿的制作，最后再从设计稿中确定正稿的制作。正稿的制作一般包括彩色稿和墨稿（也称黑白稿）两个部分。

商标设计服从商业活动的需要，其应具有准确提示经营业务活动和商品的内容与特点，与经济效益发生直接相关的巨大作用。同时，商标通过与相适应的艺术形式使商标在深化主题传达商品信息的同时具有审美价值，含有浓厚的文化底蕴。作为一种文化符号，商标具有的审美价值对社会精神文明建设起到一定的促进作用。

【知识精讲】

任务 4.1 颜色与填充工具

4.1.1 设置颜色

4.1.1.1 前景色与背景色

前景色一般应用在绘画、填充和描边选区上，比如在使用绘画工具（画笔和铅笔）绘制线条，以及使用文字工具创建文字时使用的颜色都是前景色。

背景色一般在擦除、删除和涂抹图像时显示出来，比如在使用橡皮擦工具擦除图像时，被擦除区域会呈现出背景色；在增加画布大小时，新增的画布也以背景色填充。另外，在某些滤镜特效中，也会用到前景色和背景色。在 Photoshop 工具箱底部有一组专用的图标用于设置前景色和背景色，如图 4-1 所示。修改颜色的方法有：

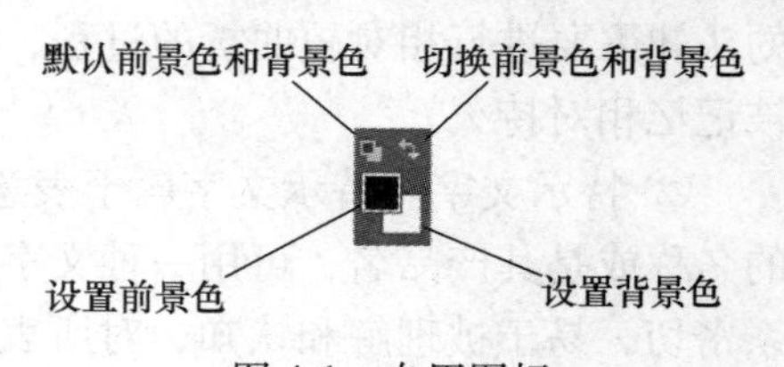

图 4-1 专用图标

（1）可以在工具箱中点击“设置前景色”图标，如图 4-2 所示；或者点击“设置背景色”图标，如图 4-3 所示。

（2）可打开“拾色器”对话框，在对话框的颜色域中单击即可选择所需要的颜色；或者在“颜色”面板中点击“设置前景色”图标，如图 4-4 所示。

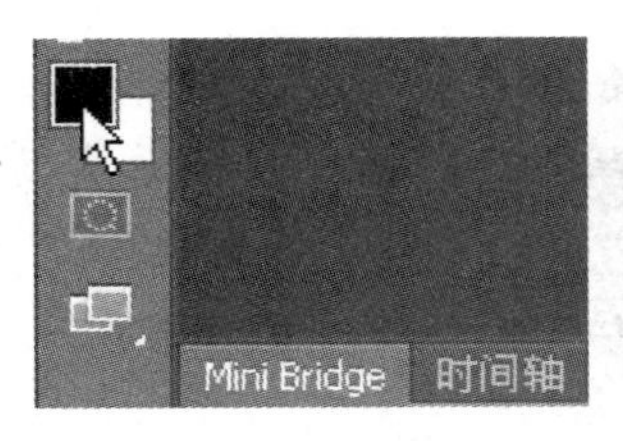

图 4-2　设置前景色

图 4-3　设置背景色

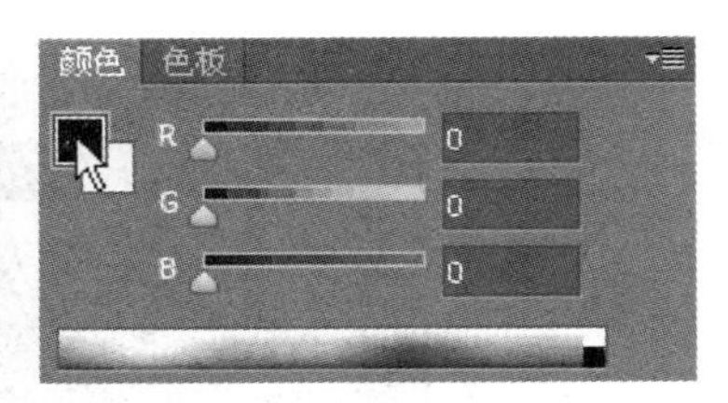

图 4-4　“拾色器”对话框

（3）可以在“颜色”面板中修改前景色，也可以在“色板”面板中修改前景色。同样，如果在“颜色”面板中点击了“设置背景色”图标，也可以在“颜色”或“色板”面板中修改背景色。

（4）可以使用吸管工具拾取图像中的颜色来作为前景色或者背景色。

在切换前景色和背景色时单击“切换前景色和背景色”图标，或者按下“X”键，即可切换前景色和背景色的颜色，如图 4-5 所示。

恢复为默认的前景色和背景色，在默认情况下，前景色为黑色，背景色为白色。如图 4-6 所示，如果修改了前景色和背景色，点击“默认前景色和背景色”图标，或者按下“D”键，即可将它们恢复为系统默认的颜色，如图 4-7 所示。

图 4-5　切换背景色

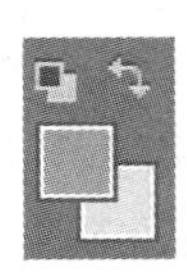

图 4-6　修改后的前背景色

图 4-7　默认图标颜色

4.1.1.2　“拾色器”对话框

点击工具箱中的前景色或背景色图标，可以打开“拾色器”对话框，如图 4-8 所示。

在颜色预览区域的右侧，根据选择颜色的不同，有时候会出现溢色警告和非 Web 安全色警告。

其中，“拾色器”对话框包含以下选项：

（1）颜色域/拾取的颜色。在颜色域中拖动鼠标，然后单击鼠标左键可以改变当前拾取的颜色。

（2）新的/当前。“新的”颜色块中显示的是当前选择的颜色；“当前”颜色块中显示的是上一次使用的颜色。

（3）颜色滑块。拖动颜色滑块可以调整颜色范围。

（4）颜色值。显示了当前所选择的颜色的颜色值。当然，也可以输入颜色值来精确定义颜色。在“HSB”颜色模型内，可以从 0°到 360°的角度（H）（对应于色轮上的位置），通过百分比的形式设置饱和度（S），亮度（B）的方法来指定色相。在“RGB”颜色模型

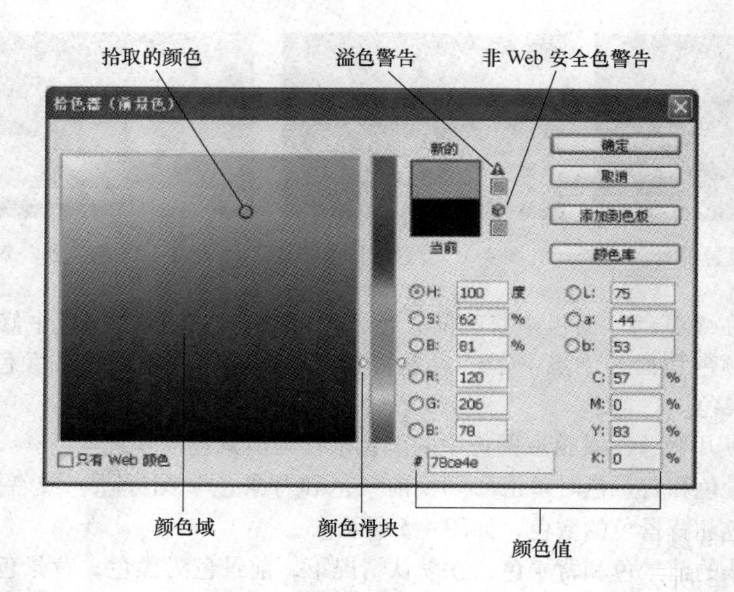

图 4-8　“拾色器”对话框

内，可以指定 0~255 之间的分量值，0 代表黑色，255 代表白色。在“Lab”模型内，可以输入 0~100 之间的亮度值（L）以及-128~+127 之间的 A 值（绿色到品红色）和 B 值（蓝色到黄色）。在“CMYK”颜色模型内，可以用青色、品红、黄色和黑色的百分比来指定每个分量的值。在“#”文本框中，可以输入一个十六进制值。例如，“000000”表示黑色，“ffffff”表示白色，“ff0000”表示红色。

（5）溢色警告▲。由于 RGB、HSB 和 Lab 颜色模型中的一些颜色（如霓虹色）在 CMYK 模型中没有等同的颜色，因此无法准确打印出来，这些颜色就是所说的“溢色”。出现该警告以后，也会同时在它下面出现一个小方块，小方块中显示的颜色是打印机所能识别的颜色系列中与当前所选色彩最接近的颜色。可以点击它下面的小方块，如图 4-9 所示。

将当前所选颜色替换为 CMYK 色域（打印机颜色）中所能识别的与其最为接近的颜色，如图 4-10 所示。

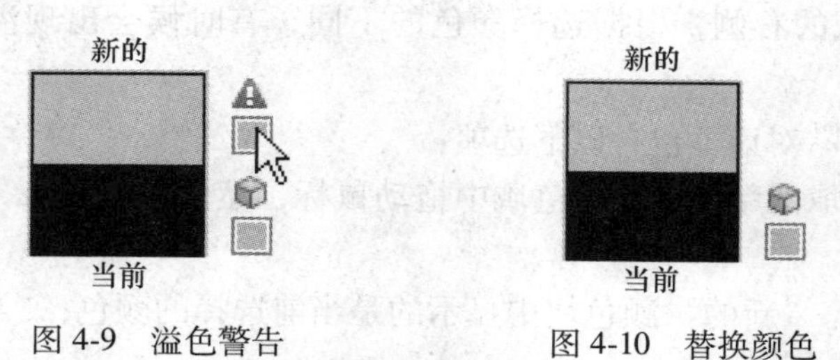

图 4-9　溢色警告　　　　图 4-10　替换颜色

提示：简单地说，如果选择的颜色是打印机中能够打印的颜色，就不会出现溢色警告标记▲；如果选择的颜色在打印机中不能打印时，则会出现警告标记，同时在小方块中给出打印机能够打印的最接近的颜色来，点击小方块即可使用打印机打印颜色。

（6）非 Web 安全色警告。当选择的色彩超出浏览器支持的色彩显示范围时，将会出现该警告标志，并在它下方的颜色小方块中显示浏览器支持的与所选色彩最接近的颜色。如图 4-11 所示，单击标志下面的小方块，可以将当前所选颜色替换为与其最为接近的 Web 安全颜色，如图 4-12 所示。

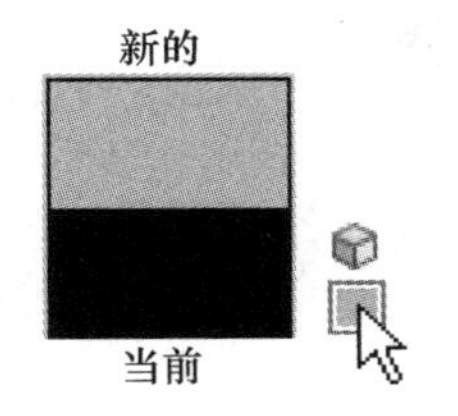

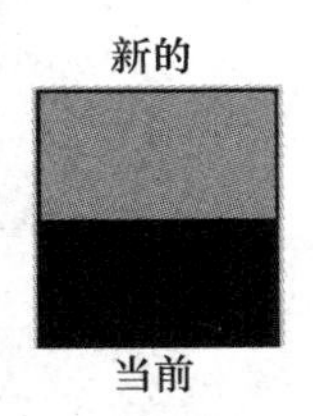

图 4-11　非 Web 安全色警告　　图 4-12　替换颜色

提示： 如果选择的颜色是网页中能够准确显示的颜色，就不会出现安全色警告标记；如果选择的颜色在网页中不能准确显示时，就会出现警告标记，同时在小方块中给出网页中能够准确显示的最接近的颜色来，点击小方块就能使用该颜色。

（7）只有 Web 颜色。选择该项，表示只在颜色域中显示 Web 安全色，便于 Web 图像的制作，如图 4-13 所示。

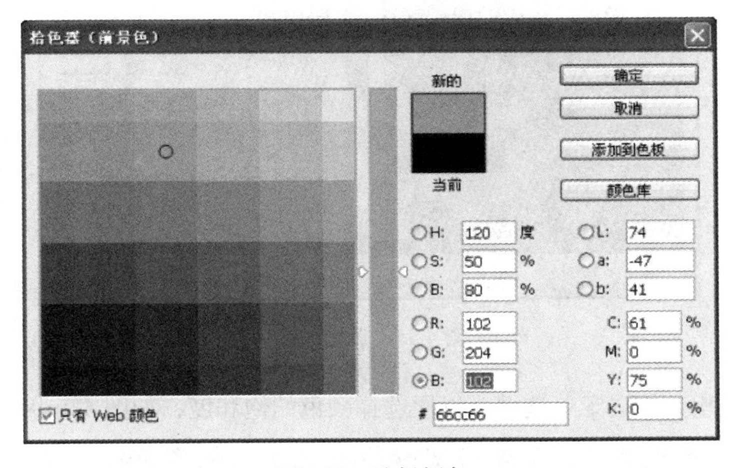

图 4-13　选择颜色

如图 4-13 所示，点击“添加到色板”按钮，可以将当前设置的颜色添加到“色板”面板；点击“颜色库”按钮，可以切换到“颜色库”中。

在对话框中，可以选择基于 HSB（色相、饱和度、亮度）、RGB（红色、绿色、蓝色）、Lab 或 CMYK（青色、洋红、黄色、黑色）等颜色模型来指定颜色。

4.1.1.3　在“拾色器”对话框中设置颜色

在“拾色器”对话框中设置颜色的操作步骤为：

（1）在工具箱中点击“前景色”图标，打开“拾色器（前景色）”对话框。如果要设置背景色，就点击“背景色”图标，可以打开“拾色器（背景色）”对话框。拖动颜色滑块或者在竖直的渐变条上点击，可以定义颜色范围，如图 4-14 所示。

（2）定义颜色范围，在颜色域中点击可以调整颜色深浅，如图 4-15 所示。

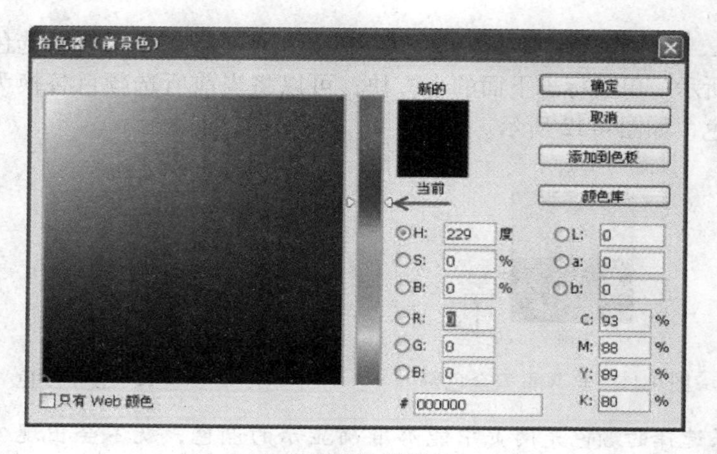

图 4-14 设置颜色

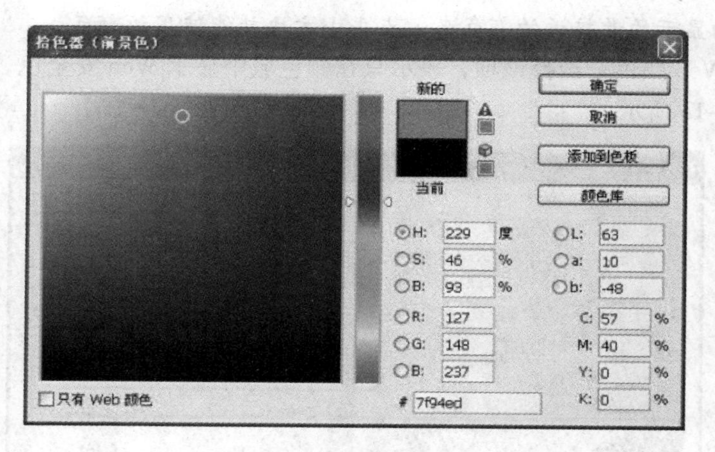

图 4-15 调整颜色

（3）调整色相，勾选 S 单选框，以便选择颜色的饱和度，如图 4-16 所示。

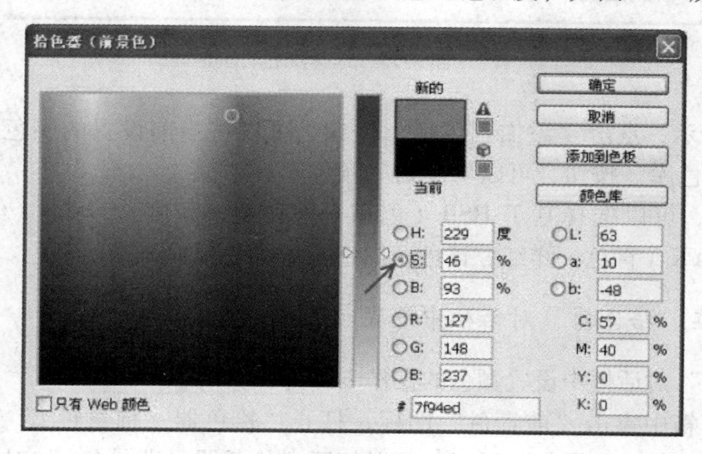

图 4-16 调整色相

拖动渐变条即可调整饱和度，如图 4-17 所示。

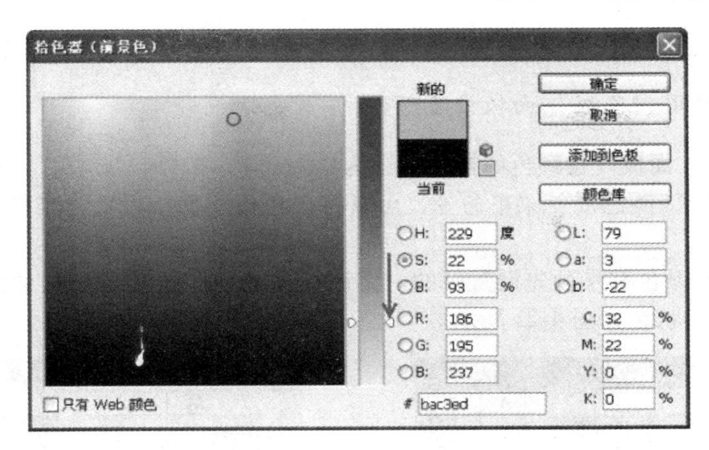

图 4-17　调整饱和度

调整颜色的饱和度，勾选 B 单选框，以选择颜色的亮度，如图 4-18 所示。

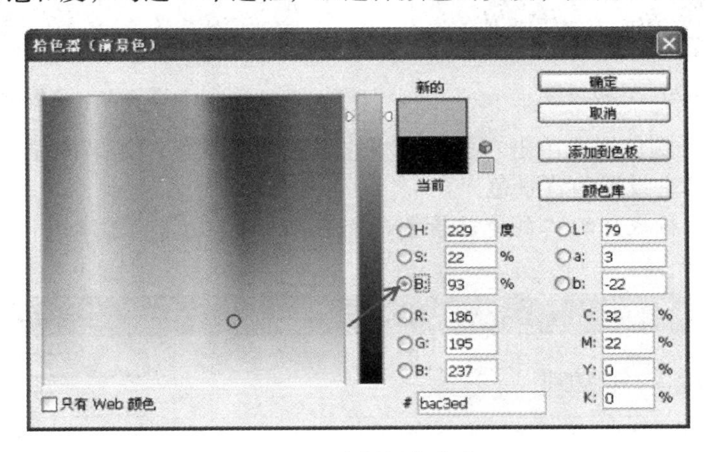

图 4-18　选择颜色亮度

（4）勾选 B 单选框，拖动颜色渐变条，即可调整颜色的明度，如图 4-19 所示。

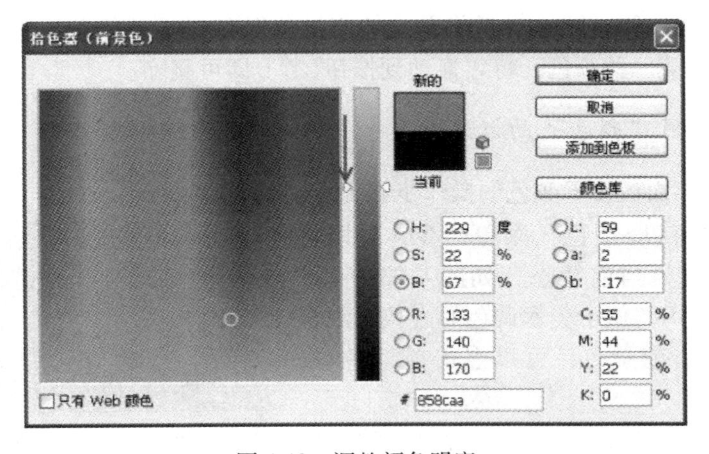

图 4-19　调整颜色明度

（5）调整颜色的明度，设置完成后，点击“确定”按钮，即可将其设置为前景色。

4.1.1.4　使用“色板”面板设置颜色

使用“色板”面板设置颜色的操作步骤为：

（1）选择“窗口>色板”菜单命令，可以将“色板”面板设置为当前状态，如图 4-20 所示。

“色板”中的颜色都是预先设置好的。将鼠标移动到“色板”面板的色块中，此时光标将会变成吸管形状，如图 4-21 所示。

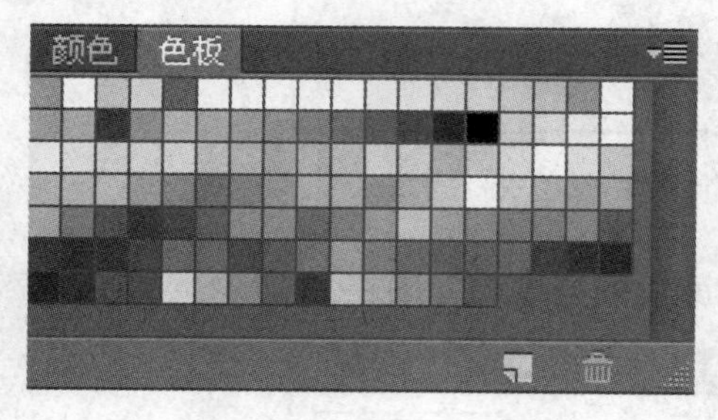

图 4-20　色板设置

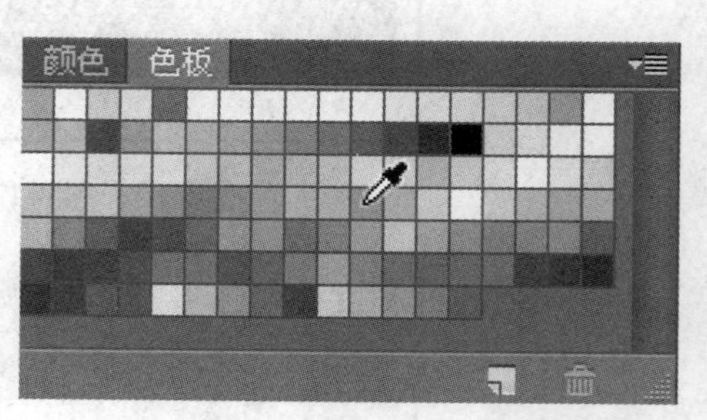

图 4-21　色板设置

（2）选择一个颜色样式单击它，即可将它设置为前景色；如果按住“Ctrl”键以后再单击它，则可以将它设置为背景色。

提示： 点击面板底部的“创建前景色的新色板”按钮，可弹出“色板名称”对话框，如图 4-22 所示。

图 4-22　色板名称

（3）在“名称”文本框中输入颜色的名称，这个名称是当前设置的前景色的名称。然后点击“确定”按钮，即可将当前设置的前景色保存到“色板”面板中；如果要删除“色板”面板中的某一种颜色，将它拖动到按钮上即可删除。

4.1.1.5　使用“颜色”面板设置颜色

使用“颜色”面板设置颜色的操作步骤为：

（1）选择“窗口>颜色”菜单命令，可以将“颜色”面板设置为当前状态，如图 4-23 所示。“颜色”面板的使用类似于美术调色的方式来混合颜色。如果要编辑前景色，可以点击前景色块，如图 4-24 所示。

如果要编辑背景色，可以点击背景色块，或者拖动滑块，都可以调整颜色，如图 4-25 所示。

图 4-23　颜色版面

将光标放在面板下面的四色曲线图上，光标会变成吸管的形状，如图 4-26 所示。

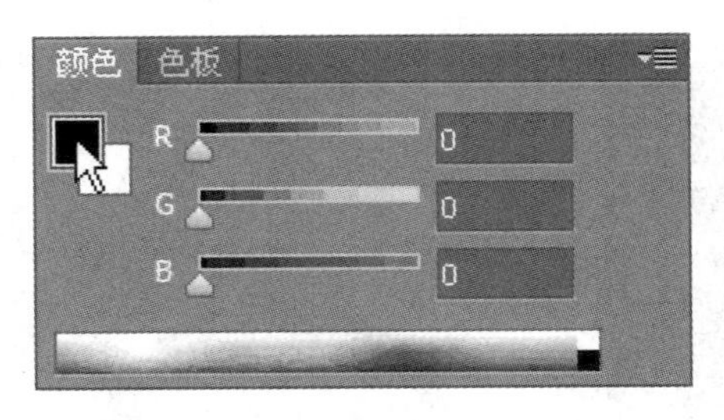

图 4-24　颜色版面

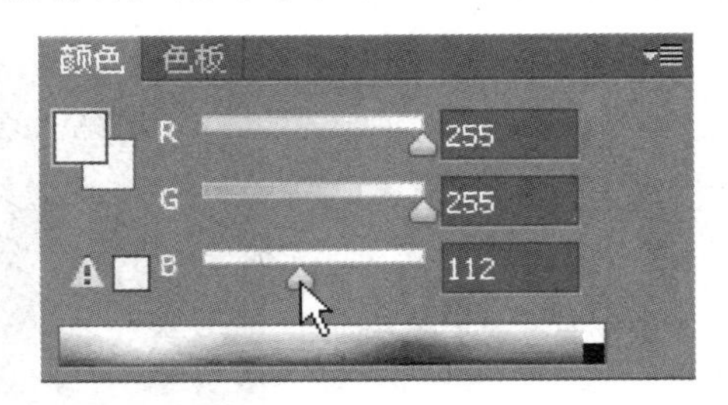

图 4-25　调整颜色

（2）单击，即可进行颜色取样，如图 4-27 所示。点击面板右上角的按钮，打开面板菜单，如图 4-28 所示。

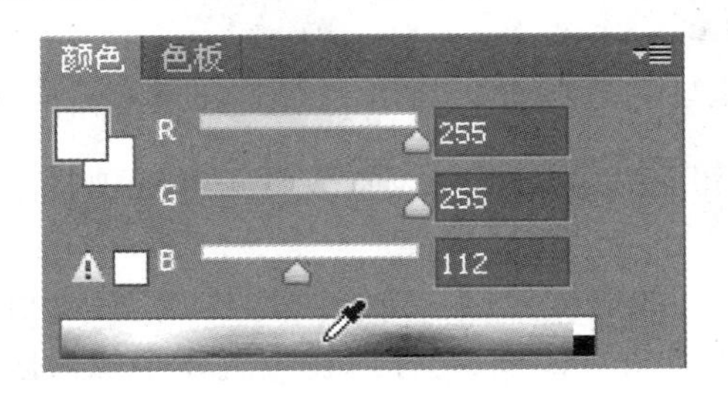

图 4-26　四色曲线图

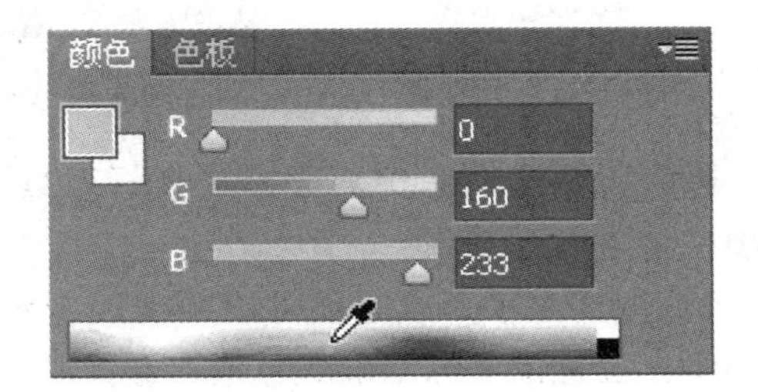

图 4-27　颜色取样

（3）选择不同的颜色滑块命令，可以修改滑块的显示模式；或者选择不同的色谱命令，可以修改四色曲线图的显示模式，如图 4-29 所示。

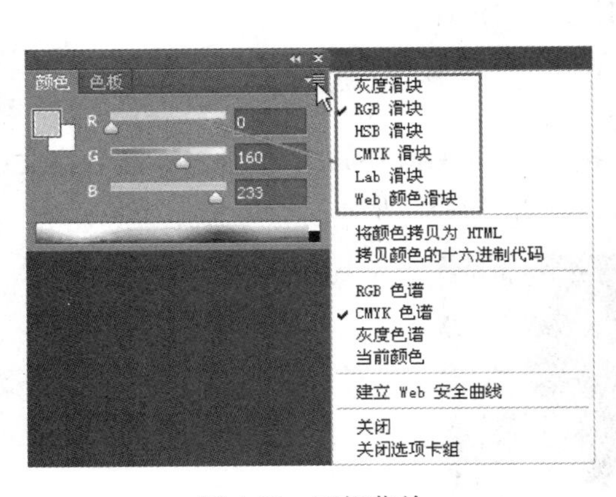

图 4-28　面板菜单

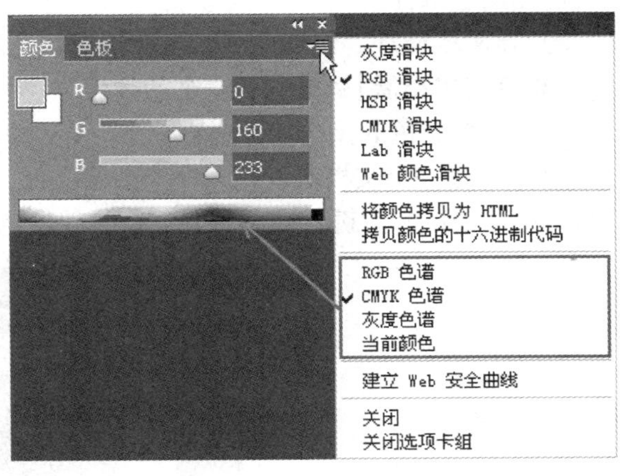

图 4-29　显示模式

4.1.1.6　使用“吸管工具”拾取颜色

使用“吸管工具”拾取颜色的操作步骤为：

（1）打开一个文件，如图 4-30 所示。

（2）在工具箱中选择“吸管工具”按钮，如图 4-31 所示。将光标移动到图像上，单击鼠标可以显示一个取样环，并拾取单击点的颜色，当松开鼠标后，会自动将单击点的颜色设置为前景色，如图 4-32 所示。

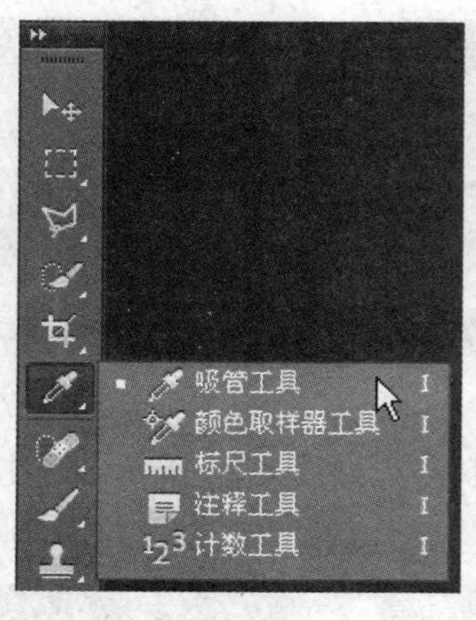

图 4-30 打开文件　　图 4-31 吸管工具　　图 4-32 颜色设置

吸管工具选项栏中，选择“吸管工具”按钮以后，可以设置吸管工具选项栏，该选项栏包含以下选项：

1）取样大小。该选项可以用于设置吸管工具的取样范围。选择“取样点”，可拾取光标所在位置像素的精确颜色值；选择“3×3 平均”，可拾取光标所在位置 3 个像素区域内的平均颜色；择“5×5 平均”，可拾取光标所在位置 5 个像素区域内的平均颜色。其他选项则依此类推。

2）样本。选择“所有图层”表示可以在所有图层上取样；选择“当前图层”表示只在当前图层上取样。

3）显示取样环。勾选此项，可在拾取颜色时显示取样环。

【重点技术拓展】快速选择颜色的方案

快速选择颜色的操作步骤为：

（1）新建一个文档或者打开一个图像文件，按下“Ctrl+Alt+Shift”组合键，然后在文档窗口中单击鼠标右键，即可打开一个快捷拾色器，如图 4-33 所示。

图 4-33 打开快捷拾色器

（2）此时，按住鼠标右键不要松开，然后移动鼠标，开始选择颜色。当松开鼠标右键时，所选择的颜色就自动添加到前景色图标中了。

4.1.2　渐变工具

4.1.2.1　渐变工具的使用方法

在工具箱中选择“渐变工具”按钮，如图 4-34 所示。

点击工具选项栏中的“点按可编辑渐变”按钮，打开“渐变编辑器”对话框。如图 4-35 所示。

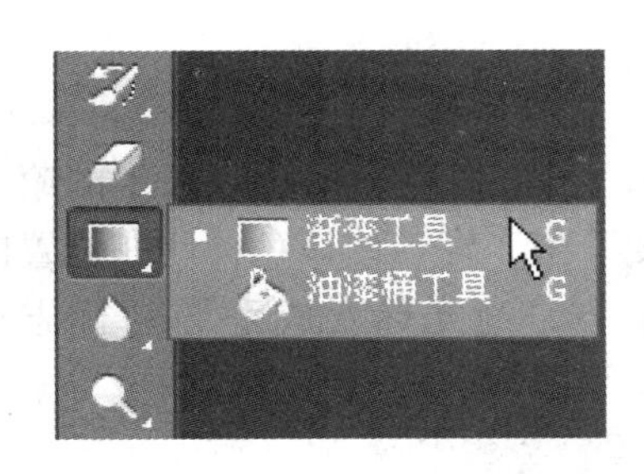

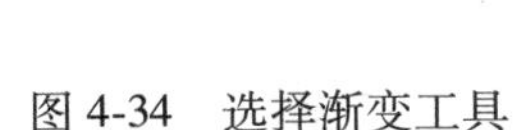
图 4-34　选择渐变工具

图 4-35　“渐变编辑器”对话框

通过“渐变编辑器”可以选择需要的现有渐变，也可以创建自己需要的新渐变。

其中，“渐变编辑器”对话框包含以下选项：

（1）预设。该选项可以显示当前默认的渐变，如果需要使用某个渐变，直接单击即可选择。

（2）名称：该选项可以显示当前选择的渐变名称，也可以创建一个新渐变名称，直接输入一个新的名称，然后单击右侧的“新建”按钮，创建一个新的渐变，新渐变将显示在“预设”栏中。

（3）渐变类型。该选项可以从弹出的菜单中选择渐变的类型，包括“实底”和“杂色”两个选项。

（4）平滑度。该选项可以设置渐变颜色的过渡平滑。值越大，过渡越平滑。

（5）渐变条。该选项可以显示当前渐变效果，并可以通过下方的色标和上方的不透明度色标来编辑渐变。渐变条中最左侧的色标代表了渐变的起点颜色，最右侧的色标代表了渐变的终点颜色。

（6）添加/删除色标。将鼠标光标移动到渐变条的上方，当光标变成手形标志时，单击鼠标，即可创建一个不透明度色标，如图 4-36 所示。

图 4-36 渐变编辑器

不透明度色标可以用于设置渐变的透明度（见图 4-37），与“色标”选项组中的第一行选项对应。一旦设置了某个不透明度色标的“不透明度”值，即可使该色标所在位置的渐变颜色呈现透明效果。将鼠标光标移动到渐变条的下方，当光标变成手形标志时（见图 4-38），单击鼠标，可以创建一个色标，如图 4-39 所示。

图 4-37 创建不透明色标

色标可以用于设置渐变的颜色，与“色标”选项组中的第二行选项对应。多次单击可以添加多个色标。如果想删除不需要的色标或不透明度色标，选择色标或不透明度色标以后，点击“色标”选项组对应的“删除”按钮即可；也可以直接将色标或不透明度色标拖动到

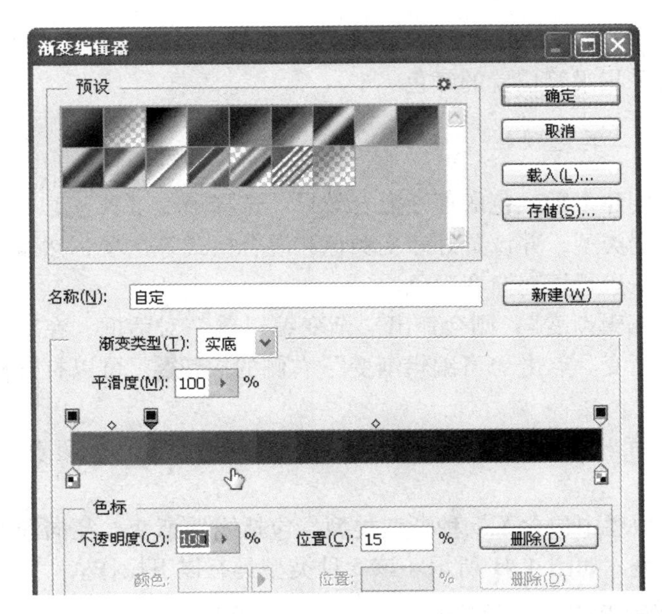

图 4-38　渐变编辑器

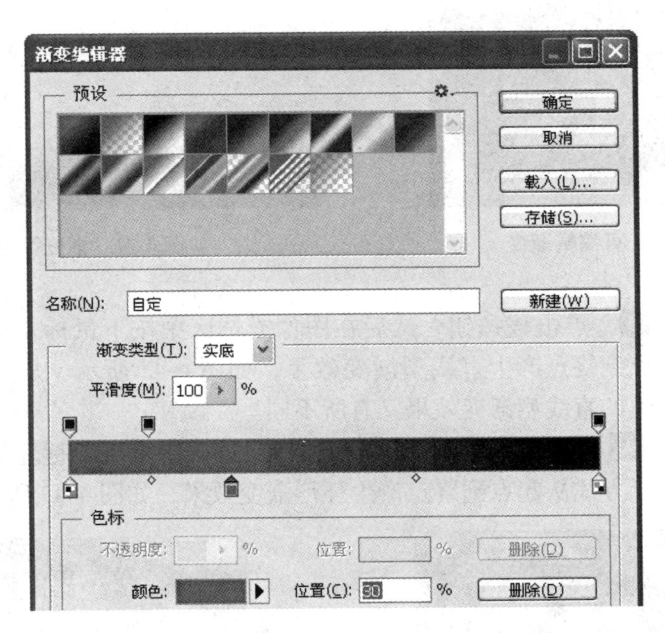

图 4-39　创建色标

"渐变编辑器"对话框以外的位置，释放鼠标即可将选择的色标或不透明度色标删除。

若要编辑色标颜色，点击渐变条下方的色标，该色标上方的三角形变黑时，表示选中了该色标，此时可以使用下面的方法来修改色标的颜色：在需要修改颜色的色标上双击，可以打开"拾色器（色标颜色）"对话框，选择需要的颜色以后，点击"确定"按钮即可。选择色标以后，在"色标"选项组中点击"颜色"右侧的"更改所选色标的颜色"区域，打开"拾色器（色标颜色）"对话框，选择需要的颜色以后，点击

"确定"按钮即可。选择色标后，将光标移动到"颜色"面板或打开的图像中需要的颜色上，单击鼠标即可采集吸管位置的颜色。

4.1.2.2 渐变工具选项栏

渐变工具可以创建多种颜色的逐渐混合效果。选择渐变工具■以后，需要先在工具选项栏中选择一种渐变类型，并设置好渐变颜色和混合模式等选项，然后才能在画布中按下鼠标左键并拖动它，进行填充渐变颜色。

直接点击"可编辑渐变"，则会弹出"渐变编辑器"对话框，在对话框中可以编辑渐变颜色，或者保存渐变。点击"可编辑渐变"右侧的按钮▾，可以打开渐变下拉面板，如图4-40所示。

在面板中保存有一些预设的渐变效果，如果想使用某个渐变效果，点击相应图标即可。

在渐变工具选项栏中包含了5种渐变类型，包括线性渐变、径向渐变、角度渐变、对称渐变和菱形渐变等，如图4-41所示。该5种类型具有以下操作。

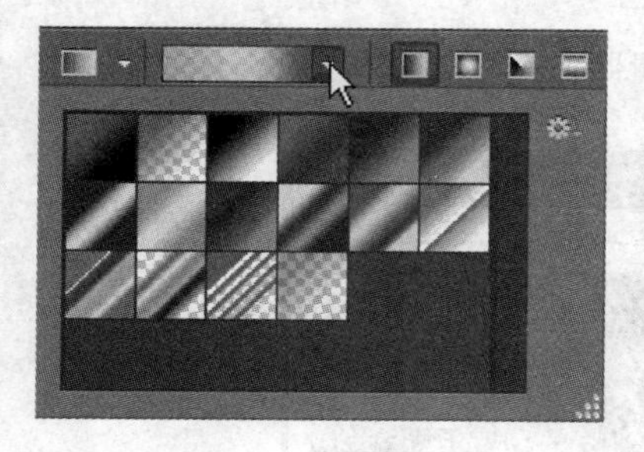

图4-40 可编辑渐变

图4-41 渐变类型

（1）线性渐变■。点击该按钮，然后在图像或选区中按下鼠标左键，不要松开，拖动鼠标，即可从起点到终点产生直线型渐变效果，如图4-42所示。从起点到终点的位置或者方向不同，产生的直线型渐变效果又有所不同。

（2）径向渐变■。点击该按钮，然后在图像或选区中按下鼠标左键，不要松开，拖动鼠标，即可以圆形方式从起点到终点产生环形渐变效果，如图4-43所示。

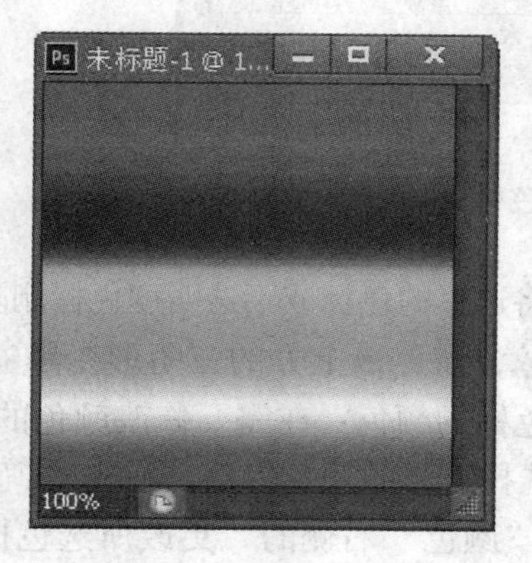

图4-42 线性渐变

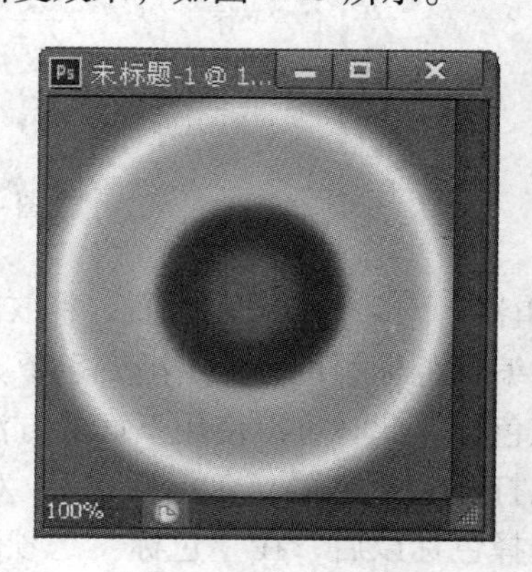

图4-43 径向渐变

（3）角度渐变。点击该按钮，然后在图像或选区中按下鼠标左键，不要松开，拖动鼠标，即可以逆时针扫过的方式围绕起点产生渐变效果，如图4-44所示。

（4）对称渐变。点击该按钮，然后在图像或选区中按下鼠标左键，不要松开，拖动鼠标，即可从起点的两侧产生镜向渐变效果，如图4-45所示。

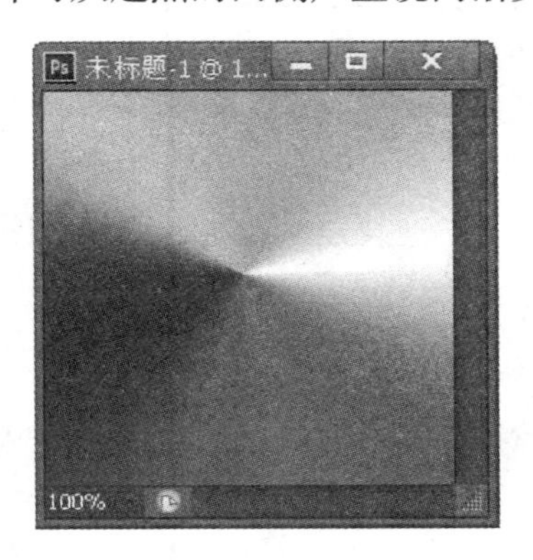

图4-44　角度渐变

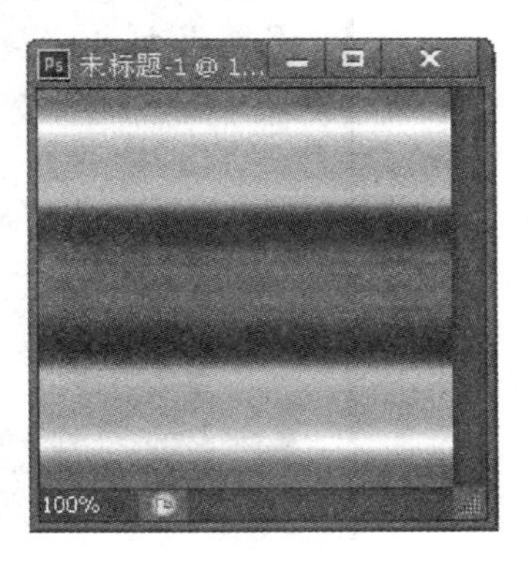

图4-45　对称渐变

（5）菱形渐变。点击该按钮，然后在图像或选区中按下鼠标左键，不要松开，拖动鼠标，即可从起点向外形成菱形的渐变效果，如图4-46所示。

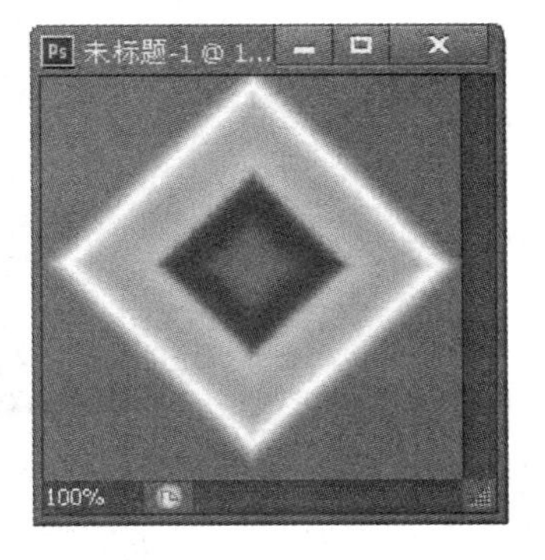

图4-46　菱形渐变

渐变工具选项栏包含以下选项：

（1）模式。该选项可以设置渐变填充与背景图片的混合模式。

（2）不透明度。该选项可以设置渐变填充颜色的不透明程度，值越小越透明。

（3）反向。选中该复选框，可以将编辑的渐变颜色的顺序反转过来。比如红蓝渐变可以变成蓝红渐变。

（4）仿色。选中该复选框，可以使渐变颜色间产生较为平滑的过渡效果。其主要用于防止打印时出现条带化现象，但在屏幕上并不能明显地体现出作用。

（5）透明区域。该选项主要用于对透明渐变的设置。选中该复选框，当编辑透明渐变时，填充的渐变将产生透明效果；如果取消该复选框，填充的透明渐变将不会出现透明效果，而是产生了实色渐变。

4.1.2.3　创建透明渐变

创新透明渐变的操作步骤为：

（1）在“渐变编辑器”对话框中选择一种渐变样式。比如选择“黑，白渐变”，如图4-47所示。

（2）修改渐变中的颜色。双击“渐变条”下方左侧的色标，如图4-48所示。

最左侧的色标代表了渐变的起点颜色，最右侧的色标代表了渐变的终点颜色。打开“拾色器（色标颜色）”对话框，将该色标的颜色设置为白色，如图4-49所示。

（3）单击“渐变条”上方左侧的不透明度色标，选择该色标，如图4-50所示。

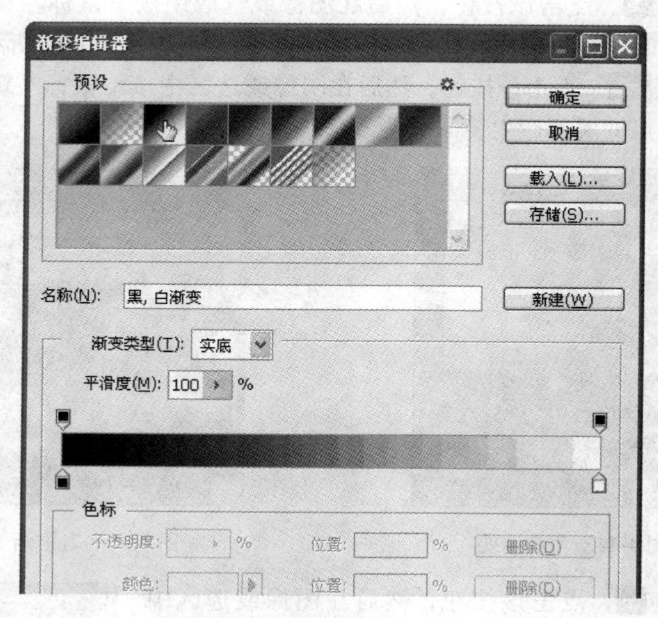

图 4-47 “渐变编辑器”对话框

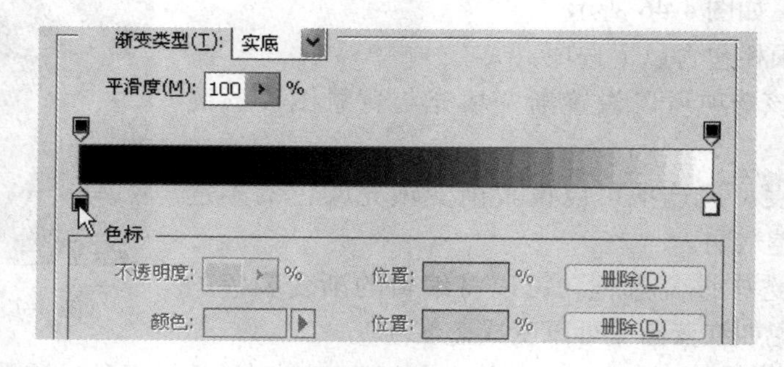

图 4-48 渐变条

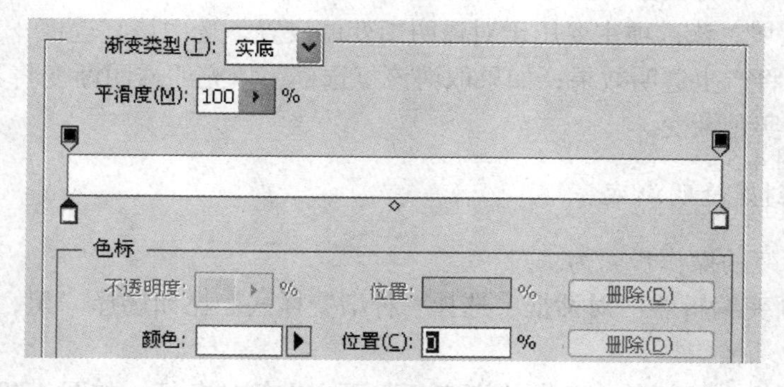

图 4-49 打开“拾色器”对话框

（4）将不透明度的值修改为 0%，使其完全透明，然后将位置设置为 80%，如图 4-51 所示。

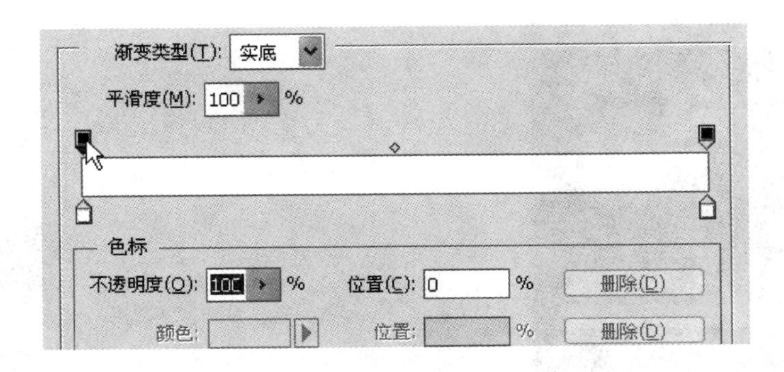

图 4-50 单击渐变条上方左侧不透明度色标

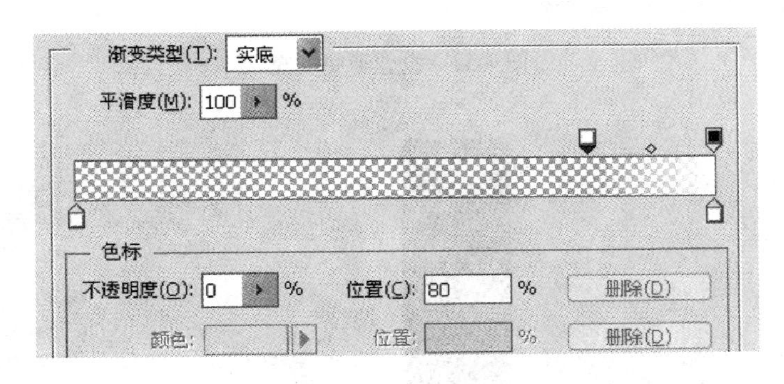

图 4-51 修改设置

（5）此时，“渐变条”中的颜色出现了透明效果和位置的变化。透明渐变的编辑完成以后，点击“确定”按钮，关闭编辑器。

【重点理论实践】 创建渐变图形

创建渐变图形的操作步骤为：

（1）新建 600×400 像素大小的画布，设置背景色为浅灰色（#eeeeee），使用“椭圆选框工具”和“矩形选框工具”，绘制如图 4-52 所示的云的形状。

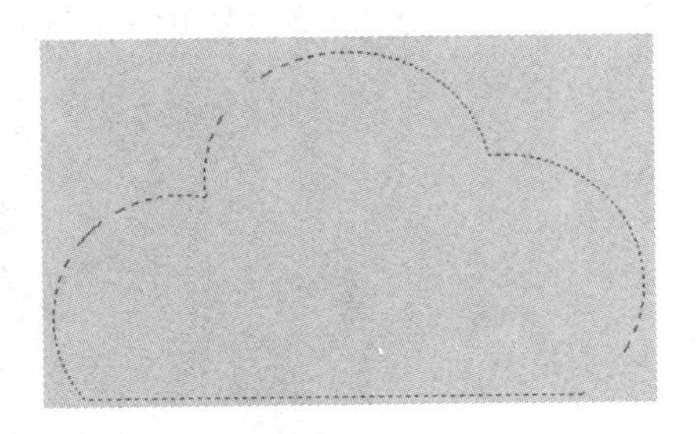

图 4-52 绘制云形状

（2）为以上选区新建一个空白图层，选中渐变工具，打开渐变编辑器，设置前景色为#e9f7f9，背景色为#86e0f1，如图 4-53 左图所示。

（3）在工具选项栏中点击“径向渐变”按钮，在云选区内部的合适位置处，按下鼠标左键，不要松开，向外部拖动鼠标。效果见图 4-53 右图所示。

提示： 按下鼠标的位置点不同，拖动鼠标后的终点位置不同，它们所产生的径向渐变效果也就不同。

（4）将云图层载入选区（按住“Ctrl”键的同时，鼠标点击云图层缩略图），选中椭圆选框工具，并选中工具选项栏中的“与选区交叉”，拖动椭圆选框工具，制作交叉选区，如图 4-54 所示。

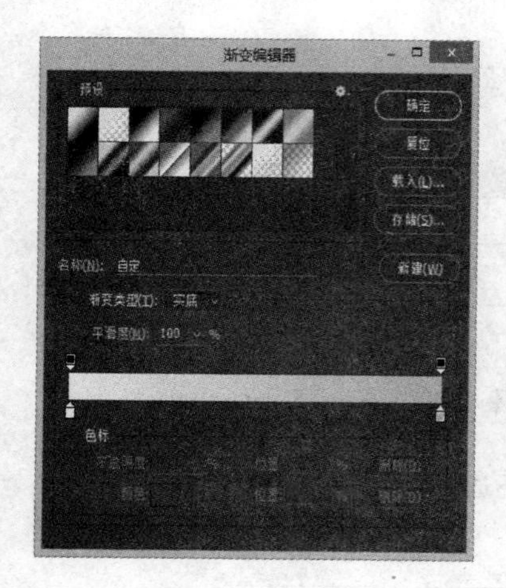

图 4-53 设置渐变填充

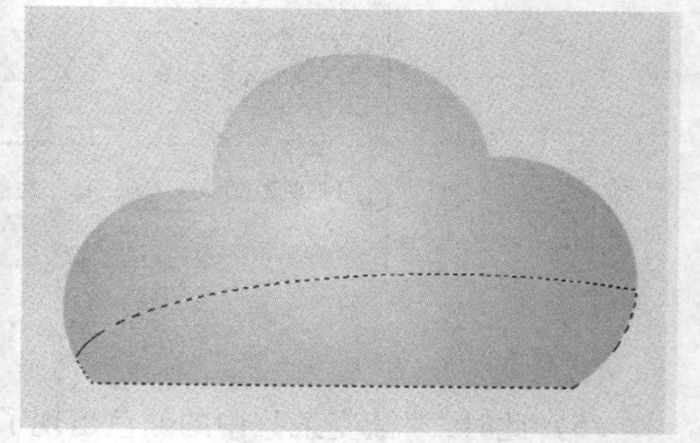

图 4-54 制作交叉选区

（5）新建图层，对交叉选区填充径向渐变，渐变的前景色为#bde6ed，背景色为#88d6e7，并对改图层设置填充度和透明度，如图 4-55 所示。

图 4-55 交叉图层填充效果

（6）使用工具箱中的文字工具新建文字图层，在文档合适位置写入“Cloud”文字，本例中的字体为“Aparajita Bold Italic”，字号“150 点”，颜色为#09b7f3，将图层放到合适位置，最终效果如图 4-56 所示。

图 4-56 最终效果

4.1.2.4 设置杂色渐变

杂色渐变包含了在指定范围内随机分布的颜色，它的颜色变化效果更加丰富。在“渐变编辑器”对话框的“渐变类型”下拉列表中选择“杂色”，对话框中就会显示杂色渐变选项，如图 4-57 所示。

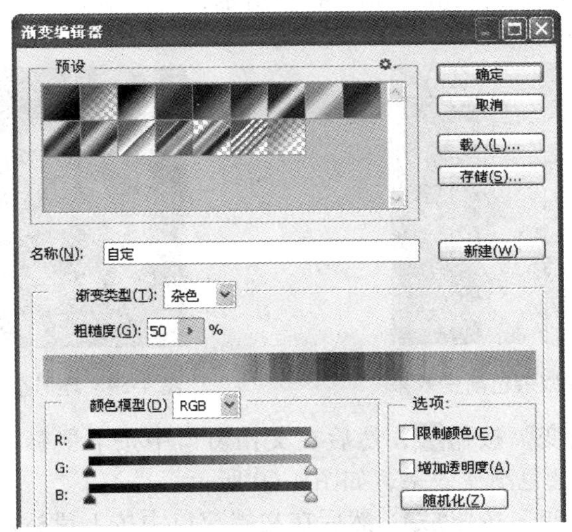

图 4-57 设置杂色渐变

杂色渐变效果与选择的预设或自定义渐变无关，即不管开始选择的什么渐变，选择“杂色”选项后，显示的效果都是一样的。要修改杂色渐变，可以通过“颜色模型”和相关的参数值来修改。

“渐变编辑器”对话框包含以下选项：

（1）粗糙度。该选项可以设置整个渐变颜色之间的粗糙程度。可以在文本框中输入数值，也可以通过拖动弹出式滑块来修改数值。值越大，颜色之间的过渡越粗糙，颜色之间的对比度就越大，颜色的层次也就越丰富。不同的值将显示不同的粗糙程度。

（2）颜色模型。该选项可以设置颜色模式，包括 RGB、HSB 和 LAB 三种颜色模式。选择不同的颜色模式，其下方将显示不同的颜色设置条，拖动不同的颜色滑块，可以调整渐变颜色的显示，以创建不同的杂色效果。

（3）限制颜色。选中该复选框，将颜色限制在可以打印的范围内，可以防止颜色过于饱和。

（4）增加透明度。选中该复选框，可以向渐变中添加透明杂色，以制作带有透明度的杂色效果。

（5）随机化。点击该按钮，可以在不改变其他参数的情况下，随机生成一个新的渐变颜色。

设置完成以后，点击“确定”按钮关闭对话框。

【重点答疑解惑】 如何创建一个杂色渐变？

创建一个杂色渐变的操作步骤为：

（1）创建一个文档。在工具箱中选择“渐变工具”按钮，然后在“渐变编辑器”对话框中设置杂色渐变。在渐变工具选项栏中点击“线性渐变”按钮，然后在文档窗口中按下鼠标左键，不要松开，拖动鼠标，即可创建直线型杂色渐变效果，如图4-58所示。

（2）点击“径向渐变”按钮，然后在文档窗口中按下鼠标左键，不要松开，拖动鼠标，即可创建环形杂色渐变效果，如图4-59所示。

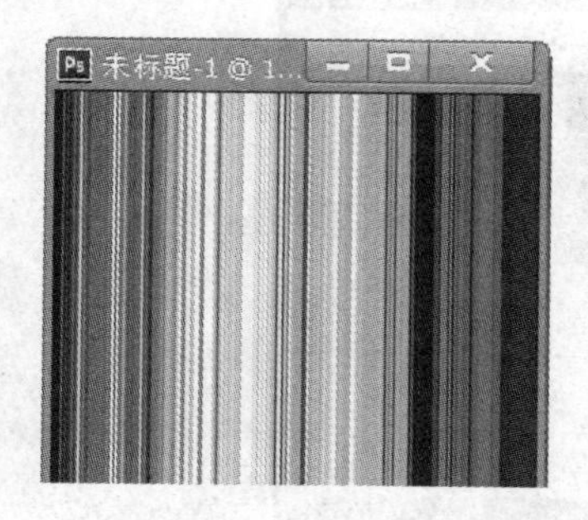

图4-58 直线型杂色渐变效果

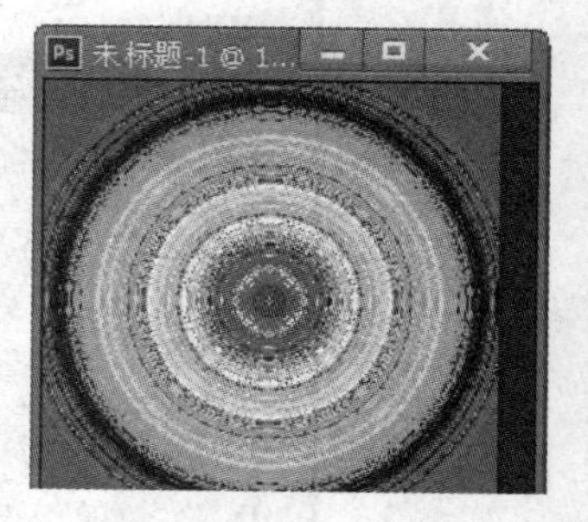

图4-59 环形杂色渐变效果

（3）点击“角度渐变”按钮，然后在文档窗口中按下鼠标左键，不要松开，拖动鼠标，即可创建射线型杂色渐变效果，如图4-60所示。

（4）点击“对称渐变”按钮，然后在文档窗口中按下鼠标左键，不要松开，拖动鼠标，即可创建从起点的两侧产生镜向的杂色渐变效果，如图4-61所示。

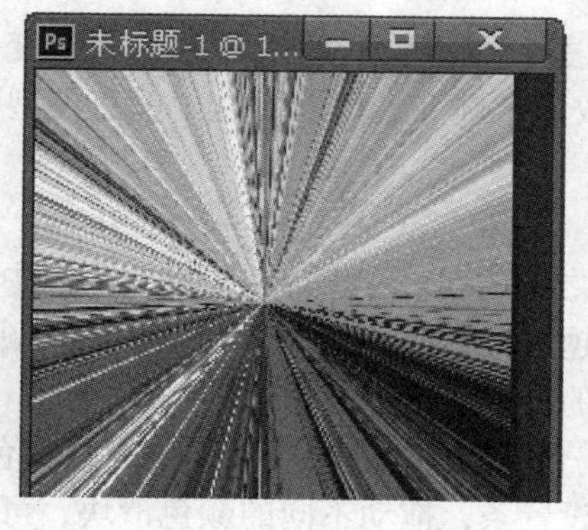

图4-60 射线型杂色渐变效果

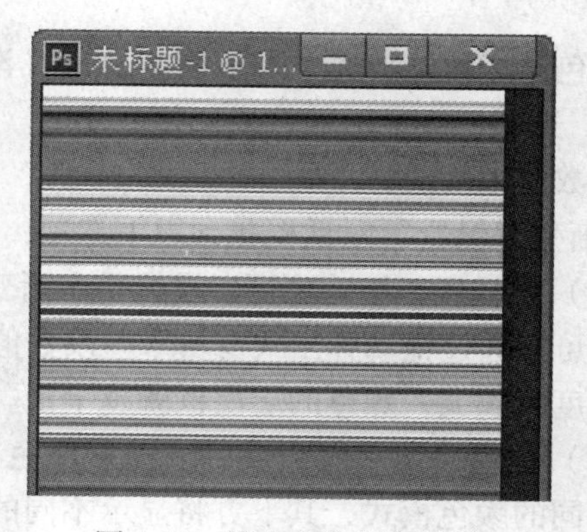

图4-61 镜向杂色渐变效果

（5）点击“菱形渐变”按钮，然后在文档窗口中按下鼠标左键，不要松开，拖动鼠标，即可创建菱形的杂色渐变效果，如图4-62所示。

4.1.3　填充与描边

4.1.3.1　使用油漆桶工具填充颜色

使用“油漆桶工具”按钮可以在图像中填充前景色或图案。如果创建了选区，填充的区域则为所选区域；如果没有创建选区，则填充与鼠标单击点颜色相近的区域。在填充时，首先在工具选项栏中设置一下相关参数，可以达到更好的填充效果。使用该工具填充颜色的操作步骤为：

（1）打开一个图像文件，如图4-63所示。

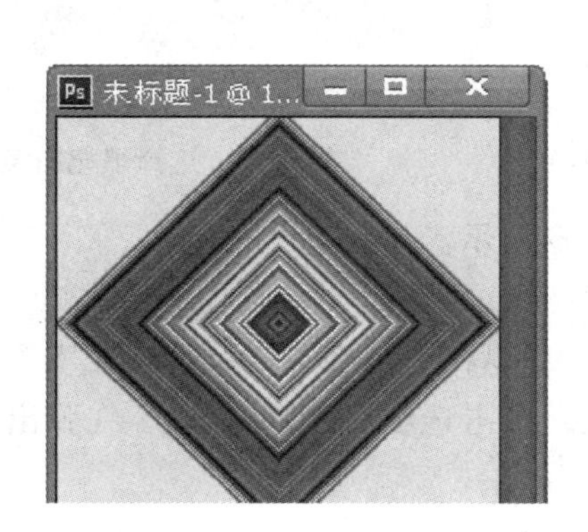

图4-62　菱形杂色渐变效果

图4-63　打开图像文件

（2）在工具箱中选择“油漆桶工具”按钮，如图4-64所示。

（3）在工具选项栏中，将“设置填充区域的源”按钮修改为“前景”。如果已经选择了“前景”，则不必修改。将“填充模式”按钮设置为“颜色”，因为现在要填充的是颜色；如果是在“图层”中，则可以使用“背后”模式和“清除”模式，其他模式请阅读Photoshop CS6图层混合模式效果示例。将“填充色范围”按钮设置得大一些，也可以使用默认值，打开“色板”面板，选择如图6-65所示的颜色。

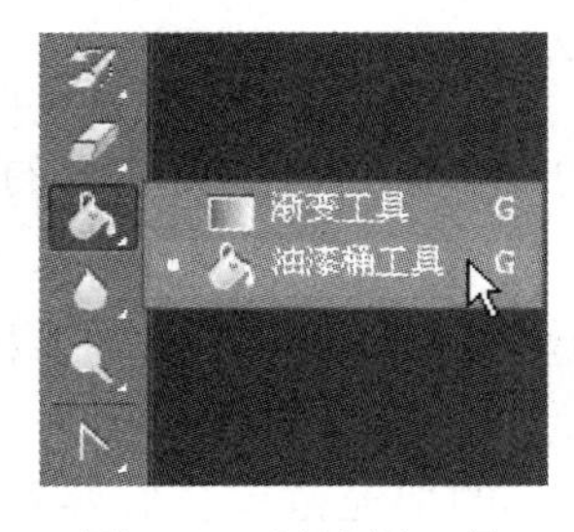

图4-64　油漆桶工具

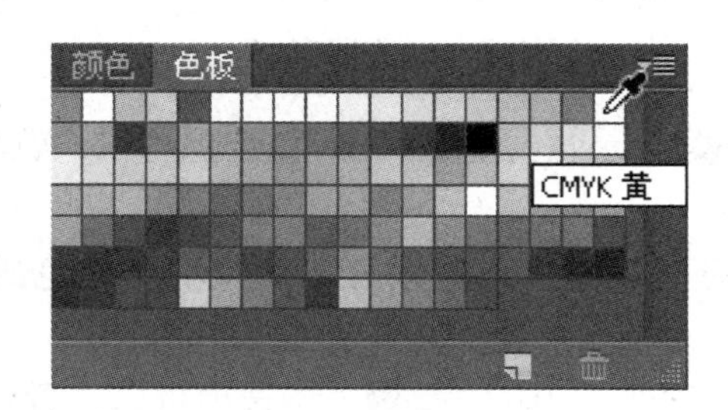

图4-65　色板

（4）在填充颜色时，油漆桶所使用的颜色为当前工具箱中的前景色，所以在填充前，要先设置好前景色，然后再进行填充。在图像头部单击，即可填充前景色，如图4-66

所示。

（5）使用同样的方法填充图像的其余部分，颜色填充好以后的图像如图4-67所示。

（6）在工具选项栏中，将“模式”恢复为“正常”，将“填充”设置为“图案”，然后在下拉面板中选择一种图案，如图4-68所示。

图4-66　填充颜色

图4-67　填充完毕

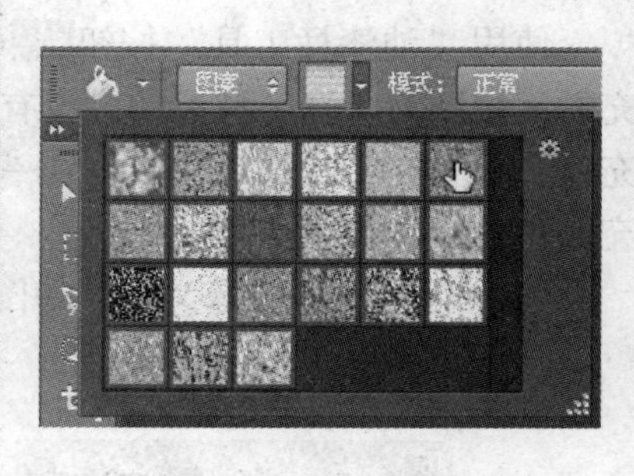

图4-68　选择填充图案

（7）在背景上单击，即可填充图案，如图4-69所示。

油漆桶工具选项栏有以下选项：

（1）设置填充区域的源 前景 。单击该选项，可以在下拉列表中选择填充内容，其主要有“前景”和“图案”两种。如果选择了图案，点击选项右侧的按钮，在弹出的下拉面板中可以选择图案，如图4-70所示。

图4-69　填充图案

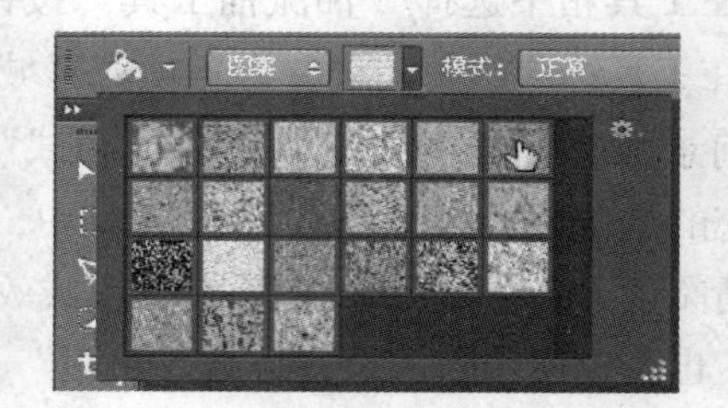

图4-70　选择填充图案

（2）模式 模式：正常 。该选项可以设置填充颜色或图案与原图像产生的混合模式效果。

（3）不透明度。该选项可以设置填充颜色或图案的不透明度。可以产生透明的填充效果。

（4）填充色范围 容差：32 。该选项可以设置油漆桶工具的填充范围。低容差只会填充颜色值范围内与单击点像素非常相似的像素，高容差则会填充更大范围内的像素。

（5）消除锯齿。选中该复选框，可以使填充的颜色或图案的边缘产生较为平滑的过渡效果。请阅读椭圆选框工具选项栏。

（6）连续的。选中该复选框，油漆桶工具只填充与单击点颜色相同或相近的相邻颜色区域；取消该复选框，将填充与单击点颜色相同或相近的所有颜色区域。

（7）所有图层。选中该复选框，当进行颜色或图案填充时，将影响当前文档中所有的图层；取消勾选则仅填充当前图层。

4.1.3.2　使用整体图案进行填充

定义整体图案是将打开的图片素材整个定义为一个图案，以填充画布，制作出背景或者其他用途的图像效果。其操作步骤为：

（1）打开一个图片素材，如图 4-71 所示。

图 4-71　打开图片

（2）选择“编辑”菜单，点击“定义图案”命令，打开“图案名称”对话框，在“名称”文本框中输入图案的名称，如“定义整体图案”。

（3）点击“确定”按钮，即可完成整体图案的定义。

【重点理论实践】使用整体图案进行填充

使用整体图案填充的操作步骤为：

（1）创建一个 520×460 像素的画布，如图 4-72 所示。

（2）选择“编辑>填充”菜单命令，打开“填充”对话框，如图 4-73 所示。在“使用”下拉列表中选择“图案”，点击“自定图案”右侧的“点按可打开‘图案’拾色器”按钮▾，打开“图案”拾色器，选择刚才定义的“定义整体图案”图案，如图 4-74 所示。

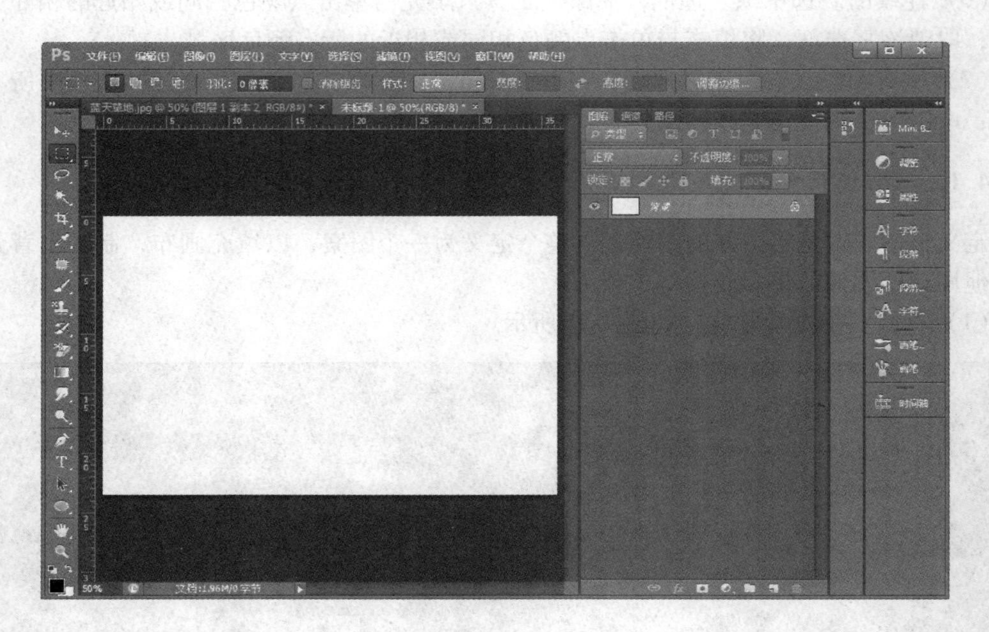

图 4-72　创建画布

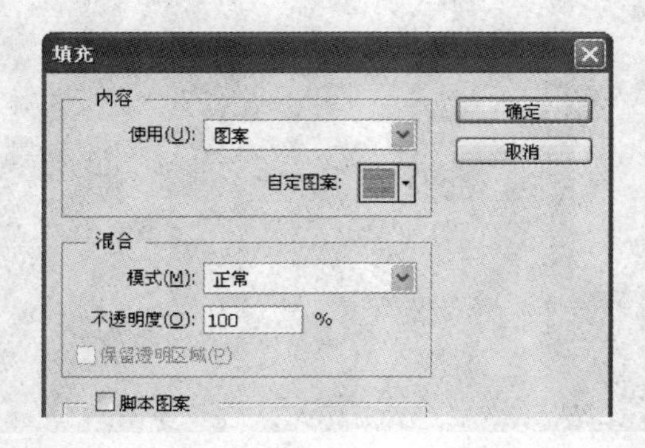

图 4-73　填充对话框

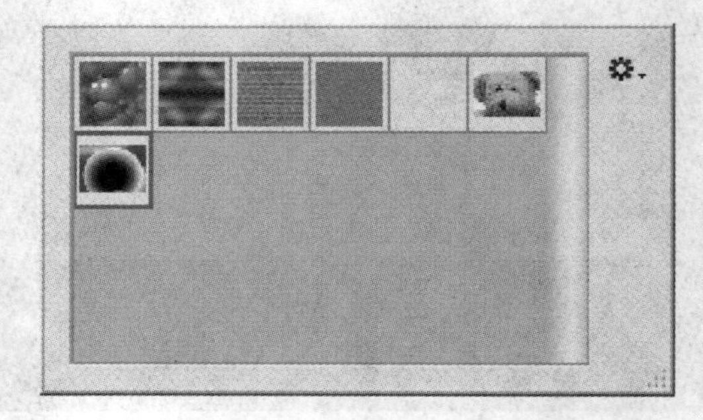

图 4-74　图案拾色器

提示：“填充”对话框中的“图案”拾色器与油漆桶工具的工具选项栏中的图案相同。

（3）设置完成以后，点击“确定”按钮，即可将选择的图案填充到当前画布中，如图 4-75 所示。

任务 4.2　绘 图 工 具

4.2.1　画笔工具

“画笔工具”按钮类似于现实生活中的毛笔，它可以使用前景色绘制图画，还可以修改蒙版和通道。

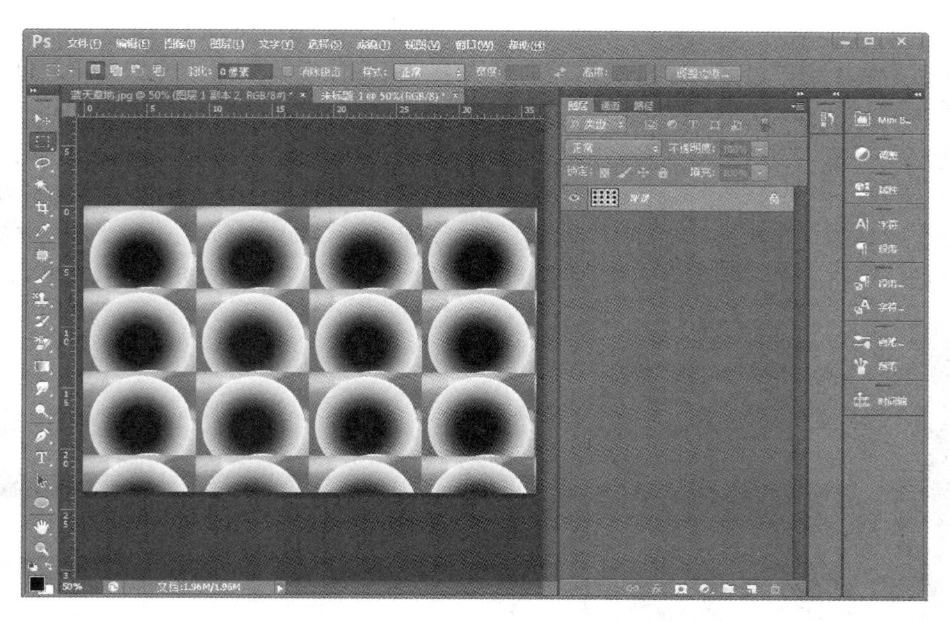

图 4-75　填充图案

4.2.1.1　画笔工具的使用方法

画笔工具的使用方法为：

（1）首先，新建一个 500×300 像素的空白文档。

（2）在工具箱中选择“画笔工具”按钮，如图 4-76 所示。在文档中，单击鼠标左键，可以绘制一个点。按下鼠标左键，不要松开，然后拖动鼠标，可以绘制曲线。单击鼠标，绘制一个点，然后按住“Shift”键，再绘制出另一个点，此时，两个点之间会以直线连接。如果是第一次画线，按住“Shift”键，然后再按下鼠标左键，并拖动鼠标，即可画出一条直线来，如图 4-77 所示。

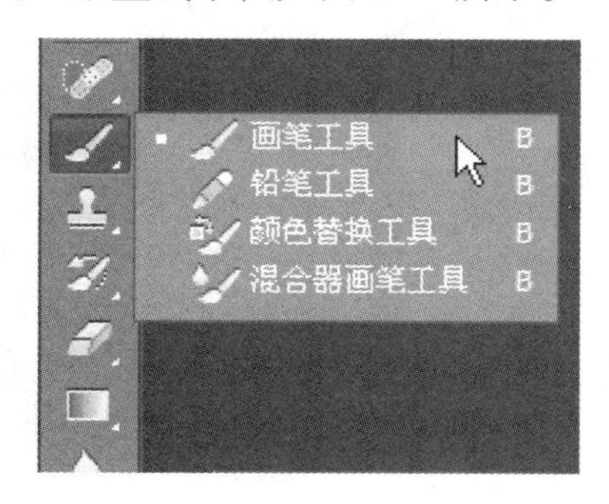

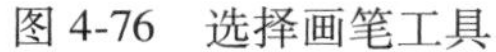

图 4-76　选择画笔工具

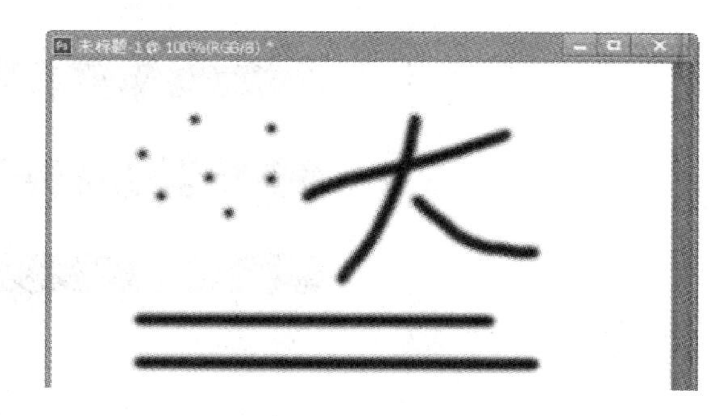

图 4-77　画笔面板

提示： 按住“Shift”键还可以绘制水平、垂直或以 45°角为增量的直线。

（3）在画笔工具的工具选项栏中，选择“画笔工具”按钮以后，系统会自动切换为画笔工具的工具选项栏。该工具选项栏包含以下选项：

1）画笔预设。在工具选项栏中点击区域，可以打开“画笔预设”选取器面板，如图 4-78 所示。

在该面板中可以设置画笔的大小和硬度，还可以选择笔触，拖动滚动条，可以看到更多的笔触。

提示： 如果点击右上角的按钮，可以打开“画笔预设”选取器的面板菜单。

2）大小。该选项可以调整画笔笔触的直径大小，同时可以在右侧的文本框中输入数值来改变笔触的直径大小，也可以通过拖动下方的滑块来修改大小，值越大，笔触就越粗。比如，若将大小分别设置为 10 像素和 30 像素，可画出如图 4-79 所示的线条。

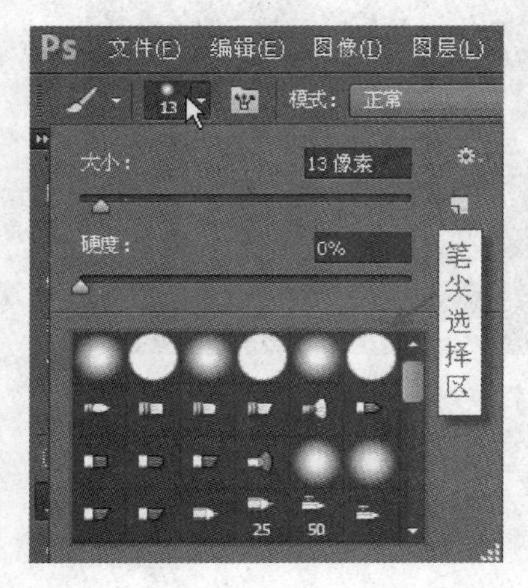

图 4-78　“画笔预设”选取器面板

图 4-79　调整笔触大小

3）硬度。该选项可以调整画笔边缘的柔和程度，同时可以在右侧的文本框中输入数值来改变笔触边缘的柔和程度，也可以通过拖动下方的滑块来修改柔和程度，值越大，边缘硬度越大，绘制的效果越生硬。比如，若将硬度分别设置为 0、50%以及 100%，效果如图 4-80 所示。

图 4-80　调整笔触柔和度

4）笔触选择区。该选项可以显示当前预设的一些笔触，并可以直接选择需要的笔触进行绘图。

5）创建新的预设。在面板右上角点击该按钮，可以打开“画笔名称”对话框，如图 4-81 所示。

图 4-81　画笔名称对话框

输入画笔的名称后，点击“确定”按钮，可以将当前画笔保存为一个预设的画笔。

6）切换画笔面板：点击该按钮，可以切换到“画笔”面板。

7）绘画模式模式：正常。该选项可以在下拉列表中选择画笔笔迹颜色与下面的像素的混合模式，然后在画面中绘图，可以产生神奇的效果。如果是在“图层”中，则可以使用“背后”模式和“清除”模式。其他模式请阅读 Photoshop CS6 图层混合模式效果示例。

8）不透明度不透明度：100%。该选项可以设置画笔的不透明度，同时可以在右侧的文本框中输入数值来修改不透明度值，也可以通过拖动下方的滑块来修改不透明度值。当值为100%时，绘制的颜色完全不透明，将覆盖下面的背景图像；当值小于100%时，将根据不同的值透出背景中的图像，值越小，透明度越大，当值为0时，将完全显示背景图像。比如，将不透明度值分别设置为30%、60%和100%，效果如图4-82所示。

9）流量流量：100%。该选项可以用于设置笔触颜色的流出量，流出量越大，颜色越深。也就是说，设置流量的大小，可以控制画笔颜色的深浅，同时可以直接在文本框中输入数值来设置笔触的流量，也可以拖动下面的滑块来修改笔触流量。当值为100%时，绘制的颜色最深最浓；当值小于100%时，绘制的颜色将变浅，值越小，颜色越淡。比如，将流量分别设置为10%、50%和100%时的效果如图4-83所示。

图 4-82　不透明度设置效果

图 4-83　流量设置效果

10）喷枪。按下该按钮，可以启用喷枪功能。Photoshop 会根据鼠标按键的单击时间来确定画笔线条的填充数量。按下鼠标左键时，停留的时间越长，画笔线条的填充数量越多。例如，未启用喷枪时，鼠标每单击一次，不论按住鼠标左键多长时间不放，都只会填充一次线条，如图 4-84 所示。

启用喷枪后，每单击一次鼠标，按住鼠标左键不放，持续的时间越长，填充的线条越多，如图 4-85 所示。

图 4-84　喷枪功能　　　　图 4-85　喷枪功能

喷枪工具与画笔工具不同的地方在于，在硬度值小于 100%时，即使用边缘柔和度大的笔触时，按住鼠标左键不动，喷枪可以连续喷出颜色，以扩充柔和的边缘，而画笔工具则不可以。

【重点答疑解惑】 画笔工具在使用时有什么技巧可循吗？

当按下“［”键时，可以将画笔调小；当按下“］”键时，可以将画笔调大。对于实边圆、柔边圆和书法画笔，按下“Shift+［”键可以减小画笔的硬度；按下“Shift+］”键可以增加画笔的硬度。

按下键盘上的数字键可以调整画笔工具的流量。例如，按下 1，画笔的流量则为 10%；按下 65，流量则为 65%；按下 0，流量则恢复为 100%。

4.2.1.2　“画笔预设”选取器的面板菜单

点击“画笔预设”选取器右上角的按钮，可以打开选取器的面板菜单，如图 4-86 所示。

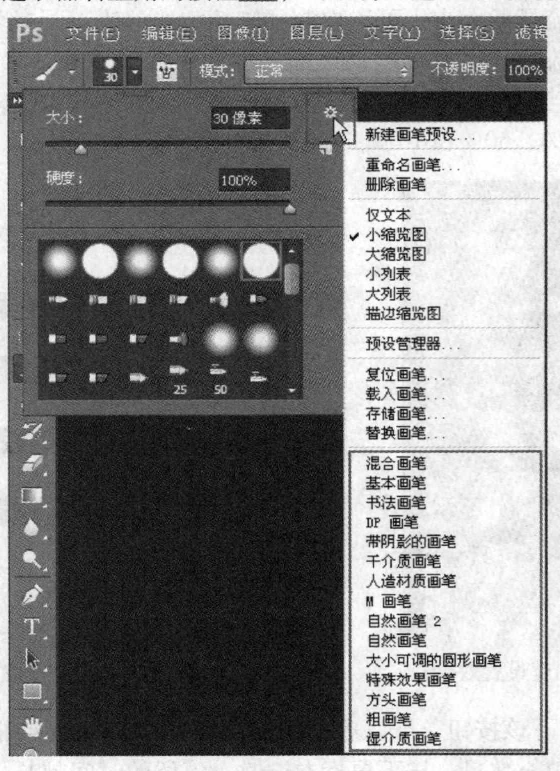

图 4-86　“画笔预设”选取器

4.2.1.3　使用预设管理器

预设管理器可以集中管理画笔、色板、渐变、样式、图案、等高线、自定形状或工具等。选择“编辑”菜单，将鼠标移动到“预设”上面，在弹出的子菜单中点击“预设管理器”命令，即可打开“预设管理器”对话框，如图 4-87 所示。

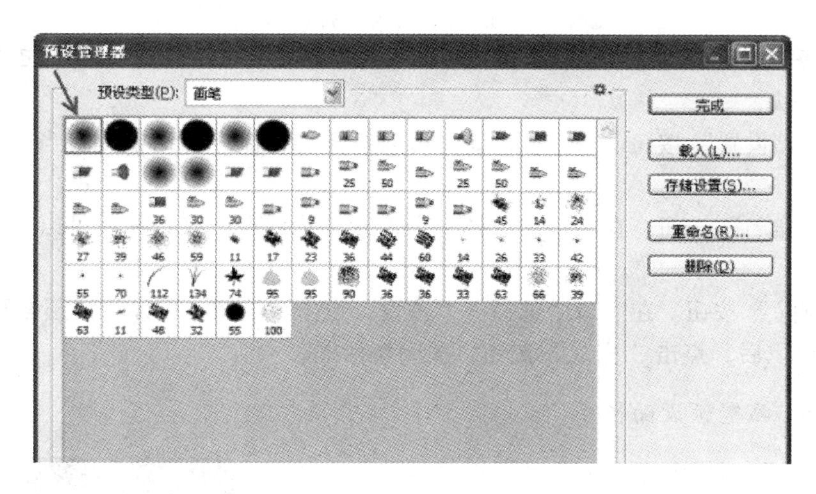

图 4-87　“预设管理器”对话框

以“画笔”为例，当在窗口中选择了任意一个笔触时，对话框右侧的“存储设置”“重命名”和“删除”等按钮就变得可以使用了。点击“预设类型”右侧的下拉列表，可以选择任意一个选项。点击对话框右上角的按钮，可以弹出面板菜单，如图 4-88 所示。

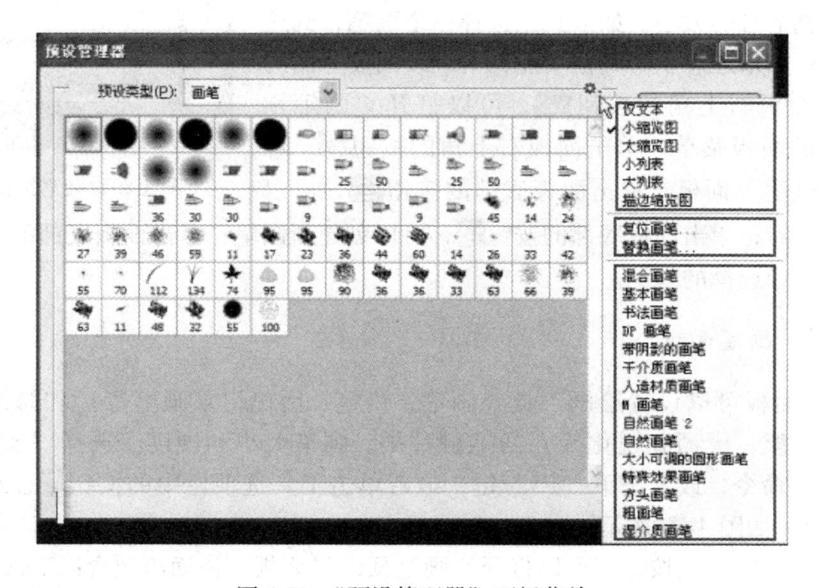

图 4-88　“预设管理器”面板菜单

仍以“画笔”为例，上面的部分是画笔预设的显示格式；中间部分是复位与替换操作；下面的部分是系统的默认预设。选择“预设类型”中的任意一个选项，它们的面板菜单基本上都是由这三部分组成的。

“预设管理器”对话框包含以下按钮：

（1）“载入”按钮。点击该按钮，可以打开“载入”对话框，选择要添加的库文件，然后点击对话框右下角的“载入”按钮即可载入选择的库文件。

提示：每种类型的库在 Photoshop 程序文件夹的 Presets 文件夹中都有自己的文件扩展名和默认文件夹。

（2）“存储设置”按钮。点击该按钮，可以打开“存储”对话框，将当前的预设保存起来。

（3）“重命名”按钮。在窗口中选择一个预设，然后点击该按钮，可以对该预设重新命名。

（4）“删除”按钮。在窗口中选择一个预设，点击该按钮，可以将该预设删除掉。

设置完成以后，点击“完成”按钮，关闭对话框。

4.2.1.4 画笔预设面板

“画笔预设”面板中提供了各种预设的画笔。在使用绘画或修饰工具时，如果只选择一个预设的笔触，并且只需要调整画笔的大小，就可以使用“画笔预设”面板了。在工具箱中选择“画笔工具”按钮。选择“窗口”菜单，点击“画笔预设”命令，即可打开“画笔预设”面板，如图 4-89 所示。

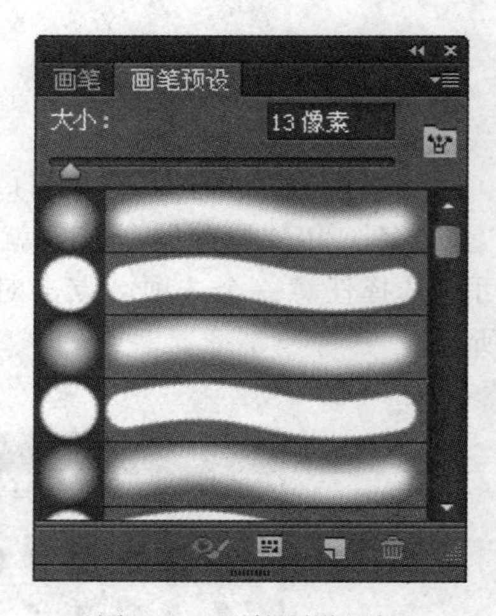

图 4-89 画笔预设画板

单击面板中的一个笔触将其选择，然后拖动“大小”滑块可以调整笔触的大小。如果只是选择一个画笔，到这里就结束了；如果还想了解其他功能，请继续阅读下面的内容。单击面板右上角的按钮，可以打开“画笔预设”选取器的面板菜单；单击面板右上角的按钮，可以切换到“画笔”面板。单击面板底部的按钮，可以打开预设管理器；单击面板底部的按钮，可以创建新画笔；单击面板底部的按钮，可以删除一个已经选择的画笔。

4.2.1.5 画笔面板

“画笔”面板可以设置绘画工具（画笔、铅笔、历史记录画笔等）和修饰工具（涂抹、加深、减淡、模糊和锐化等）的笔触种类、画笔大小和硬度。选择“窗口”菜单，点击“画笔”命令，或者按下“F5”键，或者单击工具选项栏中的按钮，都可以打开“画笔”面板，如图 4-90 所示。

点击“画笔预设”按钮，可以打开“画笔预设”面板。该面板包含以下选项：

（1）画笔设置。点击并选择其中的选项，面板中会显示该选项的详细设置内容，主要用于改变画笔的角度、圆度，以及为其添加纹理、颜色动态等变量。

（2）锁定/未锁定：在“画笔设置”选项的右边，显示锁定图标时，表示当前画笔的笔触形状属性（形状动态、散布、纹理等）为锁定状态。单击该图标即可取消锁定，使其成为未锁定状态。

（3）选中的画笔笔触。当前选择的画笔笔触。

（4）画笔笔触/画笔描边预览。显示了Photoshop提供的预设画笔笔触。选择一个笔触后，可在“画笔描边预览”选项中预览该笔触的形状。

（5）画笔参数选项。该选项可以用于调整画笔的参数。

（6）“切换实时笔触画笔预览”按钮。使用毛刷笔触时，在面板底部点击该按钮，则会在窗口中显示笔触样式。

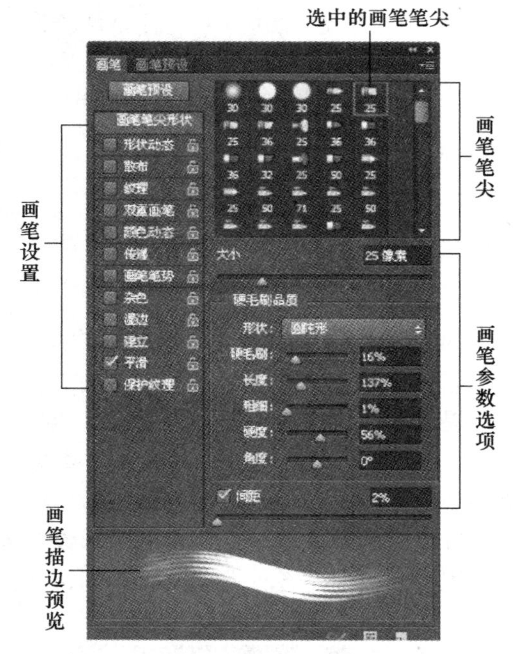

图 4-90　画笔面板

（7）“打开预设管理器”按钮。在面板底部点击该按钮，可以打开“预设管理器”。

（8）“创建新画笔”按钮。如果对一个预设的画笔进行了调整，可以在面板底部单击该按钮，将其保存为一个新的预设画笔。

提示：在“画笔”面板中，选择“画笔笔触形状”选项，可以选择一个画笔，然后可以选择其他选项，以设置该画笔的选项。

【重点技术拓展】创建自定义画笔

绘制的图形、整个图像或者选区内的部分图像可以创建为自定义的画笔。其操作步骤为：

（1）创建一个450×400像素的空白文档，在工具箱中选择“钢笔工具”，绘制出想要创建的图形，如图 4-91 所示。

（2）选择“编辑”菜单，将光标移动到“变换路径”上面，在弹出的子菜单中选择“缩放”命令，对图形进行缩放操作，如图 4-92 所示。

图 4-91　用钢笔工具创建图形

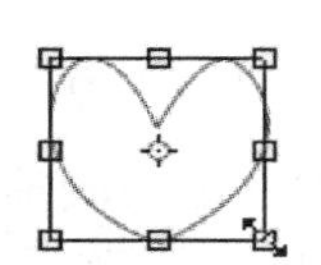

图 4-92　缩放操作

（3）操作完成，按下回车键进行确认。然后在“路径”面板中的“工作路径”上面单击鼠标右键，在弹出的快捷菜单中选择“填充路径”命令，如图 4-93 所示。填充路径以后的效果图如图 4-94 所示。

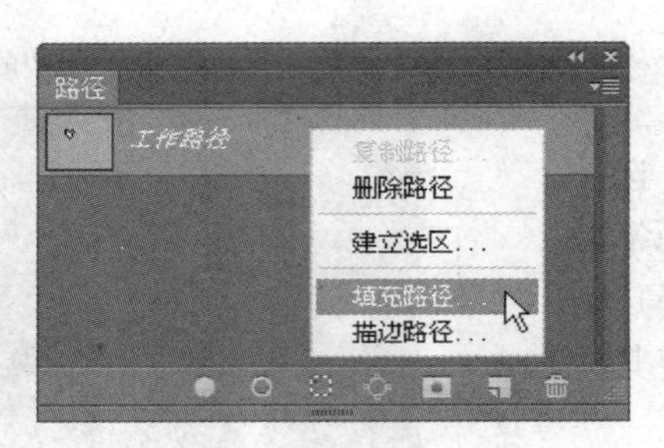

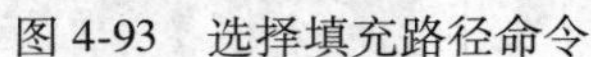

图 4-93　选择填充路径命令　　　　图 4-94　效果图

(4) 选择“编辑”菜单，点击“定义画笔预设”命令，打开“画笔名称”对话框，在“名称”文本框中输入画笔的名称，点击“确定”按钮，关闭对话框。

提示：即使选择的是彩色图像，其定义的画笔也是灰度图像。按下“F5”键，打开“画笔”面板，在左侧列表中单击“画笔笔尖形状”选项，然后选择自己定义的画笔，如图 4-95 所示。

自定义的画笔就是把特定的图形设为笔触，同“画笔”面板中的“画笔预设”一样，可以使用面板中的各种选项进行绘画，如图 4-96 所示。

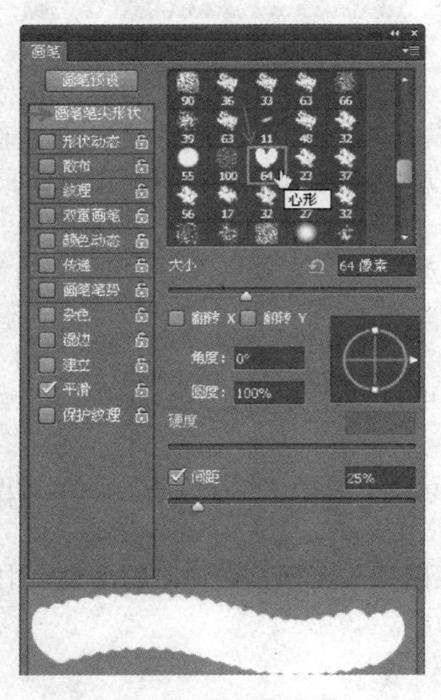

图 4-95　画笔面板　　　　图 4-96　自定义画笔

“画笔”面板中点击“画笔预设”按钮，打开“画笔预设”面板，在“画笔预设”面板中打开面板菜单。在面板菜单中点击“存储画笔”命令，保存所创建的自定义画笔。

4.2.2　铅笔工具

“铅笔工具”按钮也是使用前景色来绘制线条，它是绘制像素画的主要工具。

首先，新建一个 450×400 像素的空白文档，之后在工具箱中选择“铅笔工具”按钮，如图 4-97 所示。

如果只是使用系统默认的铅笔笔触和属性，可以省略这一步，直接执行下一步。由于铅笔工具与画笔工具的相同性，如果需要设置铅笔工具的属性，可以参考画笔工具中选项栏关于铅笔工具的“自动抹除”属性，也可以参考本章后面的工具选项栏。如果只是选择一个铅笔工具，可以参考画笔预设面板。如果需要先选择一个铅笔工具，然后再设置铅笔工具的各种选项，可以参考画笔面板然后再执行下一步。

在文档中，单击鼠标左键，可以绘制一个点；按下鼠标左键，不要松开，然后拖动鼠标，可以绘制曲线。单击鼠标，绘制一个点，然后按住“Shift”键，再绘制出另一个点，此时，两个点之间会以直线连接。如果是第一次画线，按住“Shift”键，然后再按下鼠标左键，并拖动鼠标，即可画出一条直线来，如图 4-98 所示。

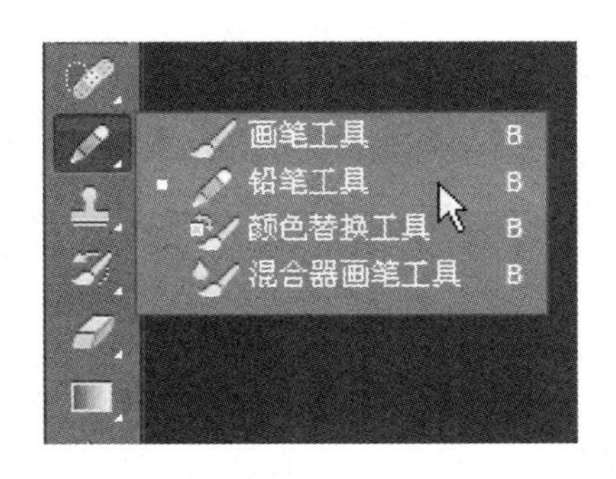

图 4-97　选择铅笔工具

图 4-98　画线

选择铅笔工具后，系统会切换为铅笔工具的工具选项栏。

选择“自动抹除”项以后，拖动鼠标时，如果光标的中心在包含前景色的区域上，那么可以将该区域涂抹成背景色；如果光标的中心在不包含前景色的区域上，则可将该区域涂抹成前景色。

提示：工具选项栏中的其他选项与画笔工具的工具选项栏相同。

如果是在“图层”中，则可以使用“背后”模式和“清除”模式，其他模式将在 Photoshop CS6 图层混合模式效果中作详细讲解。

【重点技术拓展】使用“自动抹除”功能

“自动抹除”功能的使用方法为：

（1）首先，新建一个 450×400 像素的空白文档，在工具箱中选择“铅笔工具”按钮，在“画笔”面板中选择一个笔触，如图 4-99 所示。

图 4-99　铅笔工具中选择笔触

（2）将前景色设置为黑色，将背景色设置为红色，如图 4-100 所示。

（3）使用前景色绘画，如图4-101所示。

（4）在铅笔工具的工具选项栏中勾选“自动抹除”项。

（5）在包含前景色的区域上绘画，如图4-102所示。其中，可以将该区域涂抹成背景色，在不包含前景色的区域上绘画，则可将该区域涂抹成前景色，如图4-103所示。

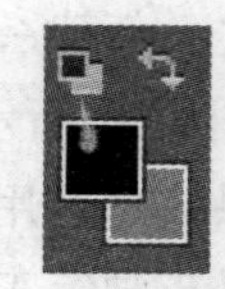

图4-100 背景色设置

图4-101 前景色绘画

图4-102 包含前景色绘画

下面举另外一个“自动抹除”的例子：

（1）首先打开一个图像文件，如图4-104所示。

图4-103 区域涂抹

图4-104 打开图像文件

（2）使用“吸管工具”将图像文件的背景色设置为工具箱中的前景色，再将工具箱中的背景色设置为红色，当然也可以设置为其他颜色，如图4-105所示。

（3）在铅笔工具的工具选项栏中勾选“自动抹除”项，并在包含了工具箱中的前景色的区域上绘画，如图4-106所示。其中，可以将绘制过的区域涂抹成背景色。

图4-105 背景色设置

图4-106 自动抹除

提示：在使用铅笔工具时，如果不能准确地找到前景色区域，那么可以在与前景色相似的区域内，点击一次鼠标左键，并且不要移动鼠标。第二次再按下鼠标左键，不要松开，然后拖动鼠标，也可以将绘制过的区域涂抹成背景色。

在不包含前景色的区域上绘画，则可将绘制过的区域涂抹成工具箱中的前景色，如图4-107所示。

【**重点答疑解惑**】铅笔工具与画笔工具有区别吗？

铅笔工具与画笔工具是有很大的区别的。画笔工具可以绘制带有柔边效果的线条，而铅笔工具只能绘制硬边线条。

4.2.3 颜色替换工具

“颜色替换工具”按钮可以使用前景色替换图像中的颜色。其使用方法为：

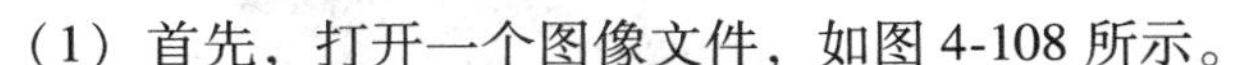

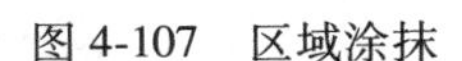

图 4-107 区域涂抹

（1）首先，打开一个图像文件，如图 4-108 所示。

（2）使用“磁性套索工具”或者其他创建选区的工具，将需要变换颜色的那一部分图像选中，如图 4-109 所示。

图 4-108 打开图像

图 4-109 使用磁性套索工具

（3）将“背景”图层隐藏起来，如图 4-110 所示。此时的图像窗口如图 4-111 所示。

图 4-110 图层隐藏

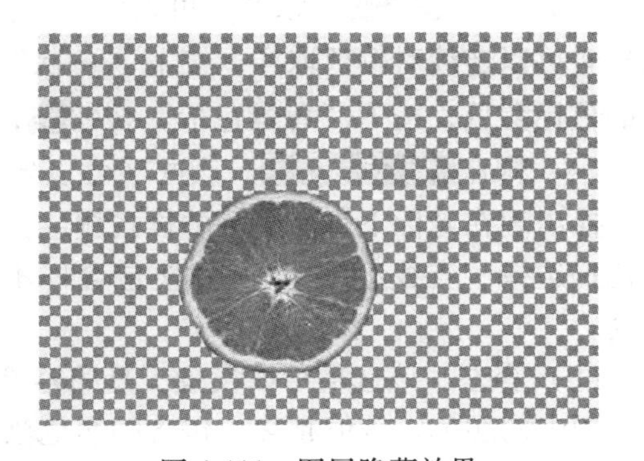

图 4-111 图层隐藏效果

（4）在工具箱中选择“颜色替换工具”按钮，如图 4-112 所示。如果只是使用默认的画笔和属性，可以省略这一步，直接操作下一步；如果需要选择画笔和属性，请先阅读本章后面的工具选项栏，然后再操作下一步。

（5）在“颜色”面板或者“色板”面板中选择一种颜色，使它成为当前的前景色。在图像窗口中进行涂抹，效果如图 4-113 所示。

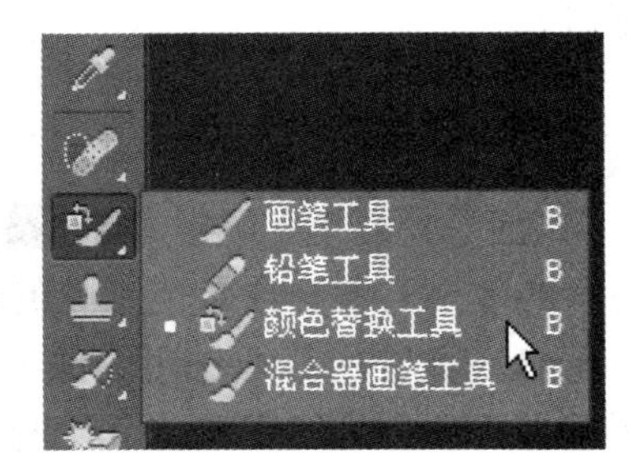

图 4-112 选择颜色替换工具

(6) 在“图层”面板中，点击“背景”图层前面的图标，使“背景”图层显示出来。此时，颜色被替换以后的图像窗口如图 4-114 所示。

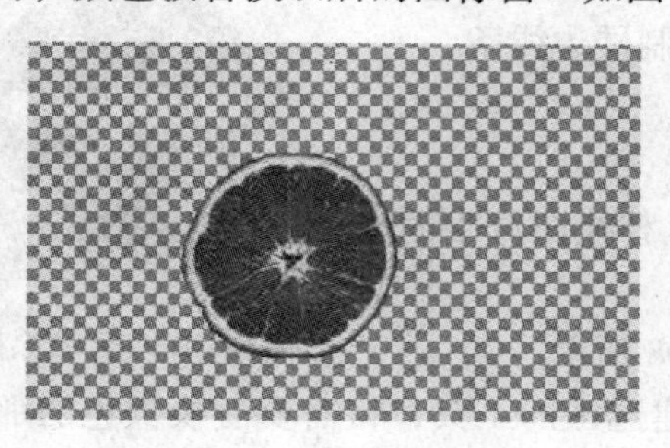

图 4-113 涂抹效果

图 4-114 替换背景色

(7) 在“图层”面板中，调整“图层 1”的不透明度，将它的值 100%修改为 75%，使橙子的颜色看上去更加自然一些，如图 4-115 所示。

图 4-115 调整不透明度

选择“颜色替换工具”以后，将会自动打开相应的工具选项栏。该工具选项栏包含以下选项：

(1) 画笔预设。可以参考背景橡皮擦工具的工具选项栏中的画笔预设。

(2) 模式。该选项可以设置可替换的颜色属性。其中包括色相、饱和度、颜色和明度等。默认为颜色表示可以同时替换色相、饱和度和明度。

(3) 取样。该选项可以设置颜色取样的方式。按下“连续”按钮，在拖动鼠标时可以连续对颜色取样；按下“一次”按钮，只替换包含第一次单击的颜色区域中的目标颜色；按下“背景色板”按钮，只替换包含当前背景色的区域。

(4) 限制。该选项可以定义替换颜色时的限制模式。选择“不连续”，可替换出现在光标下任何位置的样式颜色；选择“连续”，只替换与光标下的颜色邻近的颜色；选择“查找边缘”，可替换包含样本颜色的连接区域，同时保留形状边缘的锐化程度。

(5) 容差。该选项可以设置工具的容差范围。颜色替换工具只替换鼠标单击点颜色容差范围内的颜色，该值越高，包含的颜色范围越广。

(6) 消除锯齿。选择该选项，可以为颜色替换的区域定义平滑的边缘，从而消除锯齿。

4.2.4 混合器画笔工具

“混合器画笔工具”按钮可以混合像素，创建类似于传统画笔绘画时颜料之间相互混合的效果。混合器画笔工具的使用方法为：

(1) 首先，打开一个图像文件，在工具箱中选择“混合器画笔工具”，如图 4-116 所示。如果只是使用系统默认的画笔和属性，可以省略这一步，直接操作下一步。如果想先选择画笔和属性，需选择相应的工具选项栏选项，然后再操作下一步。

（2）在画面中涂抹即可混合颜色，如图 4-117 所示。

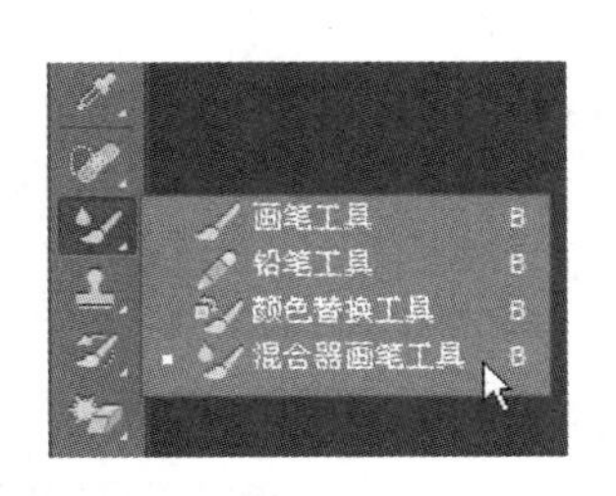

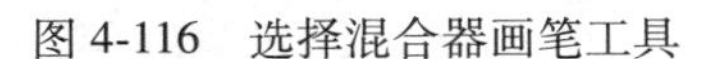

图 4-116　选择混合器画笔工具

图 4-117　涂抹颜色

选择“混合器画笔工具”以后，即可打开相应的工具选项栏。混合器画笔工具的工具选项栏包含以下选项：

（1）画笔预设。点击该区域，可以打开“画笔预设”选取器。

（2）切换画笔面板。点击该按钮，可以切换到“画笔”面板。

（3）当前画笔载入。该选项可以载入前景色颜色，与涂抹在画布上的图像颜色进行混合，具体的混合结果可以通过后面的设置值进行调整。点击右侧的三角按钮，也可以选择“载入画笔”“清理画笔”或“只载入纯色”等项。

（4）每次描边后载入画笔。该选项每一次涂抹结束后都会自动更新画笔，这样就可以使光标下的颜色与前景色混合了。

（5）每次描边后清理画笔。该选项每一次涂抹结束后都会自动清理画笔，类似于画家在绘画时，画过一笔之后将画笔在水中清洗的作用。

（6）混合画笔组合。该选项可以提供多种预先设置好的混合画笔。在下拉列表中选择了某一种混合画笔时，右边的 4 个选择设置值就会自动调整为预设值。较为干燥的画笔比较多地保留了自定义的颜色；较为湿润的画笔可以从画布上比较多地取出自己想要的颜色。可以把画笔想象成沾了水的笔头，越湿的笔头，就越能将画布上的颜色化开。

（7）潮湿。该选项可以设置从画布拾取的油彩量。就好比给颜料加水，设置的值越大，画在画布上的色彩就越淡。

（8）载入。该选项可以设置画笔上的油彩量。

（9）混合。该选项可以设置描边的颜色混合比。当潮湿为 0 时，该选项不能使用。混合值越高，画笔原来的颜色就会越浅，从画布上取得的颜色就会越深。

（10）流量。该选项可以设置描边的流动速率。

（11）喷枪。启用喷枪样式的建立效果。启用该模式：当画笔在某一个固定的位置上一直描绘时，画笔会像喷枪那样一直喷出颜色。取消该模式：画笔只描绘一下就会停止流出颜色。

（12）对所有图层取样。该选项可以从所有图层拾取湿油彩。其作用是：不论本文件有多少图层，都会将它们作为一个单独的合并图层来看待。

（13）绘图板压力控制大小选项。当选择普通画笔时，其能够被选择。此时，可以使用绘图板来控制画笔的压力。

任务 4.3　文字工具

4.3.1　创建文字的工具

4.3.1.1　使用横排文字工具创建文字

使用横排文字工具创建文字的操作步骤为：

（1）首先，新建文件，在工具箱中点击“横排文字工具”按钮，如图 4-118 所示。

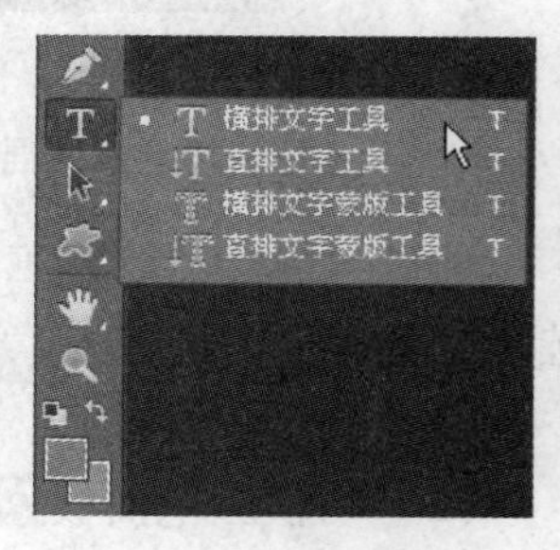

图 4-118　选择横排文字工具

（2）在文字工具选项栏中设置字体、大小或者文字颜色等。在文档窗口中需要输入文字的位置处单击鼠标左键，画面中将会出现一个闪烁的“I”形光标，如图 4-119 所示。

提示：输入文字时如果要换行，可以按下回车键进行换行；如果要移动文字的位置，可以将光标放在字符以外，单击并拖动鼠标即可。

图 4-119　输入文字的“ I ”形光标

（3）此时可输入水平排列的矢量文字，同时“图层”面板自动创建了一个文字图层“图层 1”。此时，可以使用文字工具选项栏中的参数对输入的文字进行字体、大小、替换、添加或删除等的操作，也可以使用本章后面的方法对文字进行各项操作。

（4）文字输入完成以后，点击工具选项栏中右侧按钮，或者单击其他工具，或者按下数字键盘中的回车键或者按下“Ctrl+回车键”即可结束操作，如图 4-120 所示。

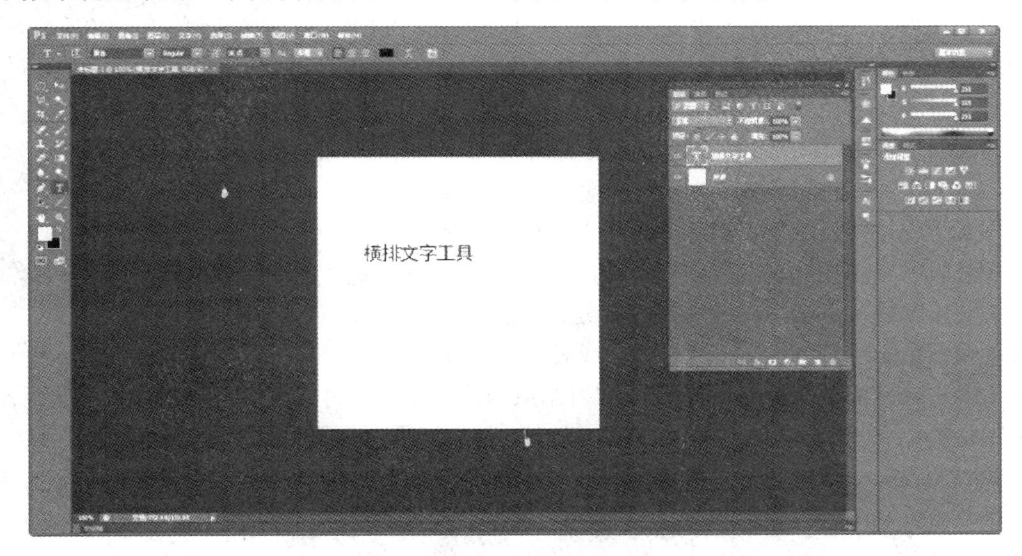

图 4-120　横排文字工具输入文字

（5）此时，该文字图层的名称已经自动修改为“横排文字工具”了。然后，在画面中的其他位置单击鼠标左键，可以再次创建文字，同时“图层”面板中将会再次生成一个文字图层。

4.3.1.2　使用直排文字工具创建文字

使用直排文字工具创建文字的操作步骤为：

（1）在工具箱中点击“直排文字工具”按钮，如图 4-121 所示。

（2）在文字工具选项栏中设置字体、大小或者文字颜色等。在文档窗口中需要输入文字的地方单击鼠标左键，将会出现一个闪烁的形光标，并输入文字“直排文字工具”。

提示：如果要移动文字的位置，将鼠标光标放到文字的外面，单击并拖动鼠标即可。

（3）输入垂直排列的矢量文字。同时在“图层”面板中，自动创建了一个文字图层“图层 1”。此时，可以使用文字工具选项栏中的参数对输入的文字进行字体、大小、替换、添加或删除等操作。

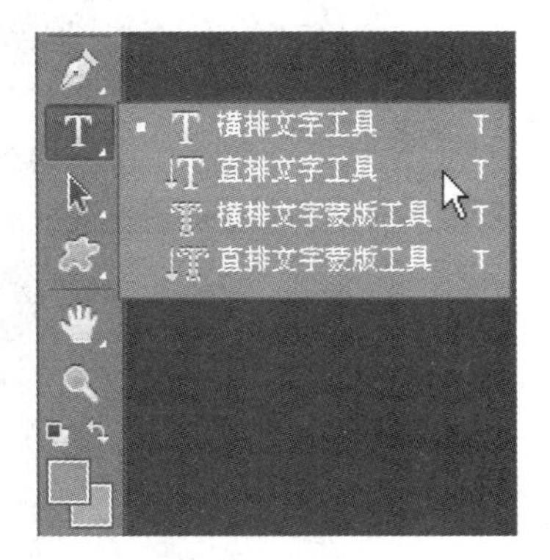

图 4-121　选择直排文字工具

4.3.1.3　使用横排文字蒙版工具创建文字状选区

使用横排文字蒙版工具创建文字状选区的操作步骤为：

（1）首先，新建文件，在工具箱中点击“横排文字蒙版工具”按钮，如图 4-122 所示。

（2）在文档窗口中需要输入文字的位置处单击鼠标左键，将会出现一个闪烁的“I”型光标，同时窗口将以蒙版的形式出现。使用“横排文字蒙版工具”输入文字，如图 4-123 所示。

注意： 在“图层”面板中没有产生新的图层。

（3）使用文字工具选项栏中的参数对输入的文字进行字体、大小、替换、添加或删除等操作，也可以参考使用直排文字蒙版工具创建文字状选区文章中的操作方法。当完成文字的输入以后，点击工具选项栏中右侧的“提交所有当前编辑”按钮✓，或者单击其他工具，或者按下数字键盘中的回车键，或者按下“Ctrl+回车键”即可结束当前操作。此时，文字将显示为文字选区，如图 4-124 所示，并且不能对文字的字体、大小、替换、添加或删除等进行操作。

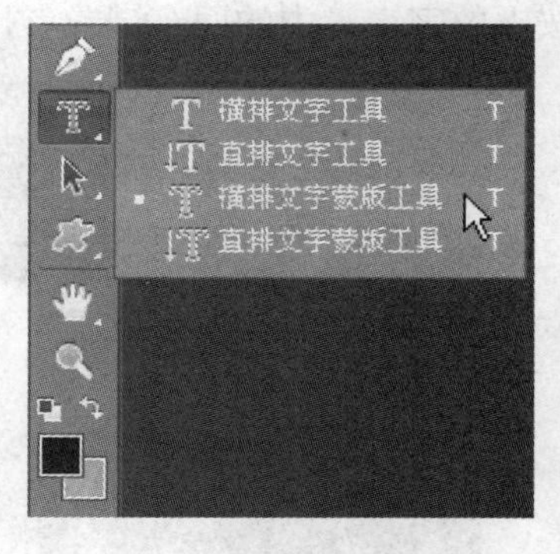

图 4-122 横排文字蒙版工具

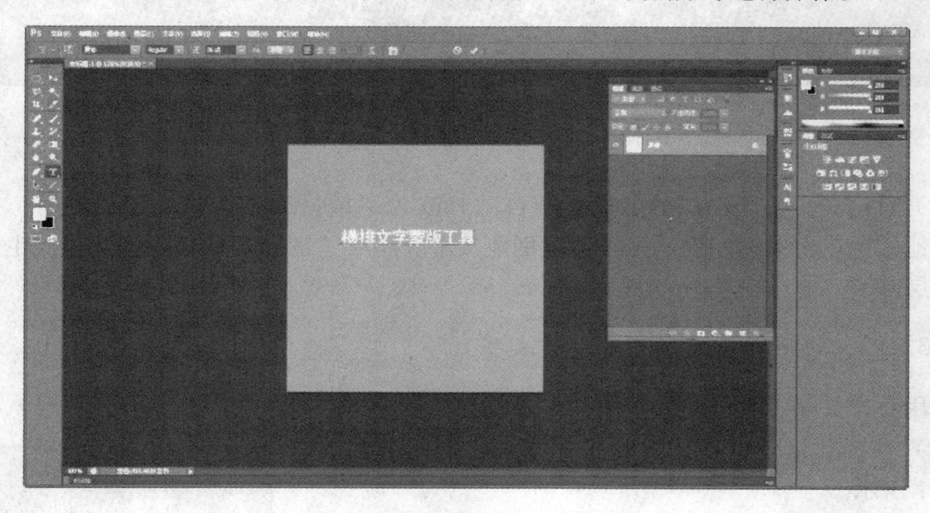

图 4-123 用横排文字蒙版工具输入文字

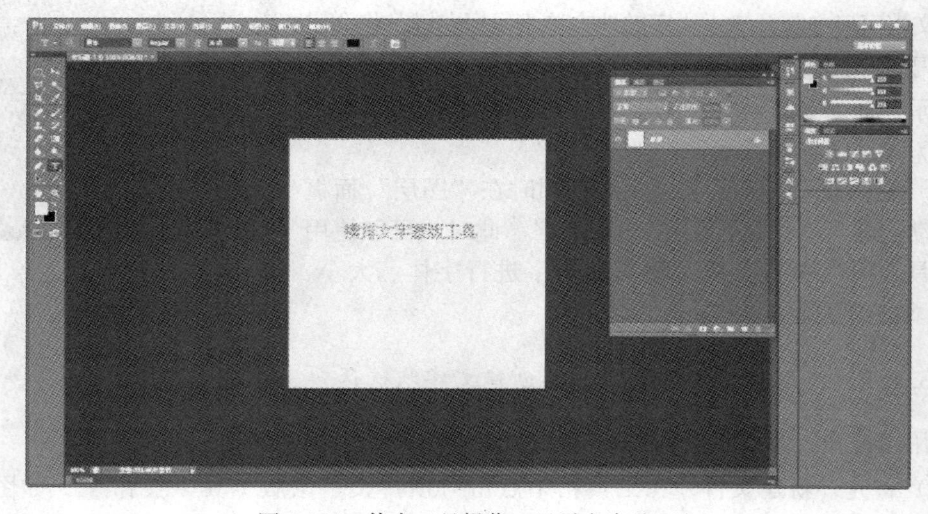

图 4-124 传来工具操作，显示文字选区

提示： 既然成为文字选区，那么就可以将这些文字按照其他选区一样来进行移动、复制、填充或描边等操作。

使用直排文字蒙版工具创建文字状选区的操作与横排相似。

【重点答疑解惑】 如何使用网络字体？

在对图像进行设计过程中，经常会使用网络上的特殊字体对图像进行修饰，用户可以通过互联网下载自己想使用的字体，如“锐字温帅小可爱”字体。将下载的“锐字温帅小可爱”字体拷贝到 C：\Windows\Fonts 文件夹中，完成字体安装即可在 Photoshop 软件中通过文字工具使用该字体。

4.3.2 创建段落文字

4.3.2.1 创建段落文字

创建段落文字的操作步骤为：

（1）首先，打开一个图像文件，在工具箱中点击“横排文字工具”按钮T，在文字工具选项栏中设置字体、字号和颜色等属性。在画面中单击鼠标左键，不要松开，并拖动鼠标向右下角拖出一个定界框。释放鼠标左键时，画面中会出现一个闪烁的“I”形光标，如图 4-125 所示。

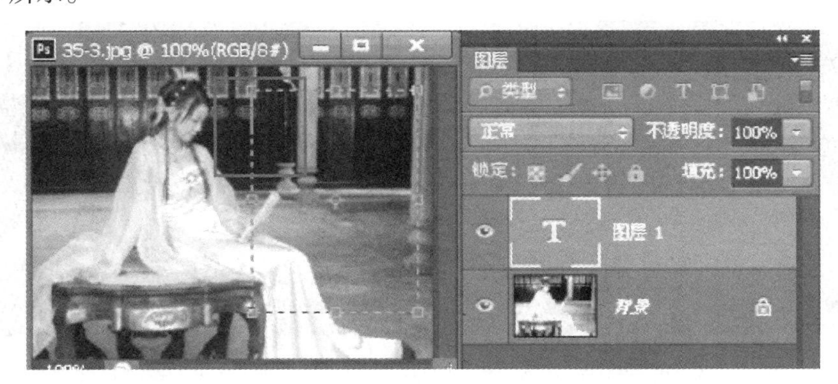

图 4-125 I 光标

（2）输入文字，当文字到达文本框边界时会自动换行，如图 4-126 所示。

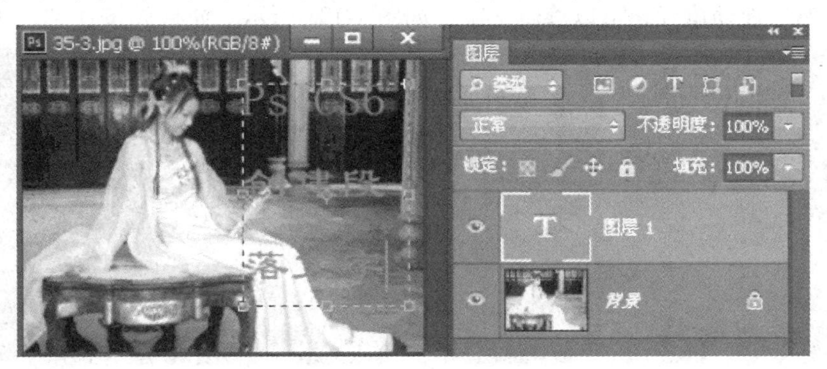

图 4-126 输入文字

(3) 文字输入完成以后，按下“Ctrl+回车键”，即可创建段落文本。

技巧：如果按住“Alt”键，然后再在画面中单击鼠标左键，并拖动鼠标定义文字区域，那么松开鼠标左键时，则会弹出“段落文字大小”对话框，如图 4-127 所示。

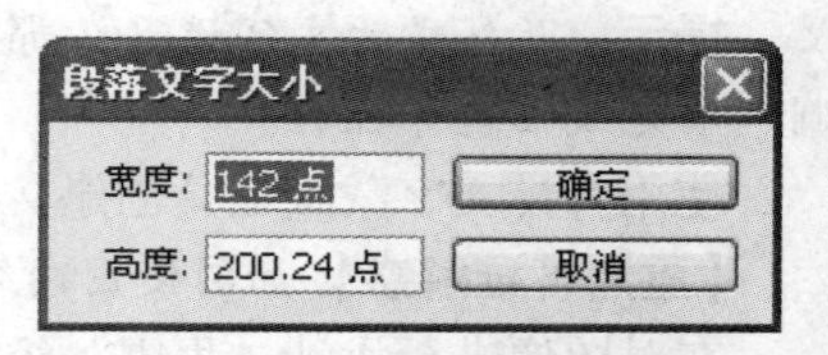

图 4-127 “段落文字大小”对话框

此时，松开“Alt”键，然后在对话框中输入“宽度”和“高度”的值，可以精确定义文字区域的大小。在需要处理文字量较大的文本时，如宣传手册等，可以使用段落文字来完成。

【重点技术拓展】 编辑段落文字

创建段落文字以后，可以根据需要调整定界框的大小，这样，文字会自动在调整后的定界框内重新排列。通过定界框还可以旋转、缩放和斜切文字，其操作方法为：

(1) 打开文件，点击“横排文字工具”按钮，然后在文字段落中单击，以便设置插入点，同时也显示了文字的定界框，如图 4-128 所示。

(2) 拖动控制点调整定界框的大小，文字会在调整后的定界框内重新排列。

(3) 当定界框内不能全部显示文字时，它右下角的控制点会变成的形状，如图 4-129 所示。

图 4-128 定界框

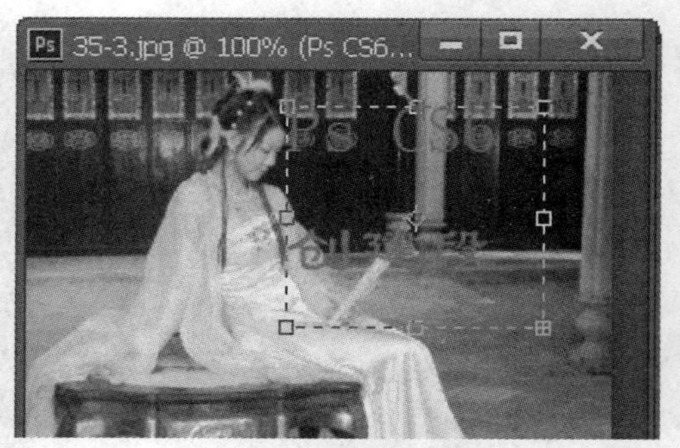

图 4-129 控制点变化

(4) 如果按住“Ctrl”键，然后再拖动定界框四个角的任一控制点，可以等比缩放文字。如图 4-130 所示；将光标移动到定界框外面，当指针变为弯曲的双向箭头时，按下鼠标左键，然后拖动鼠标，可以旋转文字，如图 4-131 所示。如果先按住“Shift”键，然

图 4-130 缩放文字

图 4-131 旋转文字

后再拖动鼠标，则能够以 15°角为增量进行旋转，将光标移动到定界框外面，当指针变为的形状时，按住鼠标左键不要松开，然后拖动鼠标，可以将定界框移动到不同的位置。

（5）按下“Ctrl+回车键”，即可完成对文字的编辑操作。如果要放弃对文字的修改，可以在编辑的过程中按下“Esc”键。

提示：当在文字段落中单击鼠标左键，设置好插入点以后，还可以对文字进行替换、添加、删除或者修改文字等操作。

4.3.2.2　使用直排文字工具创建段落文字

使用直排文字工具创建段落文字的操作步骤为：

（1）首先，新建一个图像文件，如图 4-132 所示。

图 4-132　新建文件

（2）在工具箱中点击“直排文字工具”按钮。在工具选项栏中设置字体、字号和颜色等属性。在画面中单击鼠标左键，不要松开，并拖动鼠标向右下角拖出一个定界框，之后释放鼠标左键，画面中会出现一个闪烁的“一”字形光标，如图 4-133 所示。

（3）输入文字，当文字到达文本框边界时会自动换行，如图 4-134 所示。

（4）文字输入完成以后，按下“Ctrl+回车键”，即可成功创建段落文本。

技巧：首先按住“Alt”键，然后再在图像中单击鼠标左键，不要松开，最后拖动鼠标，也可以定义段落文字区域，那么当松开鼠标左键时，则会弹出“段落文字大小”对话框，如图 4-135 所示。

（5）松开“Alt”键，然后在对话框中输入“宽度”和“高度”的值，即可精确定义段落文本区域的大小。

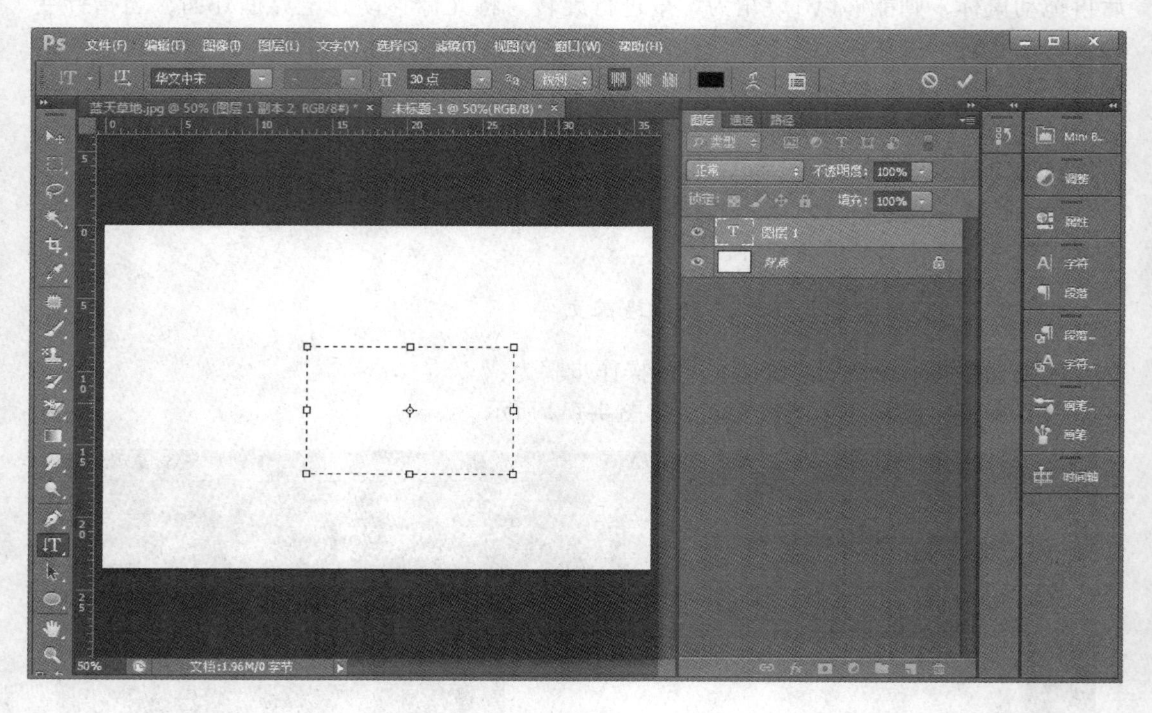

图 4-133　直排文字工具定界框

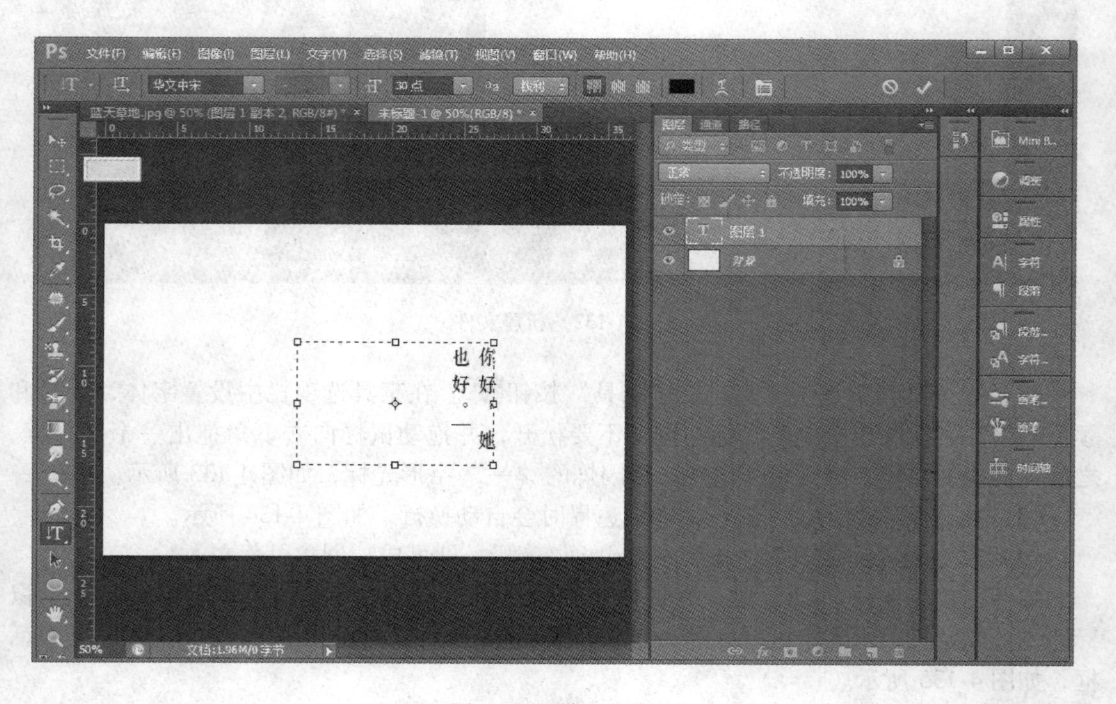

图 4-134　输入文字

4.3.3 编辑文本

4.3.3.1 转换点文本与段落文本

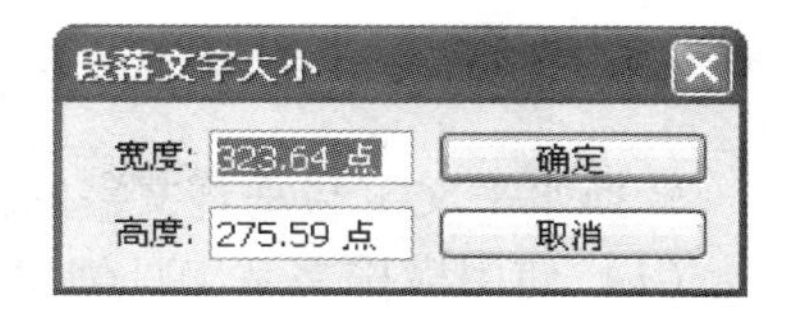

图 4-135 “段落文字大小”对话框

点文本是一个水平或者垂直的文本行。可以使用横排文字工具或者直排文字工具来创建点文本，其操作步骤为：

（1）首先，创建一个点文本，然后在“图层”面板中选择这个点文本图层，如图 4-136 所示。

图 4-136 点文本图层

（2）选择“文字”菜单，点击“转换为段落文本”命令，即可将点文本转换为段落文本。此时，再次点击文字时，则会显示段落文本定界框，如图 4-137 所示。

图 4-137 显示定界框

4.3.3.2 转换水平文字与垂直文字

转换水平文字与垂直文字的操作步骤为：

（1）使用横排文字工具创建水平方向排列的文字，如图 4-138 所示。

图 4-138 创建水平文字

（2）选择“文字”菜单，在下拉列表中将光标移动到“取向”上面，在弹出的子菜单中点击“垂直”命令，即可将水平文字转换为垂直文字，如图 4-139 所示；使用直排文字工具创建垂直方向排列的文字以后，点击“文字>取向>水平”命令，即可将垂直文字转换为水平文字。

图 4-139 转换为垂直文字

4.3.4　转换文字

4.3.4.1　创建变形文字

变形文字是指对创建的文字进行变形处理后得到的文字，例如可以将文字变形为扇形或波浪形，其操作步骤为：

（1）首先，打开一个已经创建好文字的图像文件，选择文字图层，如图 4-140 所示。

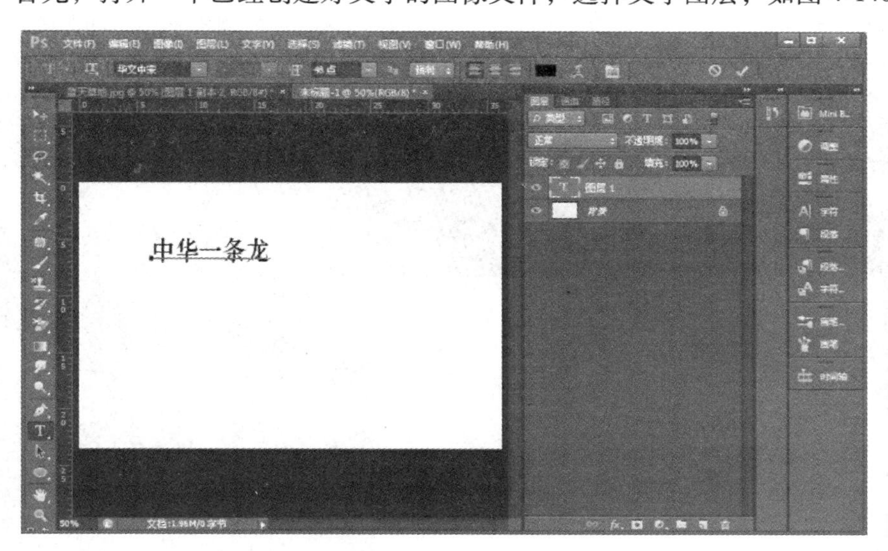

图 4-140　打开文字图像文件

（2）选择“文字”菜单，在下拉列表中点击“文字变形”命令，打开“变形文字”对话框，如图 4-141 所示。

（3）在“样式”下拉列表中选择“旗帜”项，然后将“弯曲”设置为+70%，将“水平扭曲”设置为-50%，如图 4-142 所示。

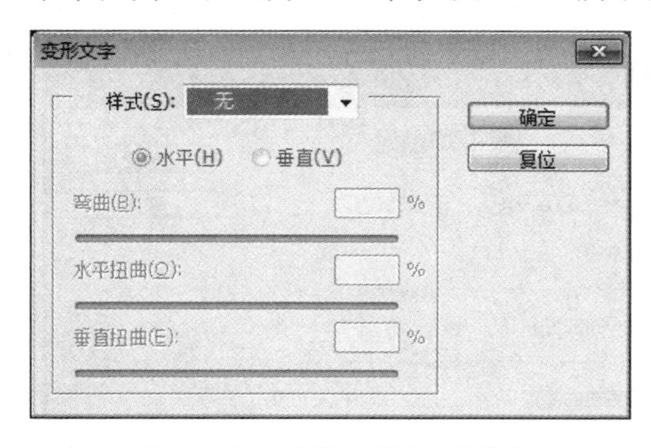

图 4-141　“变形文字”对话框

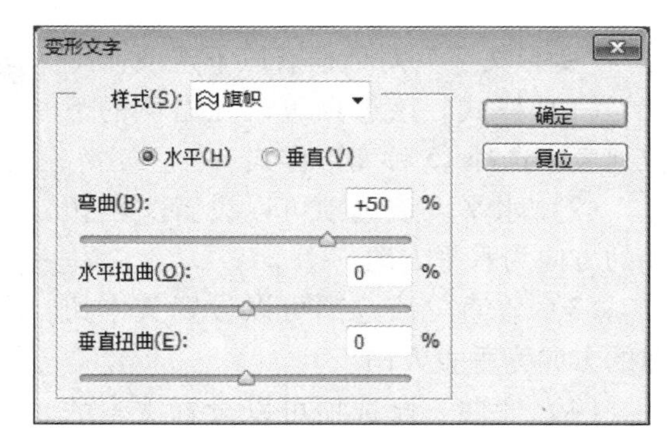

图 4-142　旗帜项设置

（4）点击“确定”按钮，关闭对话框，如图 4-143 所示。此时，在文字图层的缩览图中会出现一条弧线。变形后的文字效果如图 4-144 所示。

如果想要修改文字的变形效果的话，可以点击文字工具选项栏中的按钮，或者重新点击“文字变形”命令，打开“变形文字”对话框，即可调整文字的变形效果。

提示：使用横排文字蒙版工具和直排文字蒙版工具创建选区时，在文本输入状态下同样可以进行变形操作，这样就可以得到变形的文字选区了。

其中，“变形文字”对话框用于设置文字的变形选项，它包括文字的变形样式和变形程度等，对话框如图4-145所示。

图4-143 关闭对话框

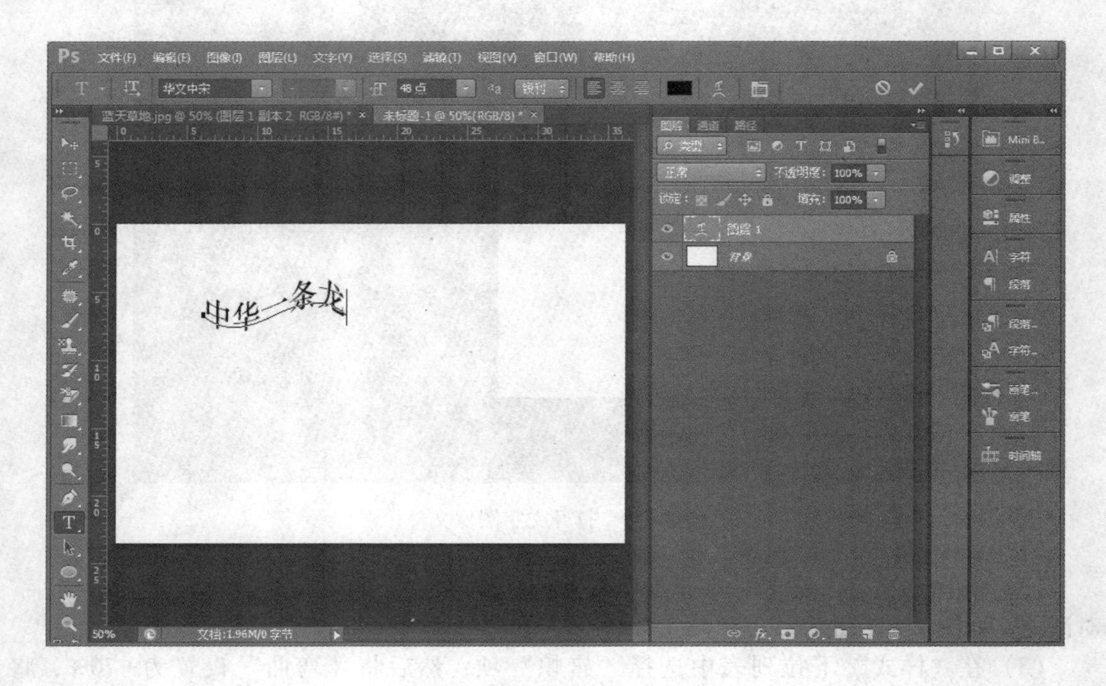

图4-144 变形后文字效果

“变形文字”对话框有以下选项：

(1) 样式。该选项可以在右侧的下拉列表中选择15种变形样式。

(2) 水平。该选项可以设置文本扭曲的方向为水平方向。

(3) 垂直。该选项可以设置文本扭曲的方向为垂直方向。

(4) 弯曲。该选项可以设置文本的弯曲程度。

(5) 水平扭曲。该选项可以设置文本的水平透视程度。

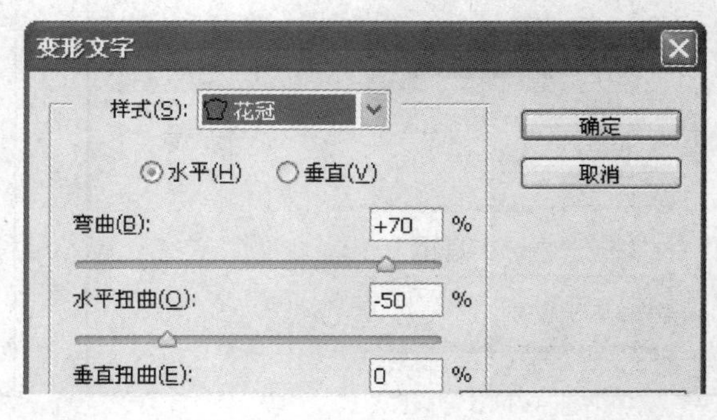

图4-145 “变形文字”对话框

(6) 垂直扭曲。该选项可以设置文本的垂直透视程度。

4.3.4.2　重置变形与取消变形

使用横排文字工具和直排文字工具创建的文本，在没有将其栅格化或者转换为形状前，可以随时重置与取消变形。

重置变形的操作方法为：选择一个文字工具，点击文字工具选项栏中的“创建文字变形”按钮，或者执行“文字 | 文字变形”命令，可以打开“变形文字”对话框。在对话框中选择另外一种样式，或者调整变形的参数，都可以重置变形。

取消变形的操作方法为：在“变形文字”对话框的“样式”下拉列表中选择“无”，然后点击“确定”按钮关闭对话框，即可将文字恢复为变形前的状态。

4.3.4.3　文字的自由变换

在 Photoshop 中，点文本和段落文本都可以进行自由变换。其操作步骤为：

（1）首先，创建一个点文本，然后在“图层”面板中选择这个点文本图层，如图 4-146 所示。

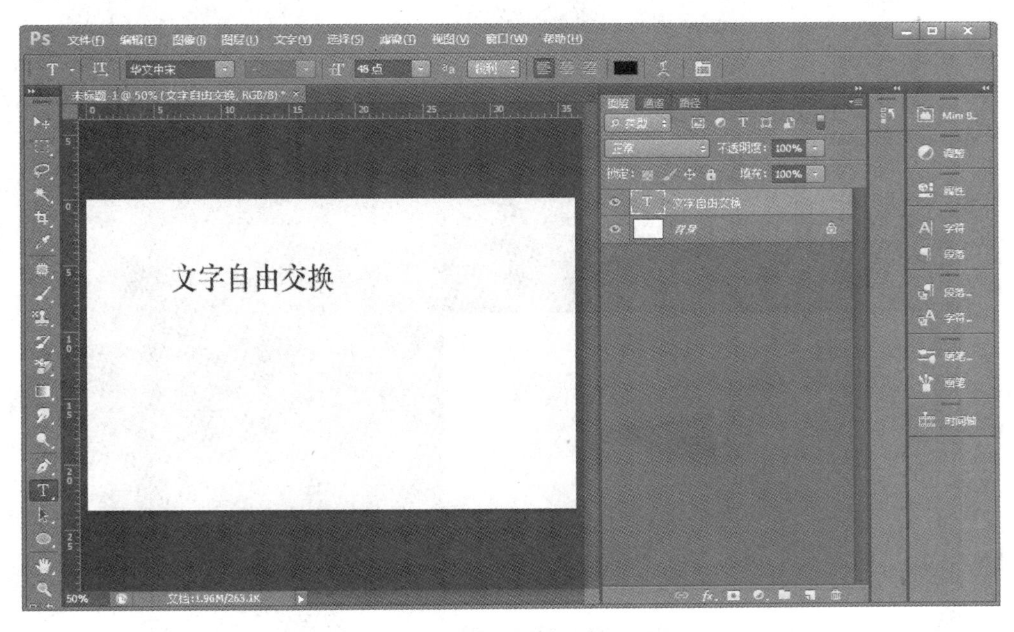

图 4-146　创建点文本

（2）选择“编辑”菜单，点击“自由变换”命令，或者按下“Ctrl+T”组合键，即可在文字上面显示变换框，如图 4-147 所示。

（3）下面的操作步骤与图像的自由变换或者选区的变换操作相同。对文字的变换操作效果，如图 4-148 所示。

（4）操作完成以后，按下回车键进行确认。

【重点技术拓展】 将文字转换为形状

在 Photoshop 中，将文字转换为形状后，文字层将变成形状层，而文字就不能再使用相关的文字命令来编辑了，这是因为文字已经变成了形状路径。其操作步骤为：

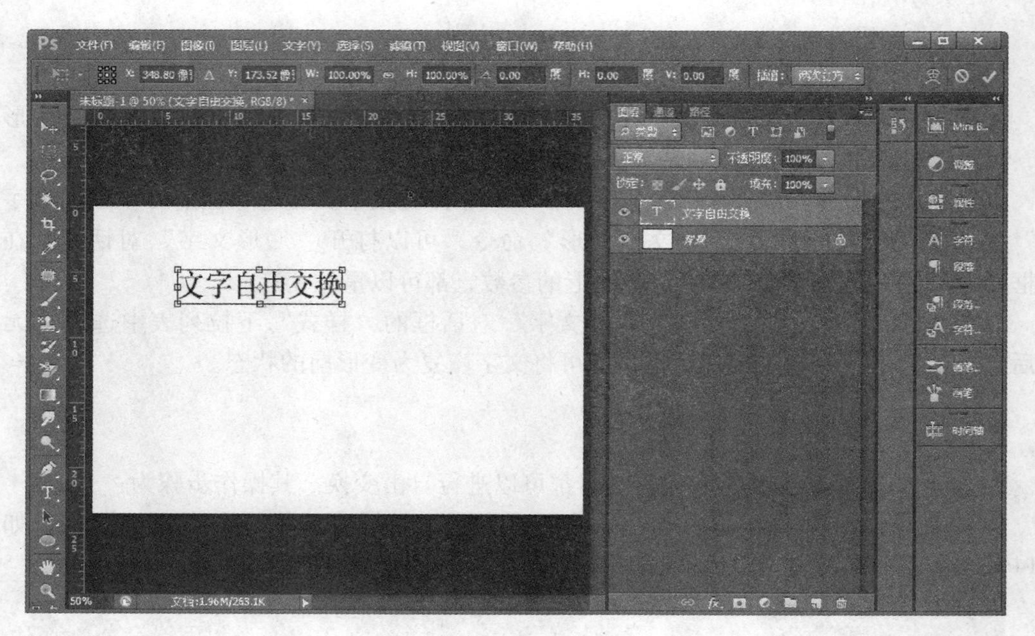

图 4-147 显示变换框

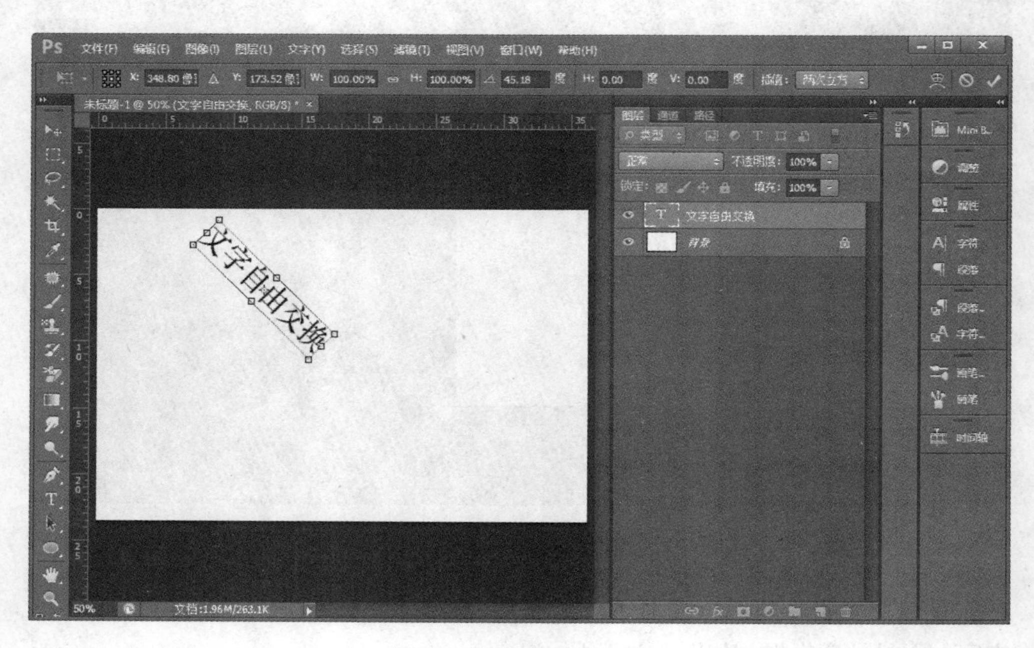

图 4-148 变换操作效果

（1）输入文字，然后在“图层”面板中选择文字层，如图 4-149 所示。

（2）选择“文字”菜单，点击“转换为形状”命令，即可将当前文字层转换为形状层，如图 4-150 所示。

同时，在“路径”面板中，自动生成了一个具有矢量蒙版的形状图层。将文字转换成形状以后，就不会再保留文字图层了，如图 4-151 所示。

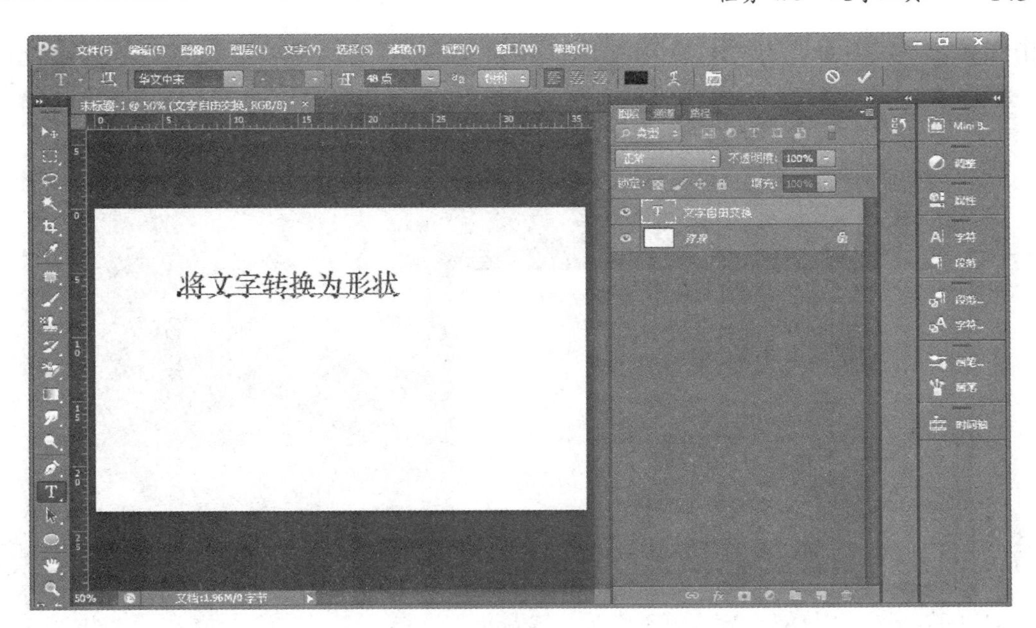

图 4-149　选择文字层

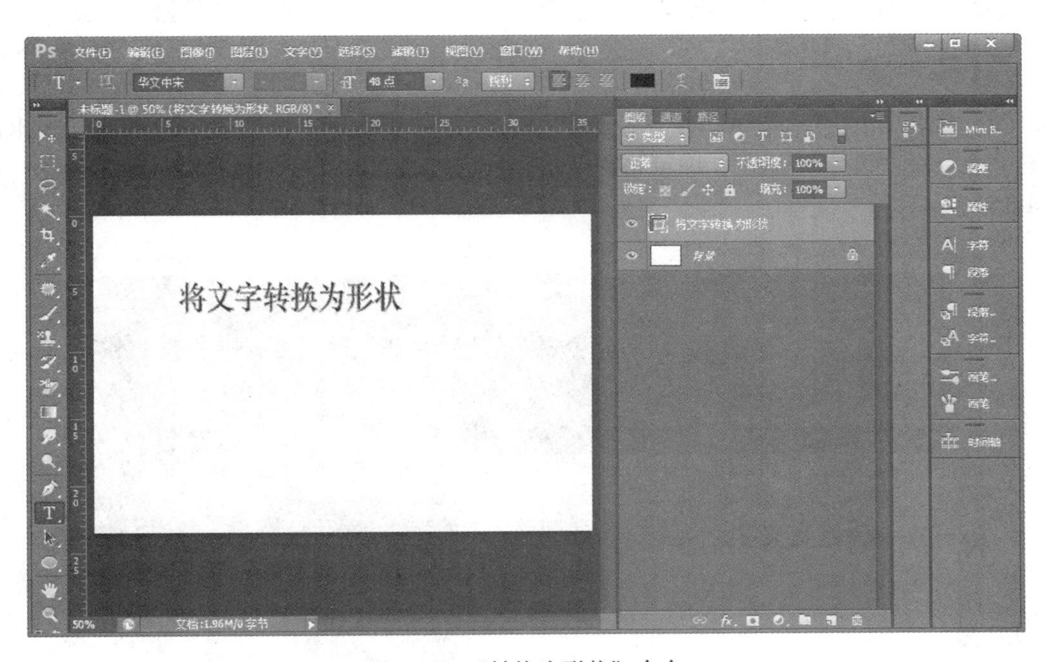

图 4-150　“转换为形状”命令

4.3.4.4　栅格化文字层

图 4-151　路径面板

文字本身是矢量图形，如果要对其使用滤镜等位图命令，则需要将文字转换为位图才能使用。其操作步骤为：

(1) 首先，创建一个文字图层，并在“图层”面板中选择它，如图 4-152 所示。

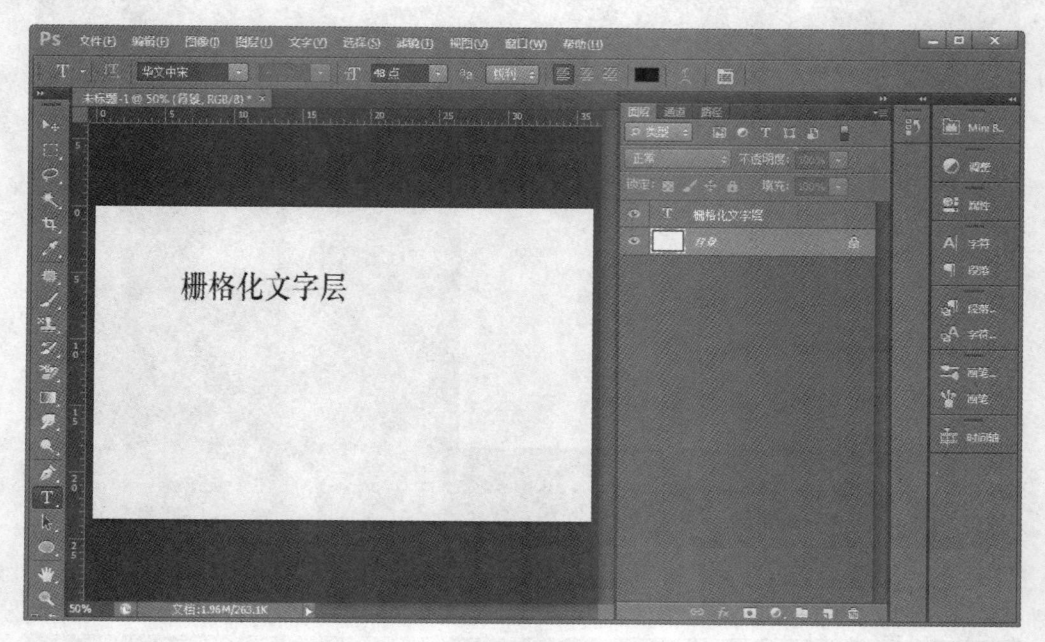

图 4-152 创建文字图层

（2）选择“图层”菜单，在下拉菜单中，将光标移动到“栅格化”上面，在弹出的子菜单中点击“文字”命令，即可将文字层转换为普通层，文字也就被转换成了位图，如图 4-153 所示。

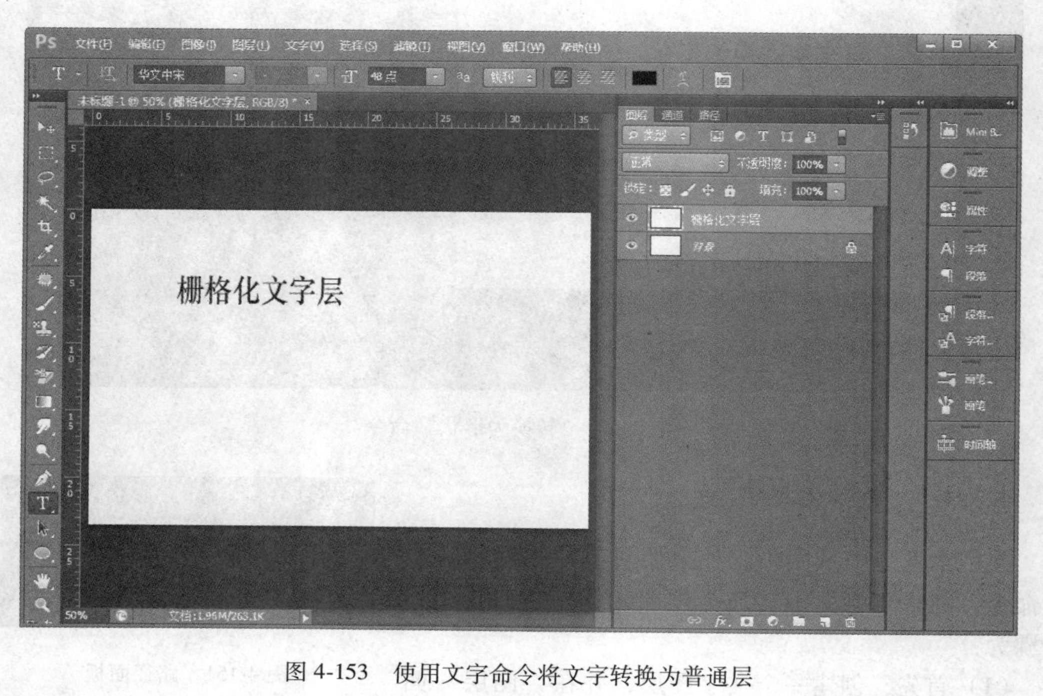

图 4-153 使用文字命令将文字转换为普通层

此时，文字就不能再使用文字工具进行编辑了。

提示： 在“图层”面板中文字层的名称位置处单击鼠标右键，在弹出的快捷菜单中选择“栅格化文字”命令，可以将文字层转换为普通层。在使用其他位图命令时，将弹出一个询问栅格化文字层的对话框，点击“确定”按钮，可以将文字层栅格化。

4.3.5 字符/段落面板

首先，打开图像文件，在工具箱中选择文字工具。之后在窗口中输入文字。在输入文字之前，最好设置一下文字工具选项栏，该选项栏有以下选项：

（1）切换文本取向。如果当前文字为横排文字，单击该按钮，可将其转换为直排文字；如果是直排文字，则可将其转换为横排文字。

（2）设置字体系列 隶书。在该选项下拉列表中可以选择字体。

（3）设置字体样式。该选项可以用于为字符设置样式，包括 Regular（规则的）、Italic（斜体）、Bold（粗体）和 Bold Italic（粗斜体）等样式。该选项只对部分英文字体有效。

（4）设置字体大小 60点。该选项可以选择字体的大小，或者直接输入数值来进行调整。

（5）设置消除锯齿的方法 锐利。该选项可以选择一种方法为文字消除锯齿。Photoshop 会通过填充部分边缘像素来产生边缘平滑的文字，使文字的边缘混合到背景中而看不出锯齿。无：不进行消除锯齿处理；锐利：轻微使用消除锯齿，文本的效果显得锐利；犀利：轻微使用消除锯齿，文本的效果显得稍微锐利；浑厚：大量使用消除锯齿，文本的效果显得更加粗重；平滑：大量使用消除锯齿，文本的效果显得更加平滑。

提示： 消除锯齿的命令，Photoshop 中的文字是使用 PostScript 信息从数学上定义的直线或曲线来表示的。如果没有设置消除锯齿，文字的边缘便会产生硬边和锯齿。输入文字后，选择“文字”菜单，将光标移动到“消除锯齿”上面，在弹出的子菜单中也可以选择一种消除锯齿的方法。

（6）设置文本对齐。该选项可以根据输入文字时光标的位置来设置文本的对齐方式，其中包括左对齐文本、居中对齐文本和右对齐文本等。

（7）设置文本颜色。点击颜色块，可以在打开的“拾色器（文本颜色）”对话框中设置文字的颜色。

（8）创建文字变形。点击该按钮，可以在打开的“变形文字”对话框中为文本添加变形样式，以便创建变形文字。

（9）切换字符和段落面板。点击该按钮，可以显示或隐藏“字符”和“段落”面板。

（10）取消所有当前编辑。如果想取消当前的编辑，请点击该按钮。

（11）提交所有当前编辑。如果完成了当前的编辑操作，请点击该按钮以确定完成了操作。

提示： 在使用文字工具输入文字之前，也可以先在“字符”面板或“段落”面板中设置字符的属性，包括字体、大小、文字颜色等属性，然后再输入文字。

4.3.5.1 使用“字符”面板

“字符”面板主要用于设置点文本。点文本包括：使用横排文字工具创建及编辑文字，使用直排文字工具创建及编辑文字。在默认情况下，Photoshop 的文档窗口中是不显示“字符”面板的。选择“窗口”菜单，点击“字符”命令，或者点击文字工具选项栏中的“切换字符和段落面板”按钮，即可打开“字符”面板，如图 4-154 所示。

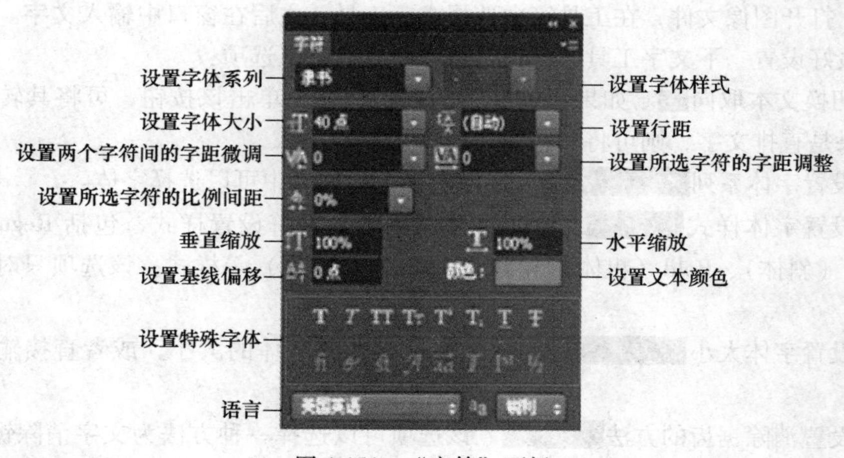

图 4-154 “字符”面板

“字符”面板有以下选项：

（1）设置字体系列。首先选择要修改字体的文字，然后在“字符”面板中点击“设置字体系列”右侧的下三角按钮，从弹出的字体下拉列表中选择一种合适的字体，即可将文字的字体修改。一般比较常用的字体有宋体、仿宋或黑体等。

（2）设置字体样式。可以在下拉列表中选择要使用的字体样式，包括 Regular（规则的）、Italic（斜体）、Bold（粗体）和 Bold Italic（粗斜体）4 个选项。

（3）设置字体大小。点击“设置字体大小”文本框，可以设置文字的大小。文字大小的取值范围为 0.01~1296 点，默认的文字大小为 16 点。可以从下拉列表中选择常用的字符大小，也可以直接在文本框中输入所需要的字符大小。

（4）设置行距。行距是指文本中各个文字行之间的垂直间距。同一段落的行与行之间可以设置不同的行距，但文字行中的最大行距决定了该行的行距。选择一段要设置行距的文字，然后在“设置行距”下拉列表中选择一个行距值，也可以在文本框中输入新的行距数值，以修改行距。

（5）设置两个字符间的字距微调。该选项可以用于调整两个字符之间的距离。在要调整的两个字符之间单击，将光标定位在此处，设置插入点。然后从下拉列表中选择相关的参数，也可以直接在文本框中输入一个数值，即可调整这两个字符之间的间距。当输入的值大于零时，字符的间距变大；当输入的值小于零时，字符的间距变小。

（6）设置所选字符的字距调整。该选项可以调整选定字符的间距。选择文字后，在下拉列表中选择数值，或者直接在文本框中输入数值，即可修改选定文字的字符间距。如果输入的值大于零，则字符间距增大；如果输入的值小于零，则字符的间距减小。如果没有选择字符，则可以调整所有字符的间距。

（7）设置所选字符的比例间距。该选项可以设置选定字符的间距。选择文字后，在下拉列表中选择一个百分比，或者直接在文本框中输入一个百分比的整数，即可修改选定文字的比例间距。选择的百分比越大，字符间的距离就越小，比例间距的取值范围为 0%~100%。

（8）垂直缩放。该选项可以调整字符的高度。直接在文本框中输入新的缩放数值即可。垂直缩放的百分比与水平缩放的百分比相同时，可以进行等比缩放；不同时，则进行不等比缩放。

（9）水平缩放。该选项可以调整字符的宽度。直接在文本框中输入新的缩放数值即可。水平缩放的百分比与垂直缩放的百分比相同时，可以进行等比缩放；不同时，则进行不等比缩放。

（10）设置基线偏移。该选项用于控制文字与基线的距离，它可以升高或降低所选文字，一般用于编辑数字公式或分子式等表达式。默认的文字基线位于文字的底部位置，通过调整文字的基线偏移，也可以将文字向上或者向下调整位置。其操作方法为：首先选择要调整的文字，然后在文本框中输入新的数值，即可调整文字的基线偏移大小。默认的基线位置为 0，当输入的数值大于零时，文字向上移动；当输入的数值小于零时，文字向下移动。

（11）设置文本颜色。点击右侧的颜色块，可以打开“拾色器（文本颜色）”对话框，即可通过该对话框来设置所选文本的颜色。

（12）设置特殊字体。该区域提供了多种设置特殊字体的按钮，选择要应用特殊效果的文字以后，点击这些按钮即可应用特殊的文字效果。将鼠标光标移动到这些按钮上面，稍停一会儿，即可显示出这些按钮的名称。

（13）语言。该选项可对所选字符进行有关连字符和拼写规则的语言设置。Photoshop 使用语言词典检查连字符连接。

4.3.5.2 使用“段落”面板

“段落”面板主要用于设置段落文本。可以参考创建段落文字和使用直排文字工具创建段落文字。使用“段落”面板可以设置段落的对齐方式、缩进、段前和段后间距以及使用连字功能等。其操作方法为：选择“窗口”菜单，点击“段落”命令，即可打开“段落”面板，如图 4-155 所示。

A 设置段落对齐

“段落”面板中最上面的一排按钮可以用来设置段落的对齐方式，也可以将文字与段落的某个边缘对齐。该面板有以下选项：

（1）左对齐文本▤。该选项可以使文字左对齐，段落右端参差不齐，是默认的对齐方式。

（2）居中对齐文本▤。该选项可以使文字居中对齐，段落两端参差不齐。

（3）右对齐文本▤。该选项可以使文字右对齐，段落左端参差不齐。

（4）最后一行左对齐▤。该选项可以使最后一行左对齐，其他行左右两端强制对齐。

（5）最后一行居中对齐▤。该选项可以使最后一行居中对齐，其他行左右两端强制对齐。

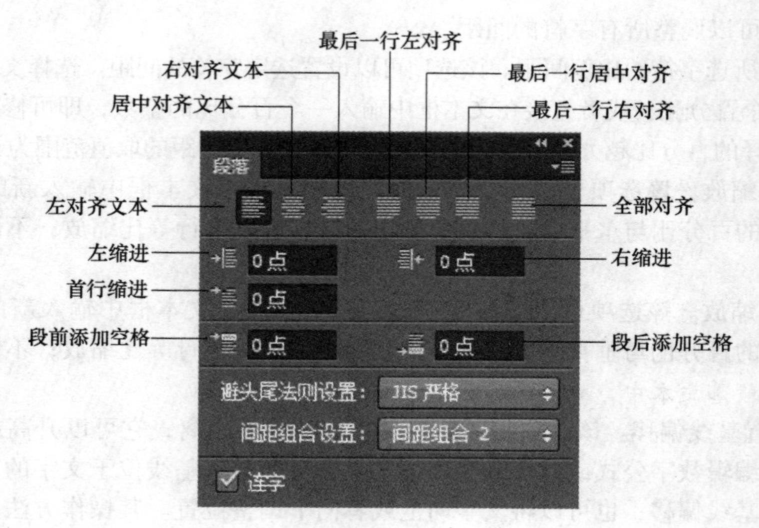

图4-155 “段落”面板

(6) 最后一行右对齐。该选项可以使最后一行右对齐，其他行左右两端强制对齐。

(7) 全部对齐。该选项可以在字符间添加额外的间距，使文本左右两端强制对齐。

提示：上面是水平文字段落的对齐情况，在对于垂直文字段落的对齐时，这些对齐按钮将有所变化，但是应用方式是相同的。

B 设置段落缩进

缩进是指文本行左右两端与文本框之间的间距。其中包括：

(1) 左缩进。该选项可以使横排文字从段落的左边缩进，直排文字从段落的顶端缩进。

(2) 右缩进。该选项可以使横排文字从段落的右边缩进，直排文字从段落的底部缩进。

C 设置首行缩进

就是为选择段落的第一段的第一行文字设置缩进。缩进只影响选中的段落，因此可以给不同的段落设置不同的缩进效果。

首行缩进可以缩进段落中的首行文字。对于横排文字，首行缩进与左缩进有关；对于直排文字，首行缩进与顶端缩进有关。如果将该值设置为负值，则可以创建首行悬挂缩进。

其操作方法为：首先，选择要设置首行缩进的段落，然后在首行缩进文本框中输入缩进的数值即可完成首行缩进。

D 设置段前和段后空格

“段落”面板中的段前添加空格和段后添加空格可以用于控制段落与段落之间的间距。其中，段前添加空格可以用于设置当前段落与上一段之间的间距；段后添加空格可以用于设置当前段落与下一段之间的间距。

其操作方法为：首先，选择一个段落，然后在相应的文本框中输入数值，即可设置段前添加空格或段后添加空格。

E 其他选项设置

其他选项设置包括：

（1）避头尾法则设置。该选项可以用于设置标点符号的放置，设置标点符号是否可以放在行首。

（2）间距组合设置：该选项可以设置段落中文本的间距组合设置，从右侧的下拉列表中可以选择不同的间距组合设置。

（3）连字。连字符是在每一行末端断开的单词间添加的标记。在将文本强制对齐时，为了对齐的需要，会将某一行末端的单词断开至下一行。勾选“段落”面板中的“连字”选项，便可以在断开的单词间显示连字标记。

提示：在段落文本中，只要使用了“段落”面板中的选项，不管选择的是整个段落或者只选取该段中的任一字符，还是在段落中放置插入点，修改的都是整个段落的效果。

【任务实践】

水墨流体字效果

首先来看一下水墨流体字最终的效果，如图 4-156 所示。其操作步骤为：

图 4-156 水墨流体字最终效果

（1）创建一个“宽度”为 1275 像素，“高度”为 160 像素，“分辨率”为 72 像素/英寸，“颜色模式”为 RGB 颜色，“背景内容”为白色的文档，然后把纹理素材拖到文档中，如图 4-157 所示。

（2）用软化橡皮擦擦掉纹理中褪色的地方，如图 4-158 所示。

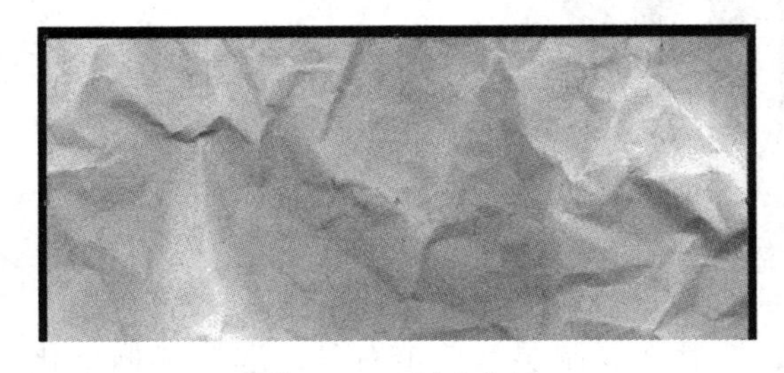

图 4-157 创建文档

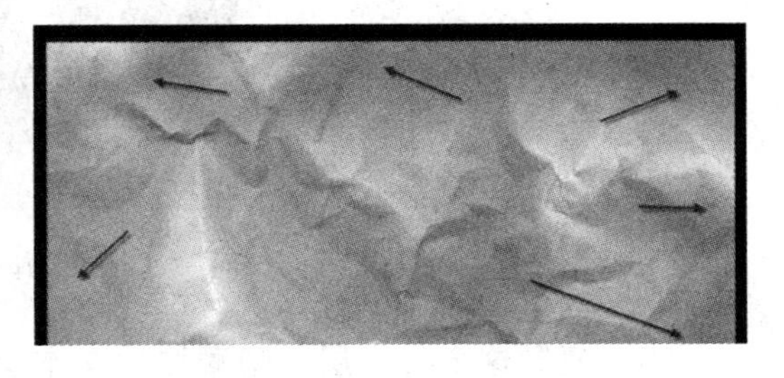

图 4-158 擦掉纹理中褪色的地方

（3）添加色相饱和度和色阶两个调整图层，如图 4-159 所示。

此时画面效果如图 4-160 所示。

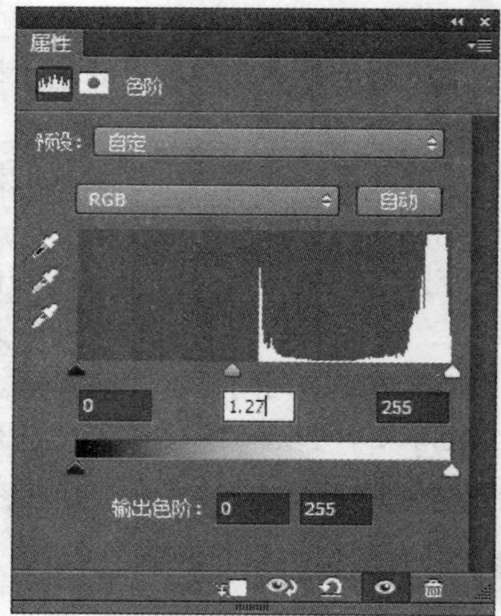

图 4-159 添加色相色阶

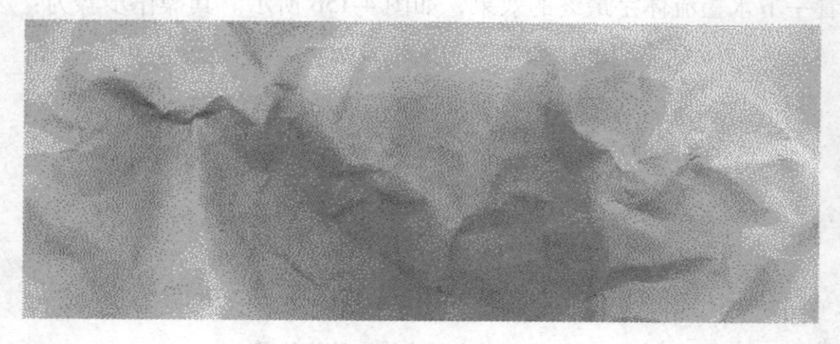

图 4-160 效果

（4）添加文字，选择自己喜欢的文字（笔画相对粗一点），效果如图 4-161 所示。

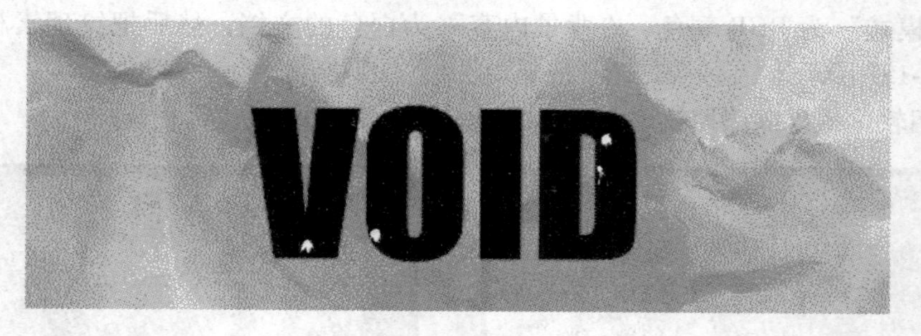

图 4-161 添加文字

（5）复制这个文字层，隐藏原始文本层，然后在复制层上单击右键，选择“栅格化文字”。然后执行“滤镜>液化（高级模式）”菜单命令，如图 4-162 所示。

（6）用液化变形工具把文字变形成以下形状，效果如图 4-163 所示。

（7）选择笔刷一个，为文字添加效果，效果设置如图 4-164 所示。

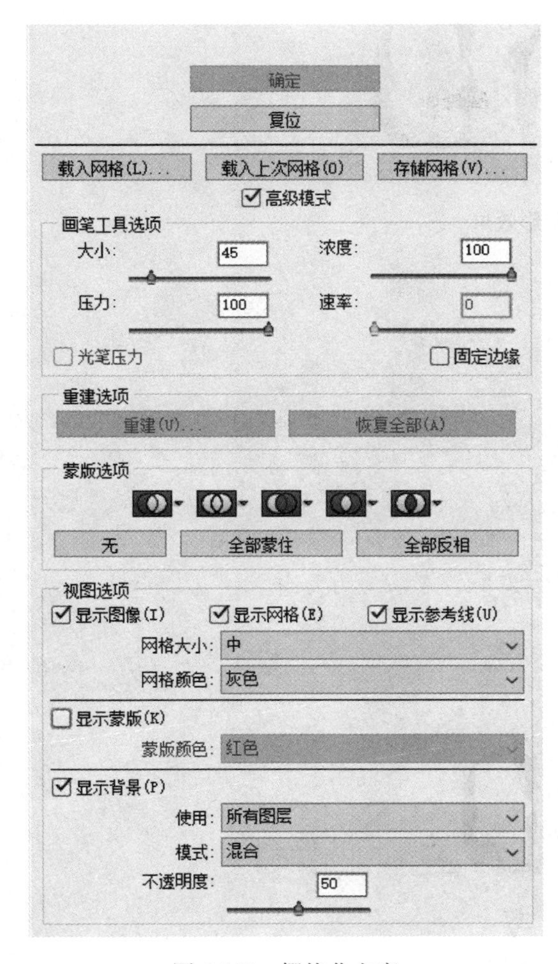

图 4-162　栅格化文字

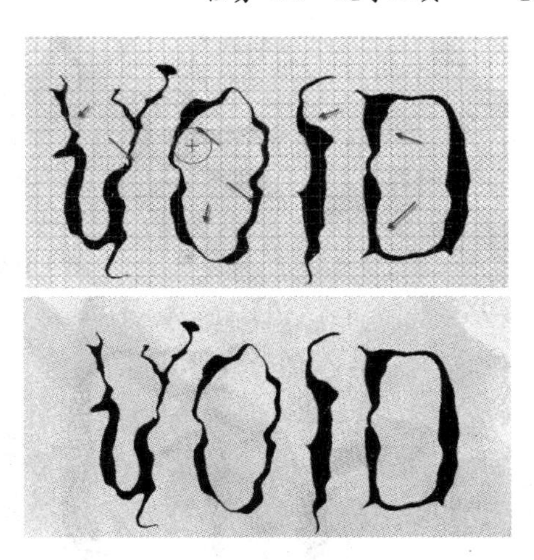

图 4-163　变形

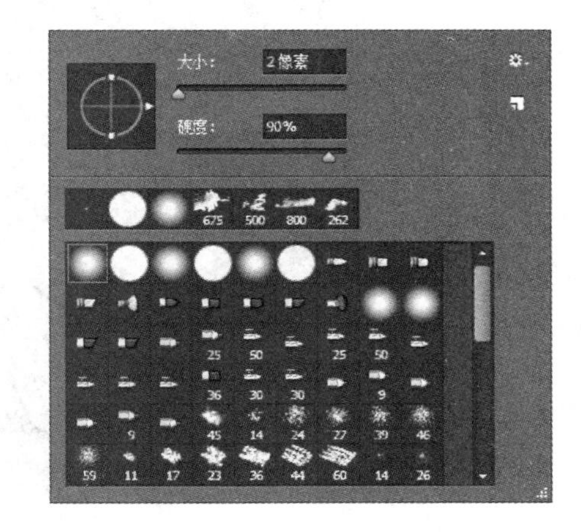

图 4-164　选择笔刷

（8）用画笔再画一些白色和蓝色虚线，如图 4-165 所示。

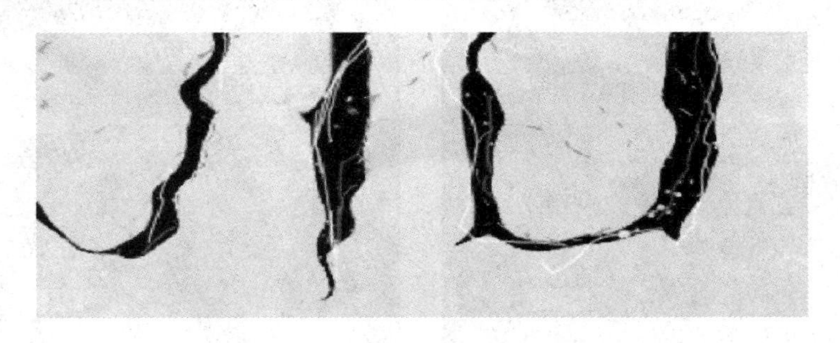

图 4-165　添加虚线

（9）添加阴影效果，其方法为：复制格式化文字图层，用变形工具变形，效果如图 4-166 所示。

（10）在文字周围添加一些粒子效果，效果如图 4-167 所示。

（11）用墨水笔刷在文字周围添加一些水墨效果，效果如图 4-168 所示。

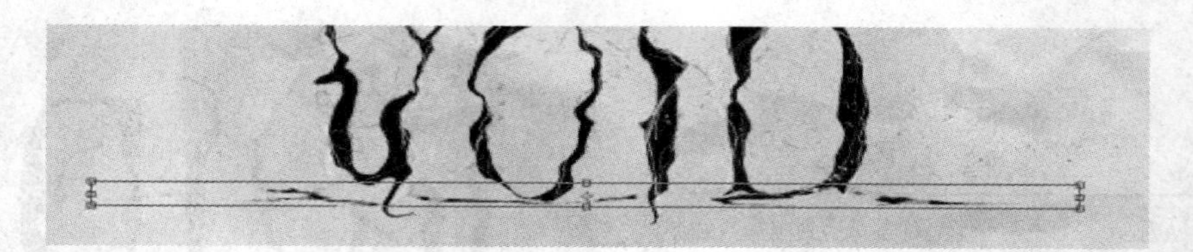

图 4-166　阴影效果

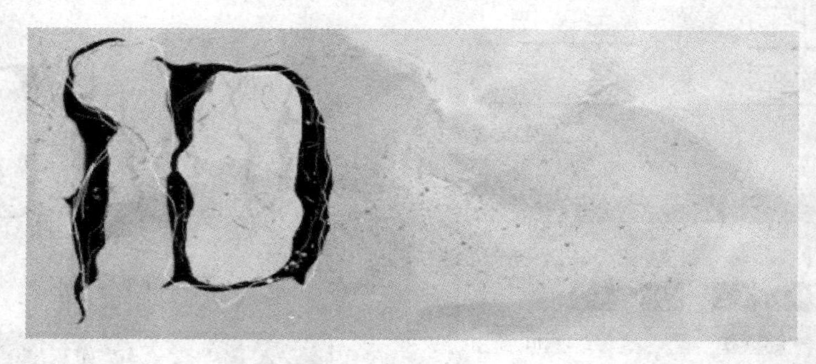

图 4-167　粒子效果

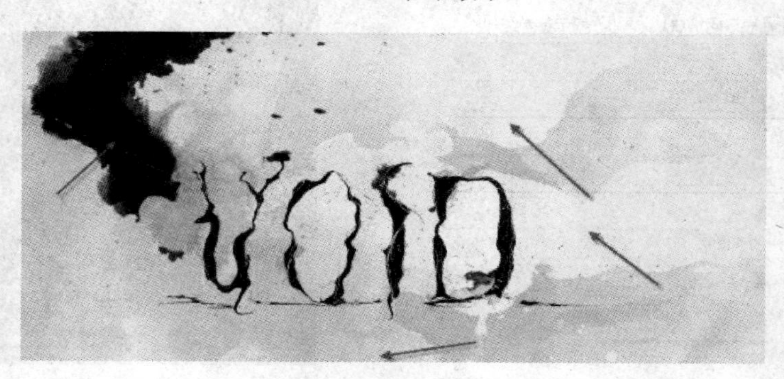

图 4-168　水墨效果

（12）最后添加调整图层：可选颜色，如图 4-169 所示。最后的效果如图 4-170 所示。

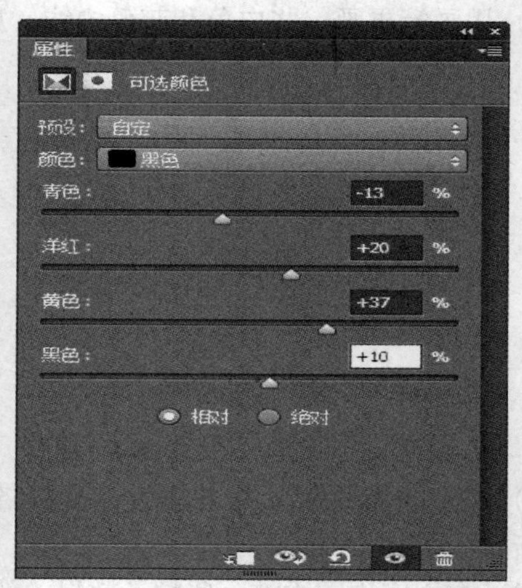

图 4-169　调整图层

图 4-170　最后效果

【项目拓展】

木辛宝辰标志设计

首先来看一下木辛宝辰标志最终的效果，如图 4-171 所示。其操作步骤为：

（1）创建一个“宽度”为 100 像素，“高度”为 100 像素，“分辨率”为 72 像素/英寸，“颜色模式”为 RGB 颜色，“背景内容”为透明的文档。

（2）选择椭圆选框工具，在画布中绘制一个黑色的正圆。在“图层”面板中设计图层的不透明度为“45%”，效果如图 4-172 所示。

（3）按住“Ctrl”键，并单击“图层 1”的缩览图获取图层 1 选区，新建“图层 2”。选择“编辑>描边”菜单命令，打开“描边”对话框。在“描边”对话框中，设置“宽度”为 1 像素，“颜色”为黑色，“位置”为居中，效果如图 4-173 所示。

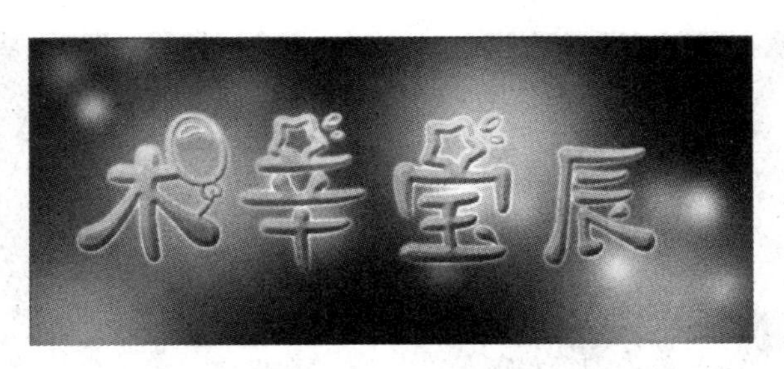

图 4-171　木辛宝辰标志效果

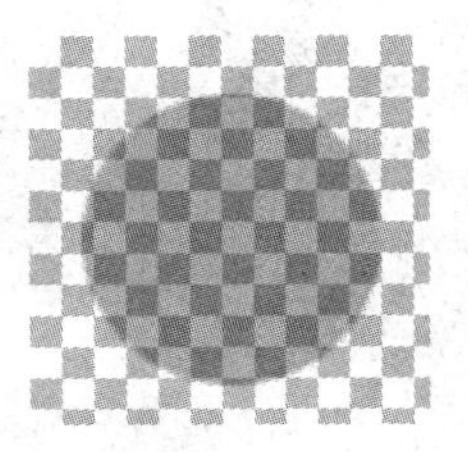

图 4-172　绘制正圆

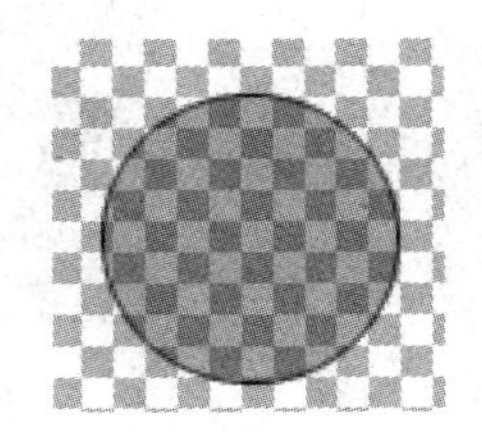

图 4-173　描边效果

（4）选择“编辑>定义画笔预设”菜单命令，在弹出的对话框中单击“确定”按钮，将绘制图像定义成画笔。

（5）按“Ctrl+N”组合键，弹出“新建”对话框，设置“宽度”为 700 像素，“高度”为 300 像素，“分辨率”为 72 像素/英寸，“颜色模式”为 RGB 颜色，“背景内容”为白色，单击“确定”按钮。

（6）按“Alt+Delete”组合键，将默认的黑色前景色填充“背景”图层，选择画笔工具，在选项栏中设置“画笔大小”为 300 像素，“笔尖形状”为柔软圆。在“图层”面板中新建“图层 1”，设置前景色为蓝色（RGB：106，180，230），调整画笔笔尖大小，在画布上单击绘制蓝色斑点效果。

（7）在“图层”面板中新建“图层 2”，设置前景色为紫色（RGB：230，70，160），在工具箱中选择“画笔”工具，并调整画笔笔尖大小，在画布上单击绘制紫色斑点效果。新建“图层 3”，设置前景色为黄色（RGB：240，210，100），调整画笔笔尖大小，在画布上单击绘制黄色斑点效果，效果如图 4-174 所示。

图 4-174 绘制斑点效果图

（8）新建“图层 4”，选择画笔工具，在“画笔”面板中设置画笔笔尖形状，选择预设的画笔，如图 4-175 所示。设置画笔形状动态，如图 4-176 所示。

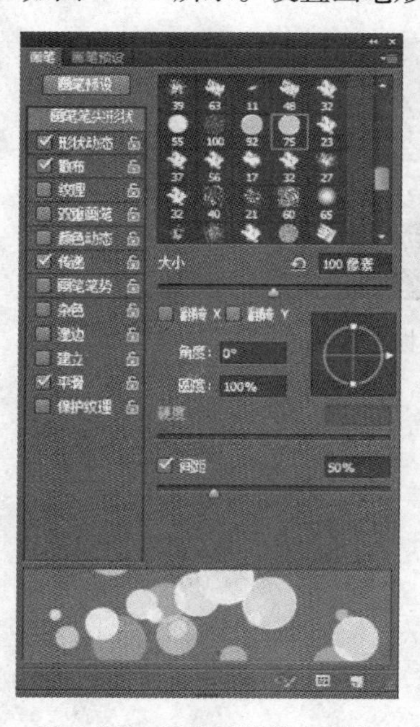

图 4-175 设置画笔笔尖形状

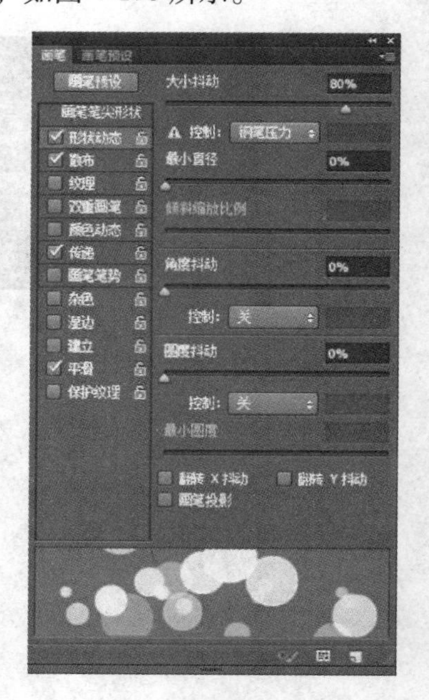

图 4-176 设置画笔形状状态

（9）设置画笔散布，如图 4-177 所示，设置画笔传递，如图 4-178 所示，调整好画笔参数后，将鼠标移入“图层 4”中，按住鼠标左键不放，拖动鼠标绘制泡泡，效果如图 4-179 所示。

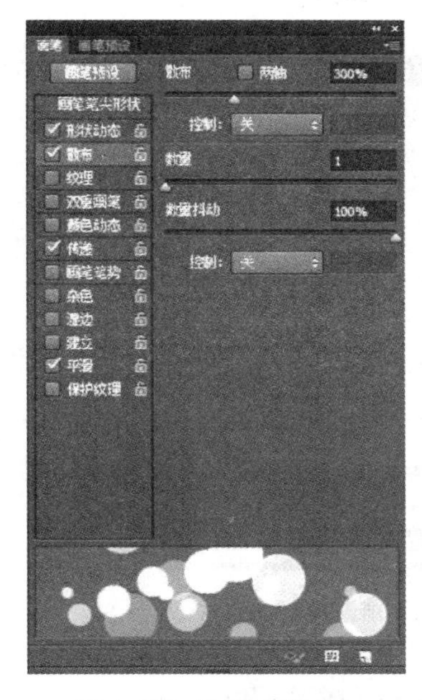

图 4-177 设置画笔散布

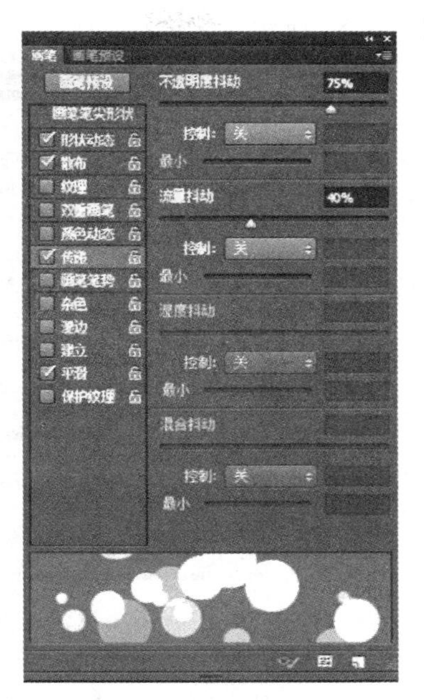

图 4-178 设置画笔传递

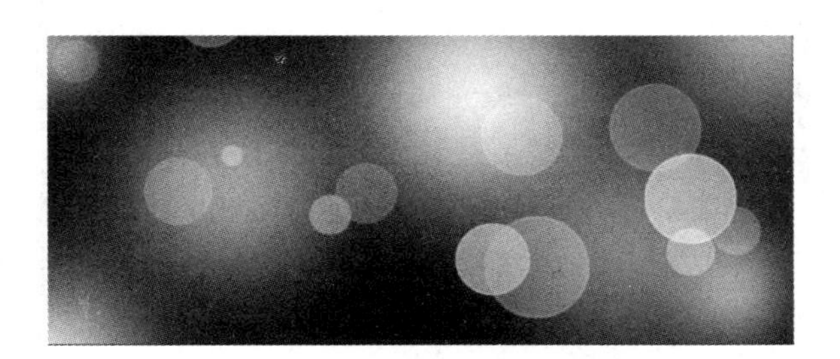

图 4-179 绘制泡泡效果

（10）在工具箱中选择“横排文字工具”，在选择栏中设置“字体”为熊孩子体字体，“字体大小”设置为 160 点，“文本颜色”为白色。单击画布输入“木辛宝辰”字符，单击字体选项栏中的“提交当前所编辑”按钮✓，完成文本输入。效果如图 4-180 所示。

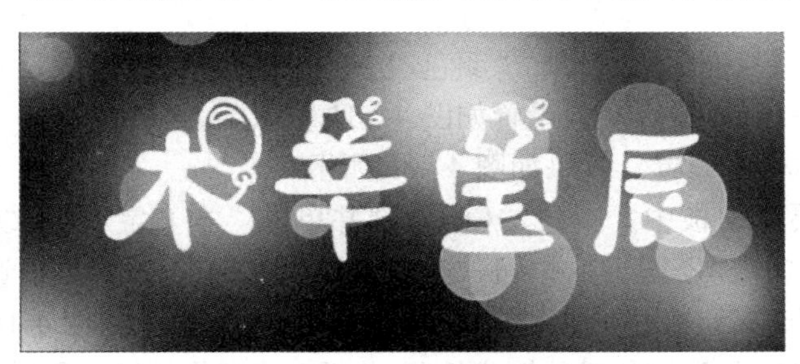

图 4-180 添加“木辛宝辰”字符

（11）在“图层”面板中，双击“木辛宝辰”文字图层，打开“图层样式”对话框，添加“斜面和浮雕”图层样式，参数设置如图 4-181 所示。后添加“光泽”图层样式，参数设置如图 4-182 所示。

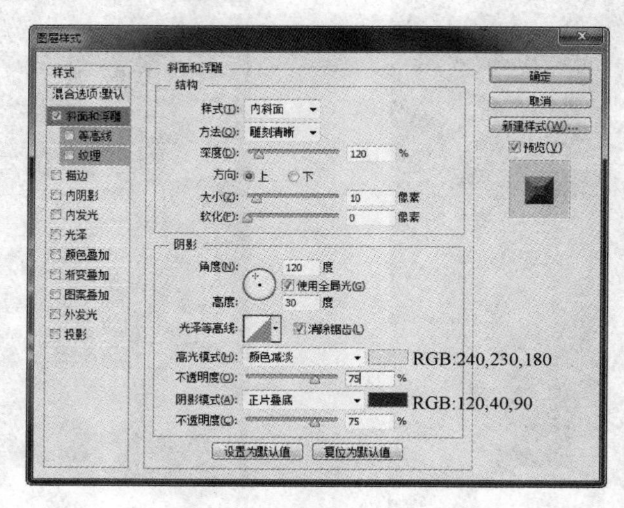

图 4-181 设置“斜面与浮雕”样式

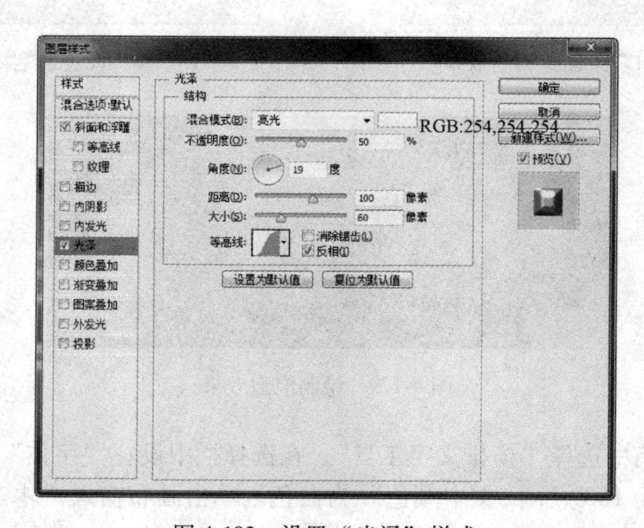

图 4-182 设置“光泽”样式

（12）在“图层”面板中，添加“颜色叠加”图层样式，参数设置如图 4-183 所示。后添加“外发光”图层样式，参数设置如图 4-184 所示。

（13）完成字体样式设置，效果如图 4-185 所示。

（14）在“图层”面板中，按住“Ctrl”键并单击“木辛宝辰”文字图层缩览图，创建文字选区，单击“创建新图层”按钮，新建“图层 5”。在工具箱中选择椭圆选框工具，在选项栏中单击“与选区交叉”按钮，创建文字高光选区，如图 4-186 所示。

（15）选区创建好之后，在工具箱中选择“渐变工具”，在选项栏中单击“点按可编辑渐变”按钮，弹出“渐变编辑器”对话框。在“预设”中选择“前景色到透明渐变”

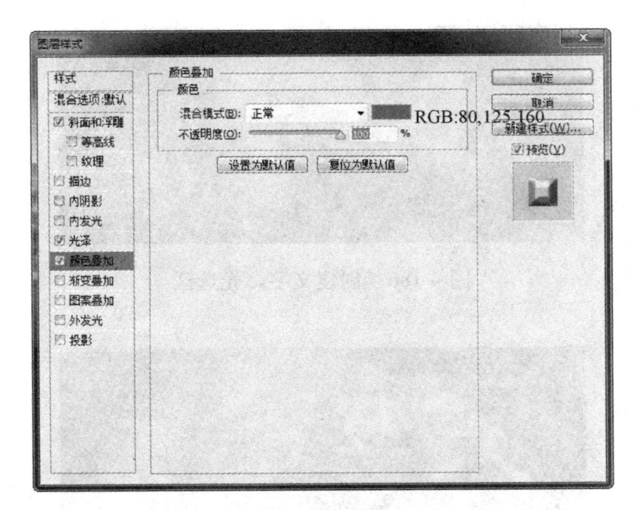

图 4-183 设置“颜色叠加”样式

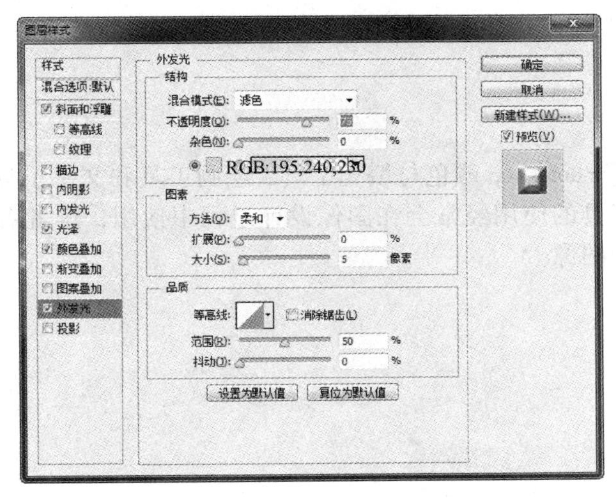

图 4-184 设置“外发光”样式

图 4-185 字体图层样式效果

渐变方式，单击“确定”按钮，退出“渐变编辑器”对话框，在“图层 5”中，按住“Shift”键并从上至下拖动鼠标，创建文字高光效果。按“Ctrl+D”组合键取消选区，完成标志设计。效果如图 4-187 所示。

图 4-186　创建文字高光选区

图 4-187　木辛宝辰效果图

【项目总结】

本章主要讲解了 Photoshop 颜色与填充工具、绘画工具和文字工具。其中绘图工具中的画笔工具和文字工具的使用经常会在图像设计过程中使用，读者需要熟悉掌握使用方法，以便更好地处理图像。

项目5 海 报 设 计

【学习目标】

路径、矢量工具和修图工具在图像处理和数码照片处理过程中应用非常广泛，本章将详细介绍路径和形状工具的使用和修图工具等知识点。掌握这些工具，可以在Photoshop中创建精确的矢量图形，在一定程度上弥补了位图的不足。

走进海报设计

海报按其应用不同大致可以分为商业类海报、信息类海报和公益类海报等，下面对各种海报设计范围和使用情况进行简单介绍。

（1）商业类海报。商业类海报是指宣传商品或商业服务的商业广告性海报。商业类海报的设计需要考虑产品的格调、定位和受众对象等要素，商业海报设计如图5-1所示。

（2）信息类海报。信息类海报是指在特定的时间和地点，对特定的事情进行宣传的版面设计。比如展览、会议、研讨等海报，其效果如图5-2所示。

（3）公益类海报。公益类海报带有一定思想性。这类海报具有特定的对公众的教育意义。其海报主题包括各种社会公益、道德的宣传，或政治思想的宣传，弘扬爱心奉献、共同进步的精神等，效果如图5-3所示。

图5-1 商业类海报

图5-2 信息类海报

图5-3 公益类海报

【知识精讲】

任务 5.1 修图工具

5.1.1 照片修复工具

5.1.1.1 仿制图章工具的使用方法

“仿制图章工具” 可以从图像中拷贝信息，将其应用到其他区域或者其他图像中。该工具常用于对整个图像或图像的局部区域进行复制和对数码照片中的缺陷进行修复操作，如去掉照片中的多余人物、脸部祛斑、去眼袋等。其操作步骤为：

（1）打开一个图像文件，如图 5-4 所示，在工具箱中选择“仿制图章工具” ，如图 5-5 所示。

图 5-4 打开图像文件

如果只是使用系统默认的画笔和属性，可以省略这一步，直接操作下一步；如果需要设置工具的画笔和属性，请先选“仿制图章工具”的工具选项栏，然后再操作下一步。

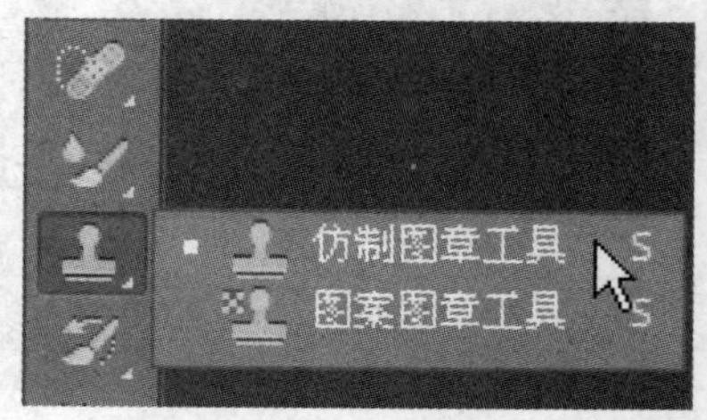

图 5-5 仿制图章工具

（2）使用仿制图章工具复制图像中的任意一部分或者整个图像，其操作方法为：需要从图像中的哪个位置开始复制，就将光标移动到那一点，然后按住“Alt”键，再单击鼠标左键，最后松开“Alt”键，即可完成图片的仿制取样。

（3）在图 5-4 中从脸部开始完成了图片的复制。将光标移动到本文档中要复制的位置，或者其他文档中要复制的位置，按下鼠标左键，拖动鼠标，即可复制图像，如图 5-6 所示。

图 5-6　复制图像

在本例中，因为选择的仿制源是从小熊脸部开始取样，所以不论复制结果的位置在哪，显示都是从脸部开始。在拖动鼠标时，注意光标对应的十字光标的位置，以免复制的图形超出范围。因为十字光标移动到哪里，图像就会复制到哪里，所以如果不停止鼠标的拖动，则会复制整个图像。在拖动时，可以随时停止拖动，并可以改变画笔的大小，以适应不同的仿制需要。鼠标拖动的范围有多大，就可以复制多大范围的图像。在仿制图像的过程中，会遮盖住该位置原来的像素，因此，使用这一方法也可以去除照片中的缺陷。如果仿制完成，想重新仿制其他图像，可以再次按“Alt”键重新取样，然后再进行仿制操作。

选择“仿制图章工具”以后，将会打开相应的工具选项栏。切换仿制源面板，可以打开或关闭“仿制源”面板。

仿制图章工具的工具选项栏有以下选项：

（1）对齐。选择该项，可以连续对像素进行取样；取消该项，则每单击一次鼠标，都使用初始取样点中的样本像素。因此，每次单击都被视为是另一次复制。

（2）样本。该选项可以用于选择从指定的图层中进行数据取样。选择“当前图层”时，只能从当前使用的图层中取样；选择“当前和下方图层”时，只能从当前图层和下方的可见图层中取样；选择“所有图层”时，只能从所有可见图层中取样。如果要从调整图层以外的所有可见图层中取样，可以选择“所有图层”，然后单击选择右侧的“忽略调整图层”按钮。关于选项栏中的其他选项，与画笔工具的工具选项栏中的相关选项相同。

（3）光标中心的十字线。使用仿制图章时，按住“Alt”键，然后在图像中单击，定义要复制的内容（称为“取样”）。然后松开“Alt”键，将光标移动到其他位置，按下鼠标左键，并拖动鼠标进行涂抹，即可将复制的图像应用到当前位置。与此同时，画面中将会出现一个圆形光标和一个十字形光标，圆形光标是正在涂抹的区域，该区域的内容是从十字形光标所在位置的图像上拷贝来的。在操作时，两个光标始终保持着相同的距离，只需观察十字形光标位置的图像，便知道将要涂抹出什么样的图像内容。

5.1.1.2 图案图章工具的使用方法

“图案图章工具” 与图案填充的操作方法类似，但是它比图案填充更加灵活，操作更加方便，适合局部选区的图案填充和图案的绘制。其操作步骤为：

(1) 首先定义一个头部图案，如图 5-7 所示，然后新建一个文件，如图 5-8 所示。

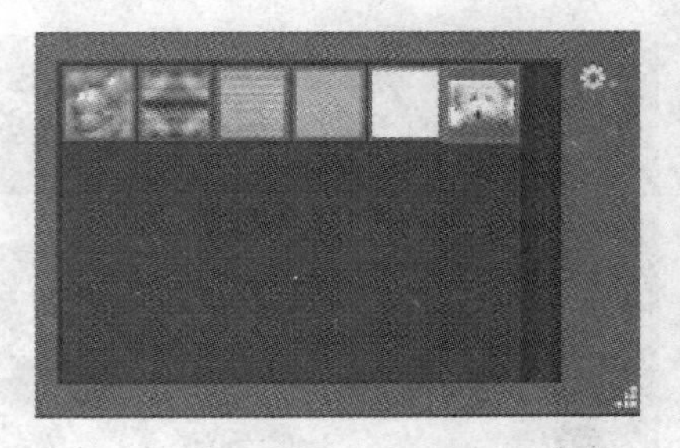

图 5-7 定义头部图案

图 5-8 新建图片文件

当前图案的背景比较简单。下面使用“图案图章工具” 来制作一个图案，如图 5-9 所示。

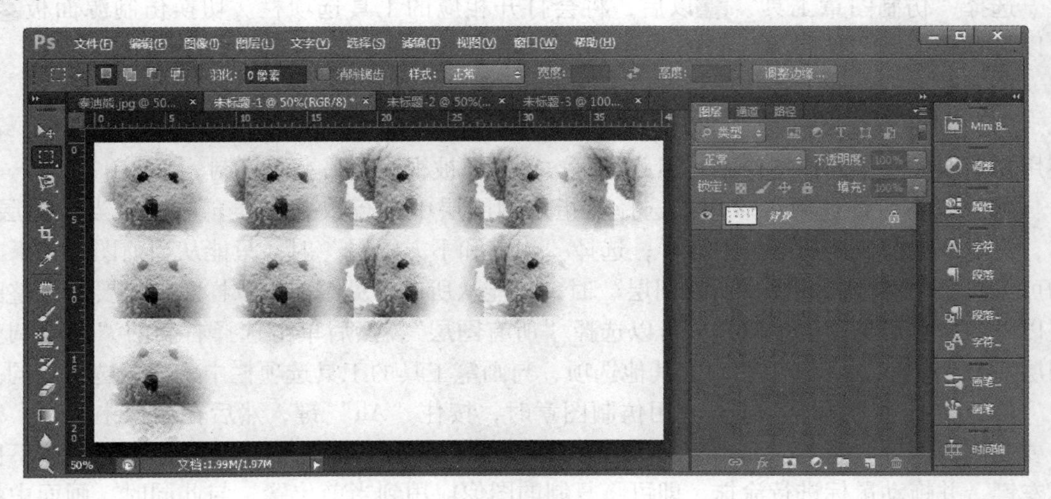

图 5-9 选中背景

（2）在工具箱中选择“图案图章工具”，如图 5-10 所示。

（3）在图案图章工具的工具选项栏中设置合适的画笔大小和硬度值，然后点击“点按可打开‘图案’拾色器”区域，打开“图案”拾色器，选择前面定义的“定义头像图案”图案，如图 5-11 所示。

图 5-10 选择图案图章工具

图 5-11 拾色器区域

（4）选择“定义头像图案”图案以后，按住鼠标左键在背景选区中拖动绘制，以填充头像图案，如图 5-12 所示。

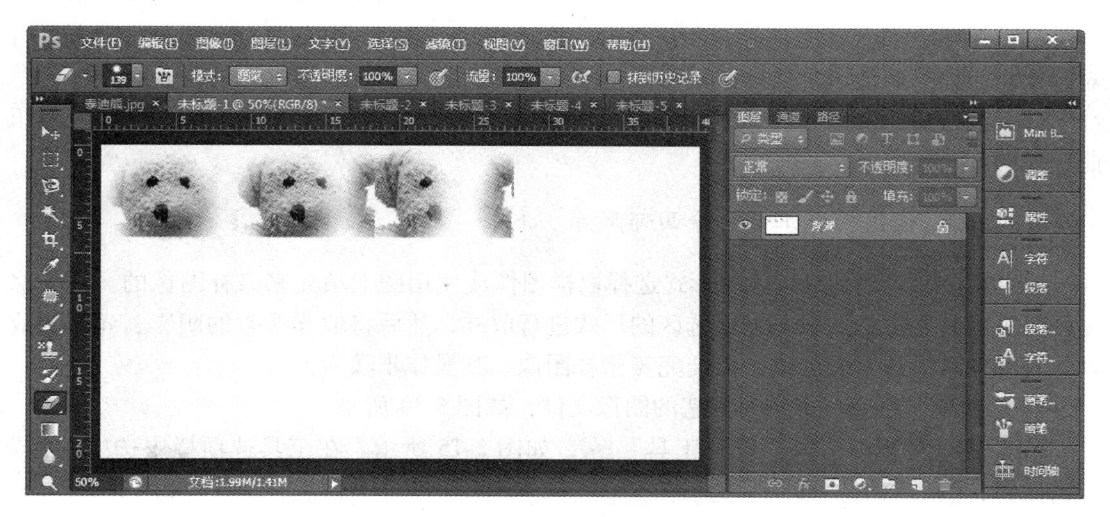

图 5-12 填充头像图案

提示：注意选择工具选项栏中的“对齐”复选框。在释放鼠标以后，并再次绘制时，可以自动沿原来的图案效果进行对齐绘制，不会产生错乱。使用选区进行绘制，可以不用担心超出填充的范围。

（5）拖动鼠标，继续绘制图案，直到将背景全部填充，然后按“Ctrl+D”组合键取消选区，即可完成整个背景图案的替换，如图 5-13 所示。

选择“图案图章工具”以后，将会打开相应的工具选项栏。工具选项栏中的画笔预设、切换画笔面板、模式、不透明度、流量、喷枪等与画笔工具的工具选项栏基本相同。

以下介绍图案图章工具的工具选项栏中部分工具选项栏。

（1）图案。点击“点按可打开‘图案’拾色器”区域，可以打开“图案”拾色器，从中选择需要的图案。

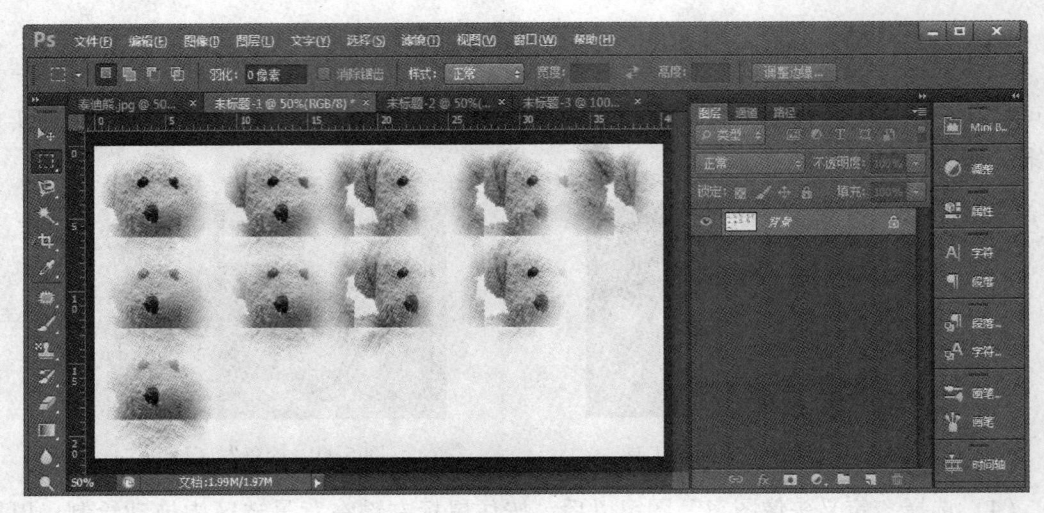

图 5-13　背景图案替换

（2）对齐。选择该复选框，每次单击或拖动绘制图案时，都将与第一次单击的点进行对齐操作；如果取消该复选框，则每次单击或拖动的起点都是取样时的单击位置。

（3）印象派效果。选择该复选框，可以模拟出印象派效果的艺术图案，使图案变得扭曲、模糊。

5.1.1.3　使用修补工具去除面部黑痣

“修补工具”是以选区的形式选择取样图像或使用图案填充来修补图像的。它与修复画笔工具有些类似，只是它以选区的形式进行取样，然后将取样像素的阴影、光照和纹理等与源像素进行匹配处理，以便完美修补图像。其操作步骤为：

（1）首先，打开一个带有黑痣的图像文件，如图 5-14 所示。

（2）在工具箱中选择“修补工具”，如图 5-15 所示。在工具选项栏中选中“源”单选按钮，然后取消“透明”选项。

图 5-14　打开图片

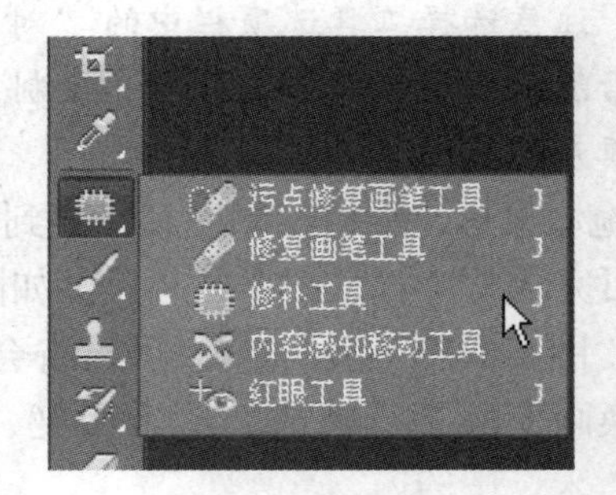

图 5-15　选择修补工具

（3）在图像中的黑痣周围按下鼠标左键，不要松开，然后拖动鼠标，将黑痣选中，此时可以看到一个选区，如图 5-16 所示。

提示： 创建选区的方法类似于套索工具。将光标移动到选区内部，光标将会变成▸⬚▸的形状，如图 5-17 所示。

图 5-16 打开选区

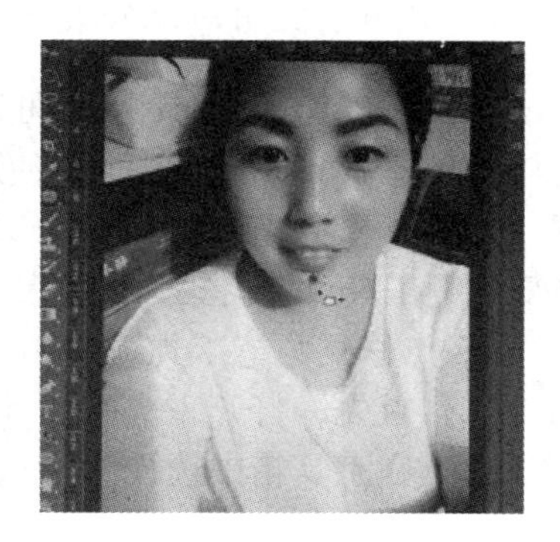

图 5-17 创建选区

（4）此时，按下鼠标左键，将其拖动到与该处皮肤最接近的皮肤处，此时从原选区处可以看到当前鼠标位置皮肤的替换效果，如图 5-18 所示。

（5）观察修复满意以后（如果不满意，可以继续拖动鼠标），释放鼠标，然后按下“Ctrl+D”组合键取消选区，即可完成图像的修复，如图 5-19 所示。

图 5-18 替换选区

图 5-19 修复完成

修补工具的工具选项栏是修补工具的工具选项栏，该工具选项栏有以下选项：

（1）选区操作 。该区域的按钮主要用来进行选区的相加、相减或相交的操作，用法与选区用法相同。其包括了新选区、添加到选区、从选区减去和选区交叉等按钮。

（2）修补。该选项可以选择修补模式，包括“正常”和“内容识别”两种模式。

（3）源。选择该项，将选区拖至要修补的区域以后，放开鼠标，就会用当前选区中的图像修补原来选中的内容。本文的例子就是这种情况。

（4）目标。选择该项，则会将选中的图像复制到目标区域。

（5）透明。选择该项，可以使修补的图像与原图像产生透明的叠加效果；如果取消该项，在进行修复时，图像不带有透明的性质。比如使用图像填充时，如果选中“透明”复选框，在填充时图案将有一定的透明度，可以显示出背景图，否则不能显示出背景图。

（6）使用图案 使用图案 。当使用“修补工具”拖动出一个选区以后，该选项将会变得可以使用。在图案下拉面板中选择一个图案以后，单击该按钮，可以使用图案修补选区内的图像。

5.1.1.4　使用污点修复画笔工具去除面部色斑

“污点修复画笔工具” 可以快速去除照片中的污点、划痕或者其他不理想的部分。它与修复画笔工具类似，也是使用图像或图案中的样本像素进行绘画，并将样式像素的纹理、光照、透明度和阴影与所修复的像素相匹配。但修复画笔工具要求指定样本，而污点修复画笔工具可以自动从所修复区域的周围取样。

“污点修复画笔工具”的用法为：

（1）首先，打开一个面部有色斑的图像文件，如图5-20所示。

（2）在工具箱中选择“污点修复画笔工具”，如图5-21所示。

图5-20　打开图片

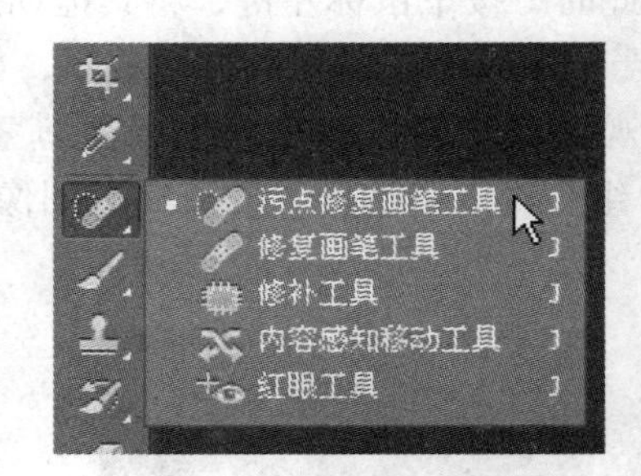

图5-21　选择修复画笔工具

（3）在工具选项栏中将画笔的大小设置的小一些，可以根据色斑的情况进行设置，将“硬度”设置为0，然后选中“近似匹配”单选按钮，如图5-22所示。

（4）将光标放到脸部的斑点上，单击鼠标左键即可修复图像。使用同样的方法可以将脸部的斑点全部去掉，如图5-23所示。

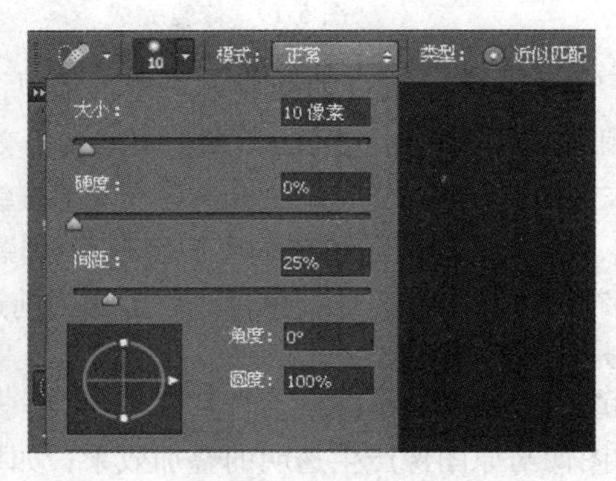

图5-22　选项栏设置

图5-23　修复

污点修复画笔工具的工具选项栏有以下选项：

（1）画笔预设：该选项可以设置笔尖的大小和硬度。

（2）模式：该选项可以设置绘画时的像素与原来像素之间的混合模式。

（3）近似匹配：该选项可以根据图像周围像素的相似度进行匹配，以达到修复污点的效果。

（4）创建纹理：该选项可以在修复污点的同时使图像的对比度加大，以显示出纹理效果。

（5）内容识别：当对图像的某一区域进行污点修复时，软件自动分析周围图像的特点，将图像进行拼接组合，然后填充该区域并进行智能融合，从而达到快速无缝的修复效果。

（6）对所有图层取样：该选项可以对所有图层进行取样操作。如果取消该复选框，将只对当前图层进行取样。

（7）绘图板压力控制大小：启动该按钮可以模拟绘图板压力控制大小。

5.1.1.5　使用修复画笔工具去除纹身

"修复画笔工具"可以将图像中的划痕、污点和斑点等轻松去除。与图案图章工具和仿制图章工具所不同的是，它可以同时保留图像中的阴影、光照和纹理等效果，并且在修改图像的同时，可以将图像中的阴影、光照和纹理等与源像素进行匹配，以达到精确修复图像的目的。其操作方法为：

（1）打开一个有纹身的人物图像文件，如图 5-24 所示，在工具箱中选择"修复画笔工具"，如图 5-25 所示。

图 5-24　打开图片

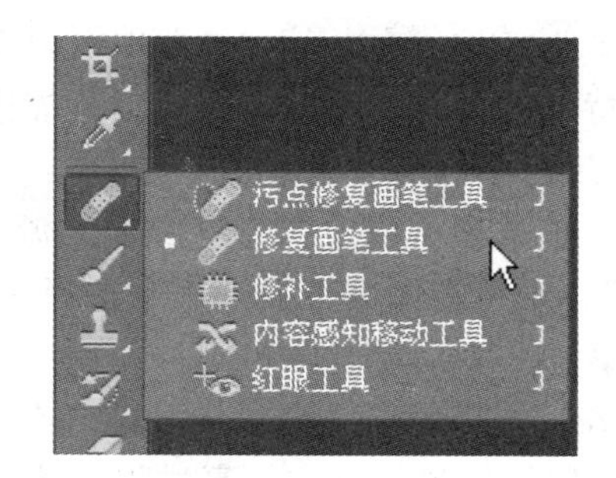

图 5-25　修复画笔工具

（2）在工具选项栏中打开"画笔"选取器，设置画笔的"大小"为 20 像素，"硬度"为 20%，然后选中"取样"单选按钮，其他选项不变，如图 5-26 所示。

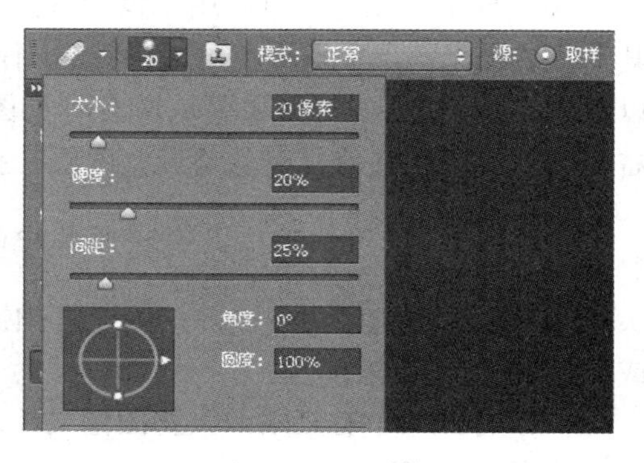

图 5-26　选项栏

设置技巧为：在设置画笔大小时，要根据当前修复的纹身大小来设置，为了去除的比较柔和，可以设置一定程度的硬度，即柔化边缘。下面进行取样，将鼠标光标移动到与纹身皮肤相近的皮肤位置，按住"Alt"键的同时单击鼠标，这样就设置了一个取样点，如图 5-27 所示。

（3）设置取样点后，释放“Alt”键并将鼠标光标移至要消除的纹身上，单击鼠标或按住鼠标拖动，此时，可以看到在取样点位置将出现一个“+”字形符号，当拖动鼠标时，该符号将随着拖动的光标进行相对应的移动，“+”字形符号处为复制的源对象，鼠标位置为复制的目的。如果单击不能很好地去除纹身，可以利用鼠标多次单击或拖动，复制取样点周围的像素，直到将纹身去除掉为止，去除纹身后的效果如图 5-28 所示。

图 5-27　取样点

图 5-28　完成图

修复画笔工具的工具选项栏有以下选项：

（1）画笔。该选项可以设置笔触的大小，也可以打开“画笔”选取器。

（2）切换仿制源面板。该选项可以打开或关闭“仿制源”面板。

（3）模式 模式：正常。该选项可以在下拉列表中设置修复图像的混合模式。“替换”是比较特殊的模式，它可以保留画笔描边的边缘处的杂色、胶片颗粒和纹理，使修复效果更加真实。

（4）源。该选项可以设置修复像素的源。选择“取样”，可以从图像的像素上取样；选择“图案”，则可在图案下拉列表中选择一个图案作为取样，效果类似于使用图案图章工具绘制图案。

（5）对齐。选择此项，会对像素进行连续取样，在修复过程中，取样点随修复位置的移动而变化；取消选择，则在修复过程中始终以一个取样点为起始点。

（6）样本。该选项可以用于设置从指定的图层中进行数据取样。如果要从当前图层及其下方的可见图层中取样，可以选择“当前和下方图层”；如果仅从当前图层中取样，可以选择“当前图层”；如果要从所有可见图层中取样，可以选择“所有图层”。如果单击右侧的“打开已在修复时忽略调整图层”按钮，可以忽略调整的图层。

5.1.1.6　使用红眼工具去除照片中的红眼

“红眼工具”可以去除用闪光灯拍摄的人物照片中的红眼，以及动物照片中的白色或绿色反光。其操作方法为：

（1）打开一个有红眼的人物图像文件，如图 5-29 所示，在工具箱中选择“红眼工具”，如图 5-30 所示。

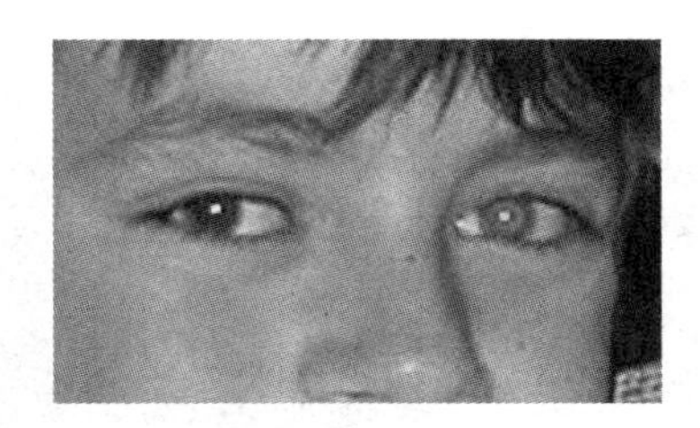

图 5-29 红眼人物图像

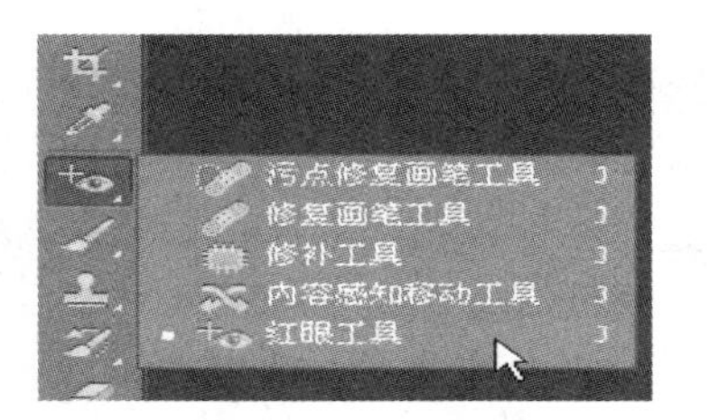

图 5-30 红眼工具

（2）将光标移动到红眼区域上，如图 5-31 所示，单击鼠标左键，即可校正红眼，如图 5-32 所示。

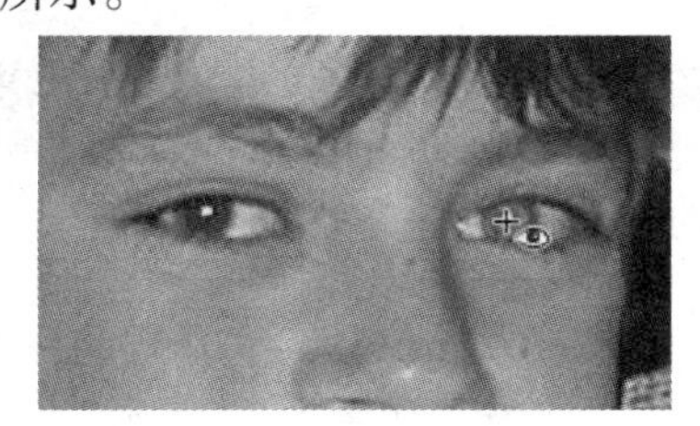

图 5-31 移动光标

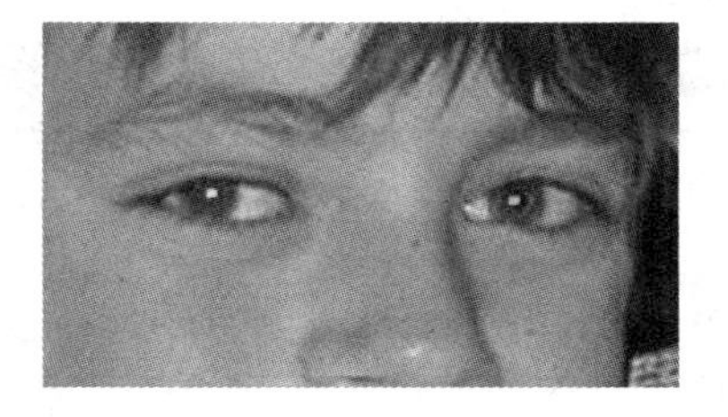

图 5-32 校正

（3）另一只眼睛也可以采用同样的方法校正。如果对结果不满意，可以执行“编辑>还原”命令还原，然后使用不同的“瞳孔大小”和“变暗量”设置再次尝试。

其中，瞳孔大小可设置瞳孔（眼睛暗色的中心）的大小；变暗量可设置去除红眼后的瞳孔颜色的变暗程度，值越大，颜色变得越深、越暗，值越小，瞳孔的颜色变得越灰。

5.1.1.7 使用历史记录画笔工具恢复局部色彩

“历史记录画笔工具”可以将图像恢复到编辑过程中的某一步骤状态，或者将部分图像恢复为原样。该工具需要配合“历史记录”面板一同使用，其操作方法为：

（1）打开一个图像文件，如图 5-33 所示，按下“Ctrl+J”组合键复制“背景”图层，如图 5-34 所示。

图 5-33 打开文件

图 5-34 复制背景

（2）执行“图像>调整>色相/饱和度”命令，调整图像的色相与饱和度，如图 5-35 所示。

图 5-35　调整色相/饱和度

(3) 执行“图像>调整>去色”命令，或者按下“Shift+Ctrl+U”组合键将图像去色，使它变成黑白图像，如图 5-36 所示。打开“历史记录”面板，如图 5-37 所示。

图 5-36　去色

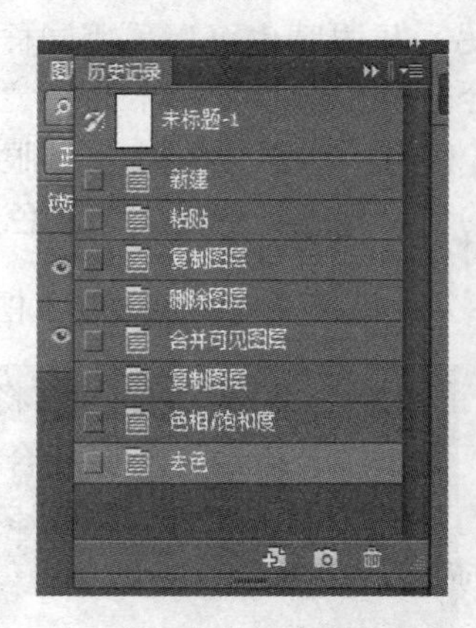

图 5-37　历史记录

编辑图像以后，想要将部分内容恢复到哪一个操作阶段的效果（或者恢复为原始图像），就在“历史记录”面板中该操作步骤前面单击，步骤前面就会显示历史记录画笔的“源”图标。这里在“通过拷贝的图层”前面单击鼠标左键，设置“源”图标，将内容恢复到该操作阶段。其操作方法为：

1) 在工具箱中选择“历史记录画笔工具”，如图 5-38 所示。

2) 在工具选项栏中选择笔触的大小和硬度。在图像窗口中涂抹，即可将其恢复到“通过拷贝的图层”时的状态，如图 5-39 所示。

(4) 将“源”图标设置在“色相/饱和度”前面。

图 5-38　历史记录画笔工具

图 5-39　恢复状态

（5）可以在工具选项栏中重新设置笔尖的大小和硬度，在图像窗口中继续涂抹，如图 5-40 所示。

图 5-40　涂抹

可以看到，涂抹的结果根据设置的“源”进行了改变。这样就可以使用“历史记录画笔工具”设置多个源，来绘制出混合的颜色效果了。

历史记录画笔工具的工具选项栏有以下选项：

（1）画笔预设 。该选择可以选择笔触的大小和硬度。点击可以打开“画笔预设”选取器。

（2）切换画笔面板：点击该按钮，可以打开“画笔”面板。

（3）模式：该选择可以设置涂抹时的像素与原来像素之间的混合模式。

（4）不透明度：该选择可以设置涂抹强度。不透明度值为100%时，将完全涂抹像素；透明度值较低时，可以涂抹部分像素。

（5）流量 流量：100%：该选择可以为工具指定流量的百分比。该值越高，工具的强度越大，效果越明显。

（6）喷枪：按下该按钮，可以开启喷枪功能。

5.1.2 照片润饰工具

5.1.2.1 模糊工具的使用方法

“模糊工具”可以柔化图像，减少图像细节，为图像创建局部的模糊效果。其使用方法为：

（1）首先，打开一个图像文件，如图5-41所示。

图5-41 打开图像

（2）在工具箱中选择“模糊工具”，如图5-42所示。

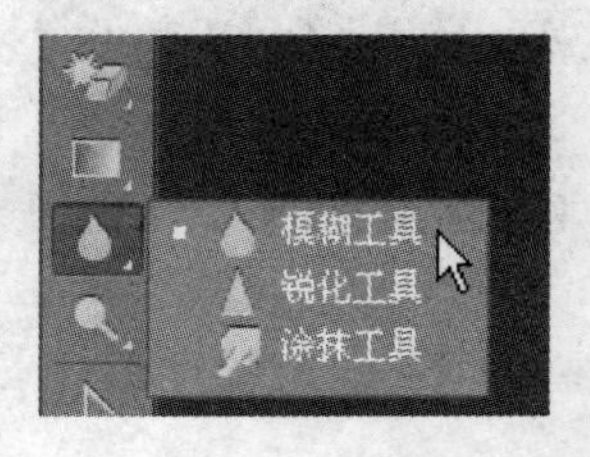

图5-42 选择模糊工具

（3）在工具选项栏中设置画笔的大小和硬度。在图像中要创建模糊效果的地方按下鼠标左键，不要松开，然后拖动鼠标，反复拖动，即可对图像进行模糊处理，如图5-43所示。

（4）使用“模糊工具”处理背景，能够使其变虚，以创建景深的效果。在使用“模糊工具”时，如果反复涂抹图像上的同一区域，会使该区域变得更加模糊。

图5-43 模糊处理

模糊工具的工具选项栏有以下选项：

1）画笔预设 。该选项可以选择一个笔触，画笔的大小决定了模糊区域的大小。点击 区域，可以打开“画笔预设”选取器。

2）切换画笔面板 。点击该按钮，可以打开“画笔”面板。

3）模式 。该选项在下拉列表中可以选择画笔笔迹与下面的像素的混合模式，然后在画面中涂抹，可以产生不一样的效果。

4）强度 。该选项可以设置描边的强度。强度越大，模糊的效果越明显。

5）对所有图层取样。如果文档中包含多个图层，选择该项，表示使用所有可见图层中的数据进行处理；取消该项，则只处理当前图层中的数据。

5.1.2.2 锐化工具的使用方法

“锐化工具” 可以增强图像中相邻像素之间的对比，提高图像的清晰度。其使用方法为：

（1）首先，打开一个图像文件，如图5-44所示。

（2）在工具箱中选择“锐化工具” ，如图5-45所示。

图5-44 打开图像

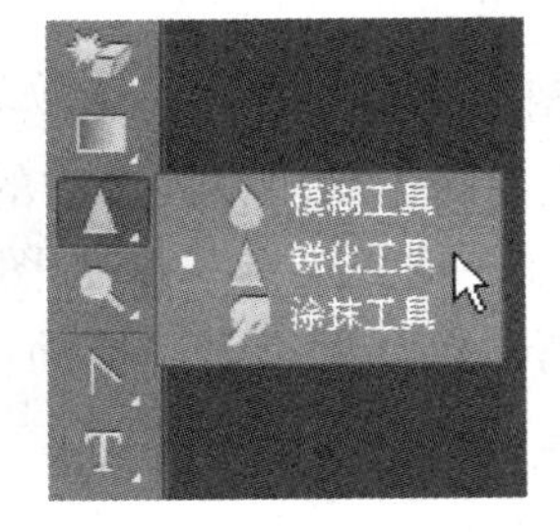

图5-45 选择锐化工具

（3）在工具选项栏中设置画笔的大小和硬度。在图像中要提高清晰度的地方按下鼠标左键，不要松开，然后拖动鼠标，反复涂抹，即可提高图像的清晰度。

（4）使用“锐化工具”处理前景，可以使其更加清晰。但是，反复涂抹同一区域，则会造成图像失真。锐化工具的工具选项栏与模糊工具的工具选项栏基本相同。

5.1.2.3 加深工具的使用方法

在传统的摄影技术中，摄影师调节照片特定区域的曝光度时，曝光的时间越长，光线就越强，照片中的某个区域就会变亮——减淡；曝光的时间越短，光线就越弱，照片中的某个区域就会变暗——加深。PS中的“加深工具”和“减淡工具”正是基于这种技术，来处理照片的曝光的。其使用方法为：

（1）首先，打开图像文件，如图5-46所示，在工具箱中选择“加深工具”，如图5-47所示。

图5-46 提高清晰度

图5-47 选择加深工具

（2）在工具选项栏中设置画笔的大小和硬度，在“范围”选项内选择“阴影”。在图像窗口中按下鼠标左键，不要松开，然后拖动鼠标，反复涂抹，即可使图像中的阴影部分变得更暗。

5.1.2.4 减淡工具的使用方法

减淡工具的使用方法为：

（1）在工具箱中选择“减淡工具”，如图5-48所示。

（2）在工具选项栏中设置画笔的大小和硬度，在“范围”选项内选择“阴影”。

（3）在图像窗口中按下鼠标左键，不要松开，然后拖动鼠标，反复涂抹，即可使图像中的阴影部分变得更亮。

（4）使用“减淡工具”在图像中拖动，可以减淡图像色彩，提高图像亮度，多次拖动可以加倍减淡图像色彩，提高图像亮度。

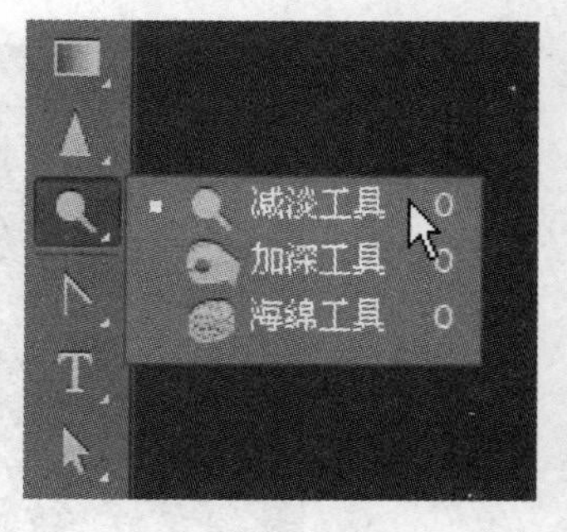

图5-48 减淡工具

5.1.2.5 涂抹工具的使用方法

使用“涂抹工具”涂抹图像时，可以拾取鼠标单击点的颜色，并沿拖移的方向展开这种颜色，模拟出类似于手指拖过湿油漆时的效果。其使用方法为：

（1）首先，打开一个图像文件，如图 5-49 所示。

图 5-49　打开图像

（2）在工具箱中选择“涂抹工具”，如图 5-50 所示。

图 5-50　涂抹工具

（3）在工具选项栏中设置画笔的大小和硬度。

（4）在图像窗口中按下鼠标左键，不要松开，然后拖动鼠标，即可模拟出类似于手指拖过湿油漆时的效果，如图 5-51 所示。

涂抹工具的工具选项栏，如图 5-52 所示。其包含以下选项：

（1）模式 模式: 正常 。该选项可以设置涂抹工具在使用时指定的模式与原来像素之间的混合模式的效果。

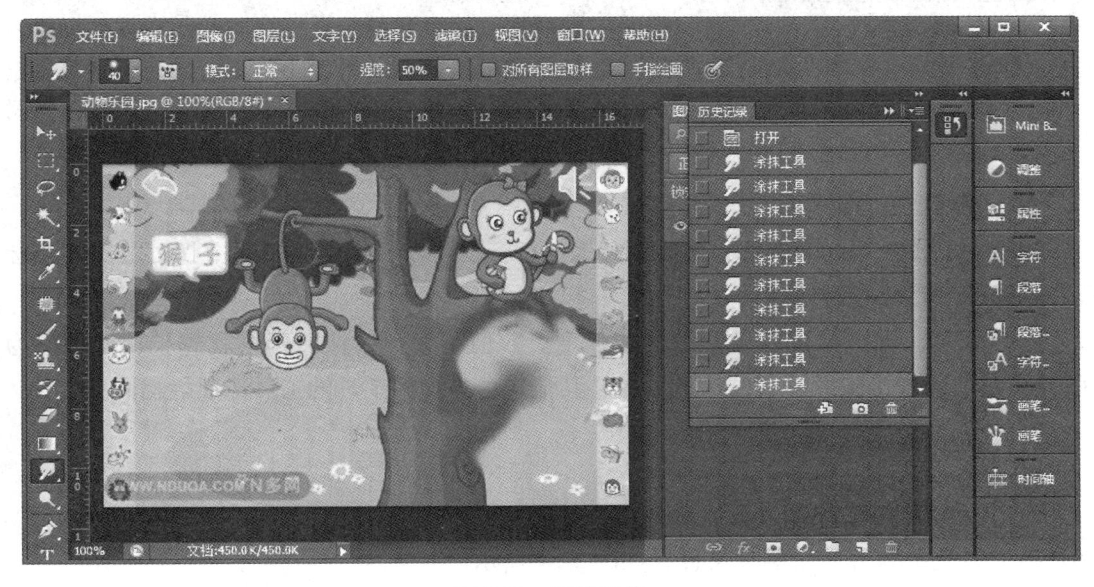

图 5-51　涂抹图像

图 5-52 涂抹工具选项栏

（2）手指绘画。选择该项，可以在涂抹时添加前景色，如图 5-53 所示。

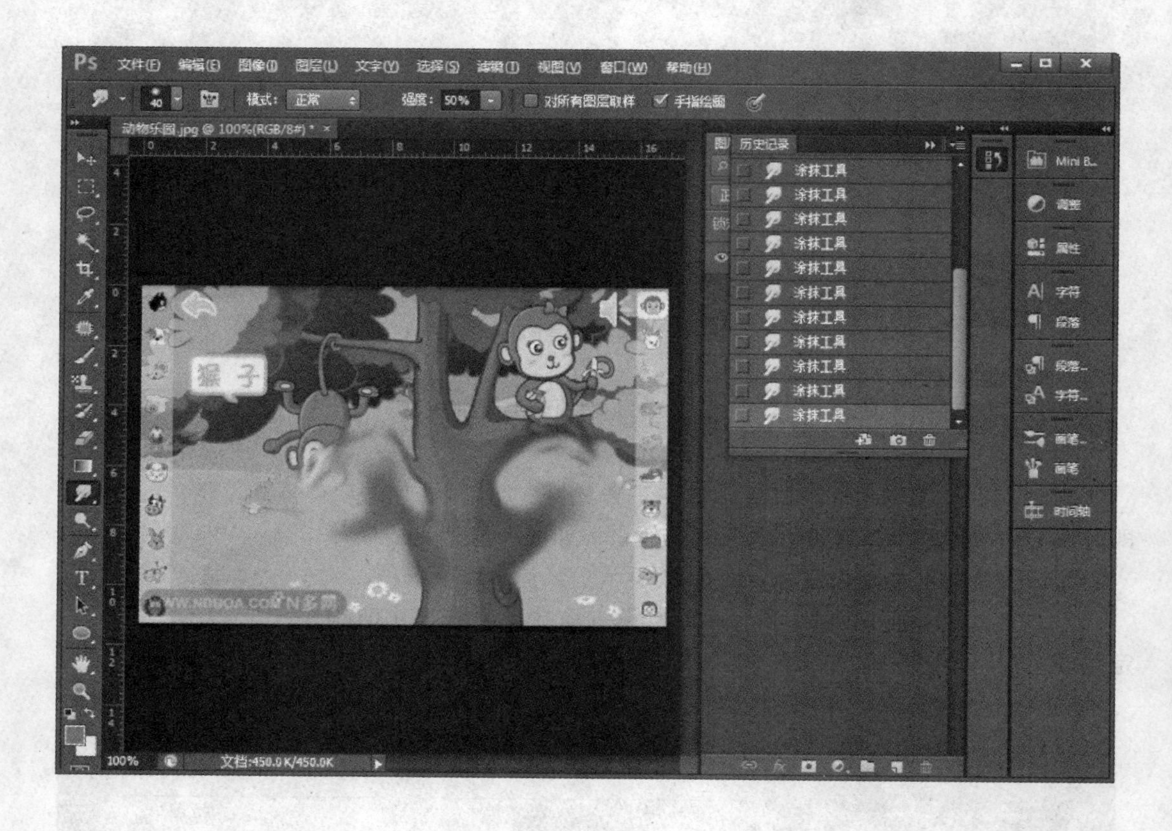

图 5-53 手指绘画

提示：前景色是什么颜色，就添加什么颜色。取消该项，则使用每个描边起点处光标所在位置的颜色进行涂抹。

（3）强度。该选项可以设置涂抹的强度。数值越大，涂抹的延续就越长，如果值为 100%，则可以直接连续不断的涂抹下去。其他选项与加深工具的工具选项栏相同。

5.1.2.6 海绵工具的使用方法

使用“海绵工具”可以修改色彩的饱和度。其使用方法为：

（1）首先，打开一个图像文件，如图 5-54 所示。

（2）在工具箱中选择“海绵工具”，如图 5-55 所示。

图5-54　打开图像

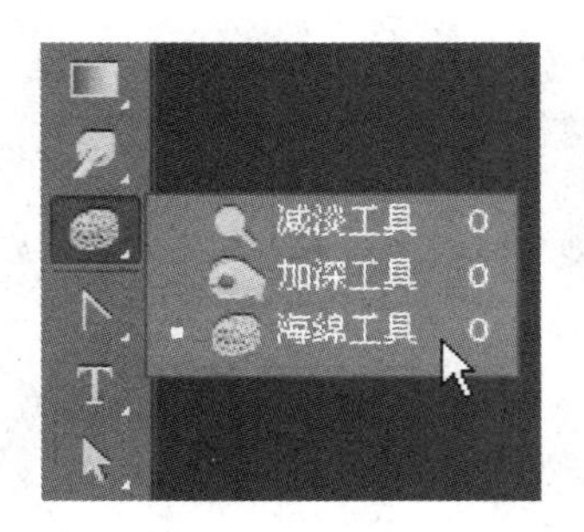

图5-55　海绵工具

(3) 在工具选项栏中设置画笔的大小和硬度，在“模式”中选择“降低饱和度”。在图像窗口中按下鼠标左键，不要松开，然后拖动鼠标进行涂抹，即可降低颜色的饱和度。

海绵工具的工具选项栏有以下选项：

(1) 画笔预设。该选项可以选择笔尖的大小和硬度。点击区域，可以打开“画笔预设”选取器。

(2) 切换画笔面板。点击该按钮，可以打开“画笔”面板。

(3) 模式。如果要增加色彩的饱和度，可以选择“饱和”，如图5-56和图5-57所示。如果要降低色彩的饱和度，可以选择“降低饱和度”，如图5-58所示。

图5-56　选择模式

图5-57　增加饱和度

图5-58　降低饱和度

(4) 流量流量：50%。该选项可以为海绵工具指定流量。该值越高，工具的强度越大，效果越明显。

(5) 喷枪：按下该按钮，可以开启喷枪功能。

(6) 自然饱和度：选择该项，可以在增加饱和度时，防止颜色过度饱和而出现溢色。

5.1.3　擦除工具

5.1.3.1　橡皮擦工具的使用方法

“橡皮擦工具”可以擦除图像。其使用方法为：

首先，打开一个图像文件，如图5-59所示。

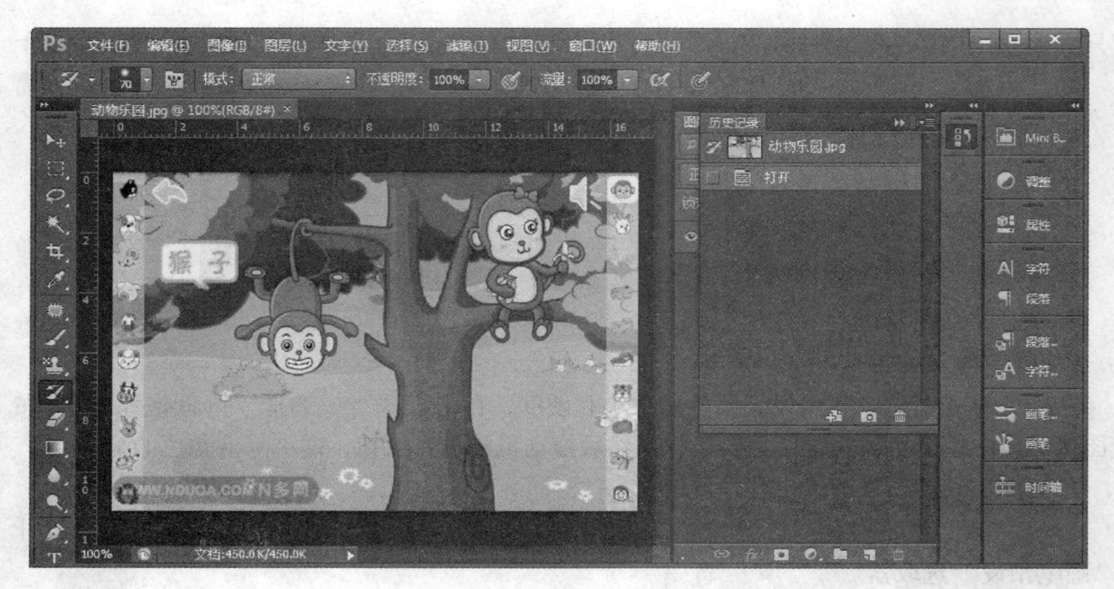

图 5-59　打开图像

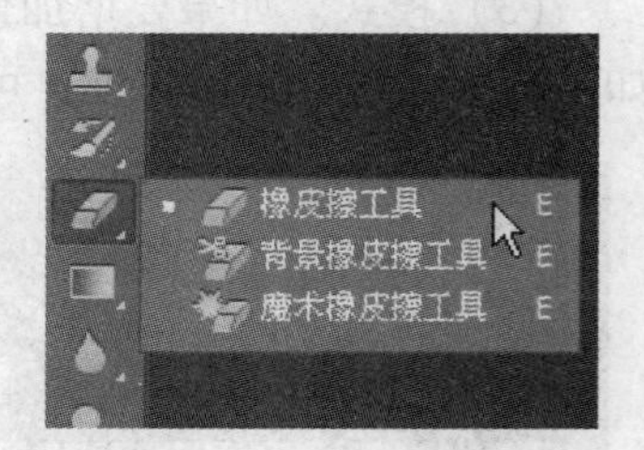

图 5-60　橡皮擦工具

然后，在工具箱中选择“橡皮擦工具”，如图 5-60 所示。

如果只是使用默认的画笔和属性，可以省略这一步，直接操作下一步。如果需要选择画笔或者设置画笔的属性，须先设置工具选项栏中的选项（见后面），然后再操作下一步。如果擦除的是“背景”图层或锁定了透明区域（按下“图层”面板中的按钮）的图层，涂抹以后的区域将会显示为背景色，设置背景色为白色。

使用“橡皮擦工具”涂抹以后的区域将会显示为白色，如图 5-61 所示。

图 5-61　涂抹后区域（白色）

如果设置背景色为红色，则涂抹以后的区域将会显示为红色，如图 5-62 所示。当然，也可以将背景色设置为其他颜色。使用“橡皮擦工具”时，如果处理的是其他图层，则可以擦除涂抹区域的像素，那么涂抹以后的区域就成了透明区域，如图 5-63 所示。

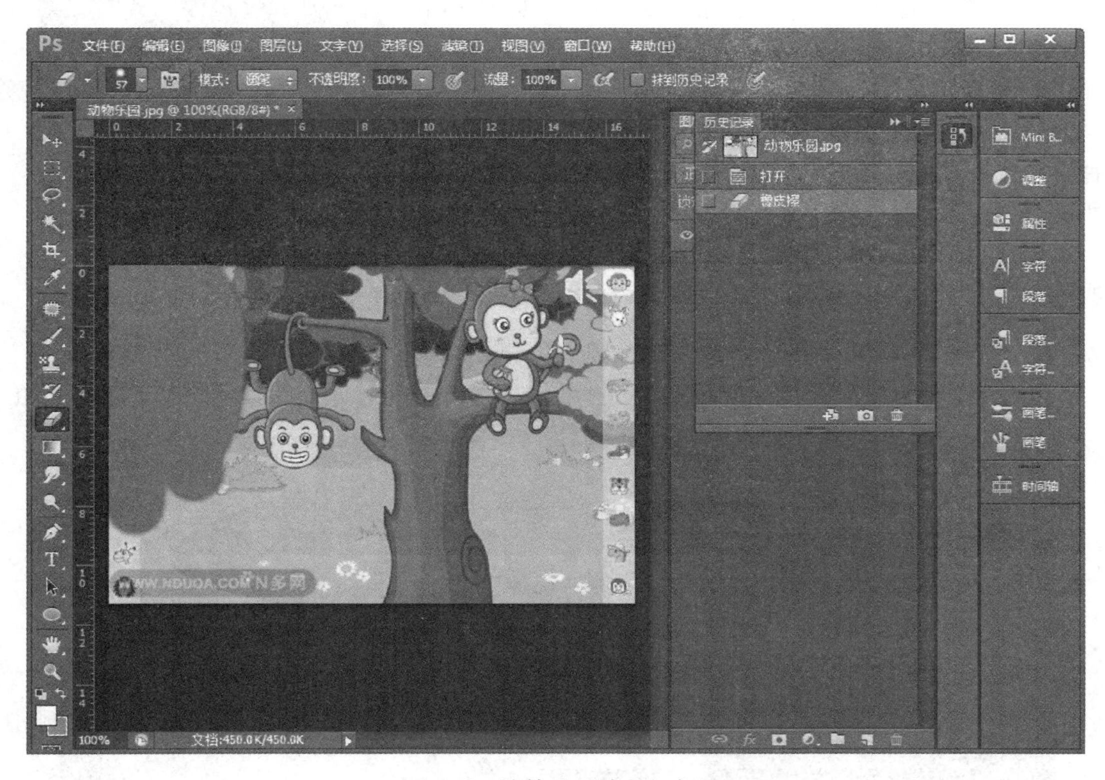

图 5-62　涂抹后区域（红色）

图 5-63　透明区域

橡皮擦工具的工具选项栏有以下选项：

（1）画笔预设。在工具选项栏中点击区域，可以打开“画笔预设”面板，如图 5-64 所示。

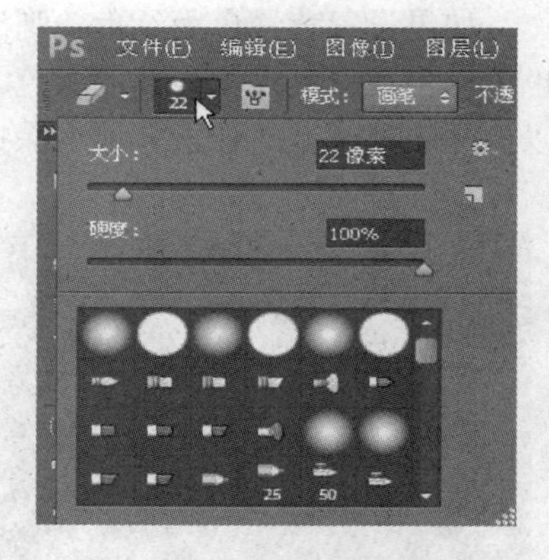

图 5-64　画笔预设

（2）切换画笔面板。点击该按钮，可以切换到“画笔”面板，如图 5-65 所示，或“画笔预设”面板，如图 5-66 所示。

（3）抹除模式。该选项可以选择橡皮擦的种类。选择“画笔”，可以创建柔边擦除效果，如图 5-67 所示。

选择“铅笔”，可以创建硬边擦除效果，如图 5-68 所示。

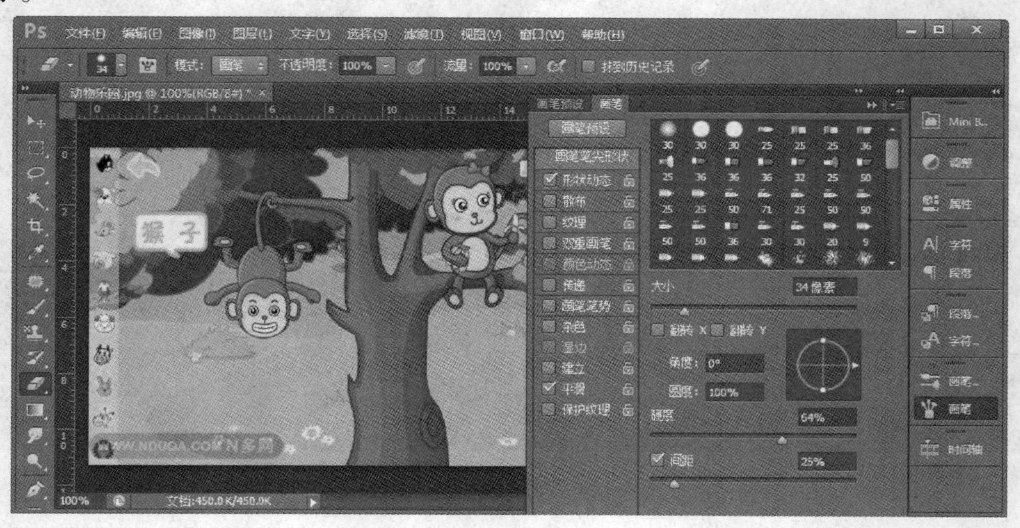

图 5-65　画笔面板

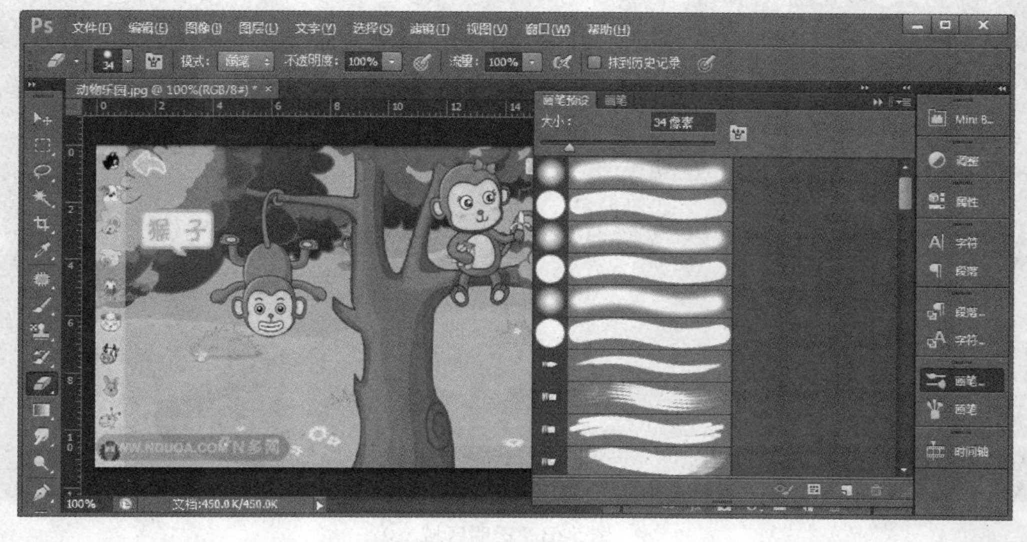

图 5-66　画笔预设面板

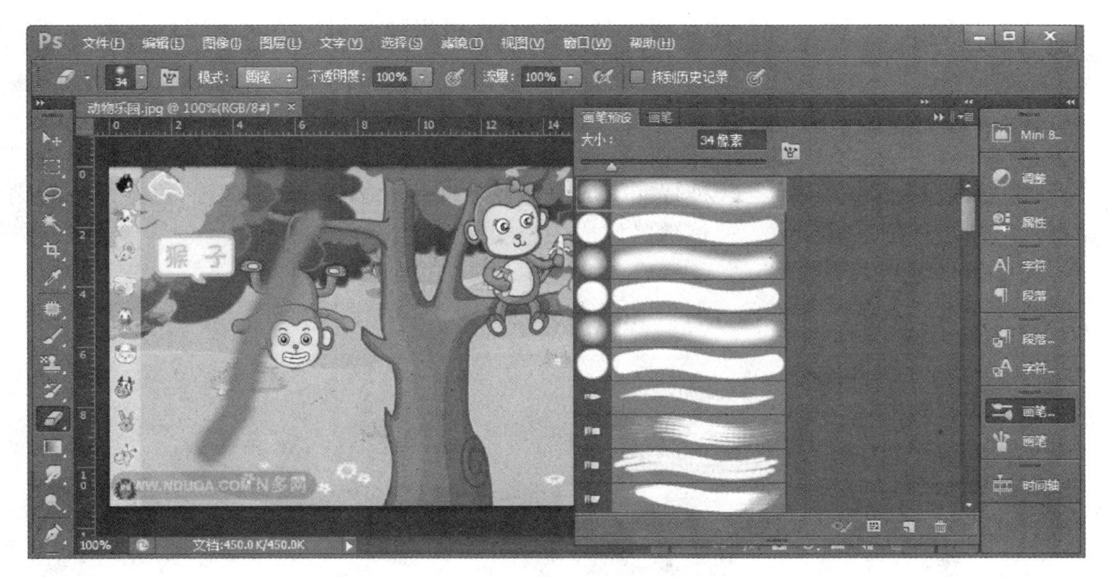

图 5-67　柔边擦除

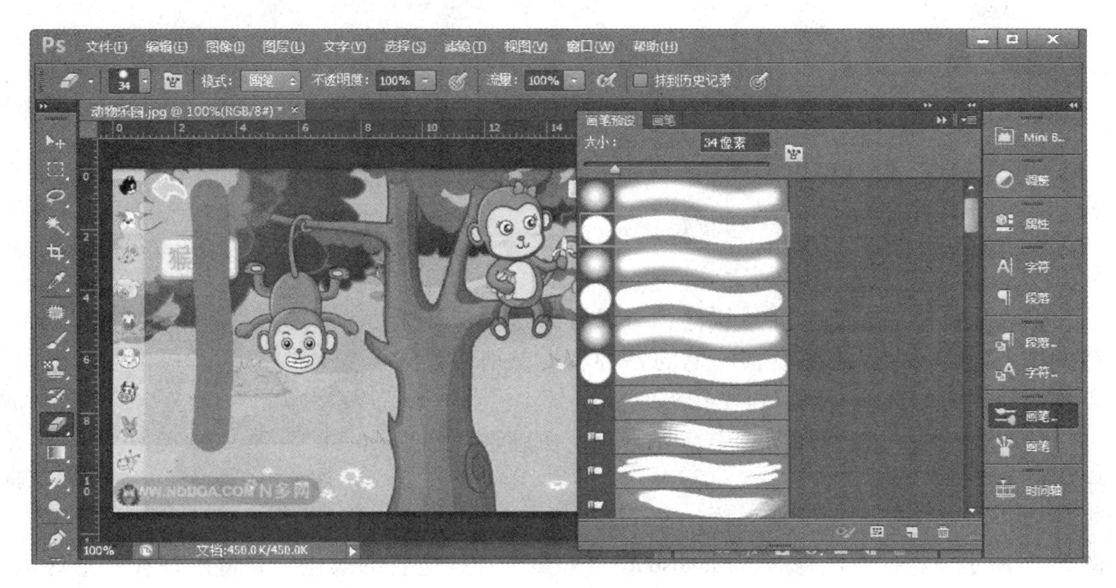

图 5-68　硬边擦除

（4）“块”。该选项可以创建块状擦除效果。

（5）不透明度。该选项可以设置工具的擦除强度。100%的不透明度可以完全擦除像素，较低的不透明度可以部分擦除像素。将“模式”设置为“块”时，则不能使用该选项。

（6）流量。该选项可以控制工具的涂抹速度。流量越大，涂抹的效果越明显。

（7）喷枪。按下该按钮，可以启用喷枪功能。Photoshop 会根据鼠标按键的单击时间来确定擦除线条的数量的多少，按下鼠标左键时，停留的时间越长，擦除的线条越多。

（8）抹到历史记录。与历史记录画笔工具的作用相同。勾选该选项以后，在“历史记录”面板选择一个状态或快照，在擦除时，可以将图像恢复为指定状态。

5.1.3.2 使用背景橡皮擦工具擦除背景

“背景橡皮擦工具” 是一种智能橡皮擦，它可以自动采集画笔中心的色样，同时删除在画笔内出现的这种颜色，使擦除区域成为透明区域。

其操作步骤为：

（1）首先，打开一个图像文件，如图5-69所示。

图5-69 打开图像

（2）在工具箱中选择“背景橡皮擦工具” ，如图5-70所示。

如果只是使用画笔的默认属性，可以省略这一步，直接操作下一步。如果需要设置画笔的各种属性，须先设置工具选项栏中的选项，然后再操作下一步。

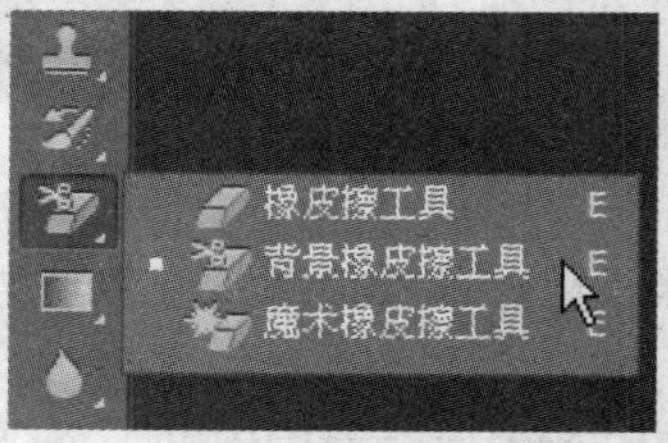

（3）将光标放在背景图片上，光标会变成圆形，圆形中心有一个十字线。

图5-70 背景橡皮擦工具

（4）单击鼠标左键，然后拖动鼠标即可擦除背景，如图5-71所示。在擦除图像时，Photoshop会采集十字线位置的颜色，并将出现在圆形区域内的类似颜色擦除。

注意：不要让十字线碰到动物，否则也会将其擦除。擦除操作完成以后，图像的效果如图5-72所示。

（5）不要关闭上面的效果图，再次打开一个背景文件，如图5-73所示。

（6）在工具箱中选择“移动工具” ，将去掉背景的动物拖入到该背景文件中，如图5-74所示。

5.1.3.3 使用魔术橡皮擦工具抠图

“魔术橡皮擦工具” 可以自动分析图像的边缘，然后快速去掉图像的背景，对于图

图 5-71　擦除背景

图 5-72　擦除后效果

图 5-73　打开背景文件

图 5-74 拖入人物

像的抠图来说，具有很好的效果。其操作步骤为：

（1）首先，打开一个图像文件，如图 5-75 所示，打开“图层”面板，如图 5-76 所示，按下“Ctrl+J”组合键复制“背景”图层，得到“图层 1”，然后将“背景”图层隐藏起来，如图 5-77 所示。

图 5-75 打开图像

图 5-76 图层面板

（2）在工具箱中选择“魔术橡皮擦工具”，如图 5-78 所示。

图 5-77 背景隐藏

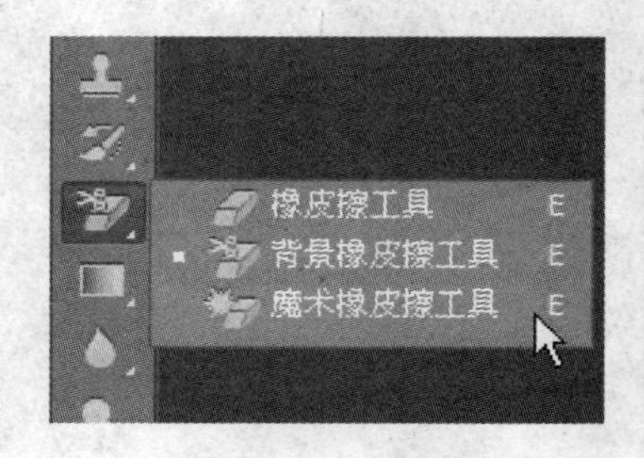

图 5-78 魔术橡皮擦工具

如果只设置使用默认的属性，可以省略这一步，直接操作下一步。如果需要设置工具的属性，须先设置工具选项栏中的选项（见后面），然后再操作下一步。

（3）可以先将工具选项栏中的“容差”设置为 32。在图像文件的背景上面单击，删除背景，如图 5-79 所示。

（4）此时，图像的腿部被删除掉了一部分。隐藏“图层 1”，然后选择“背景”图层，并将它显示出来，如图 5-80 所示。

图 5-79　容差设置

图 5-80　选择图层

（5）使用“多边形套索工具”或者其他创建选区的工具，在“背景”图层中将丢失的腿部图像选中，如图 5-81 所示。按下“Ctrl+J”组合键将选中的图像复制到一个新的图层中，比如复制到了“图层 2”中，如图 5-82 所示。

图 5-81　选择图像

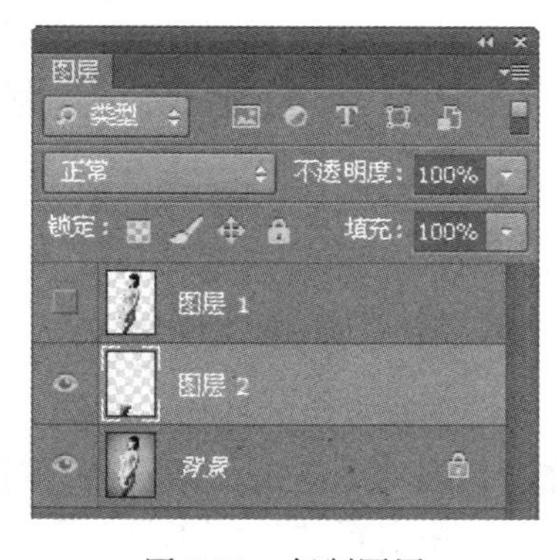

图 5-82　复制图层

如果有多处缺失的图像部分，就可以执行多次选中和复制的操作。按住“Ctrl”键，点击“图层 1”和“图层 2”，以便将它们全部选中，如图 5-83 所示。

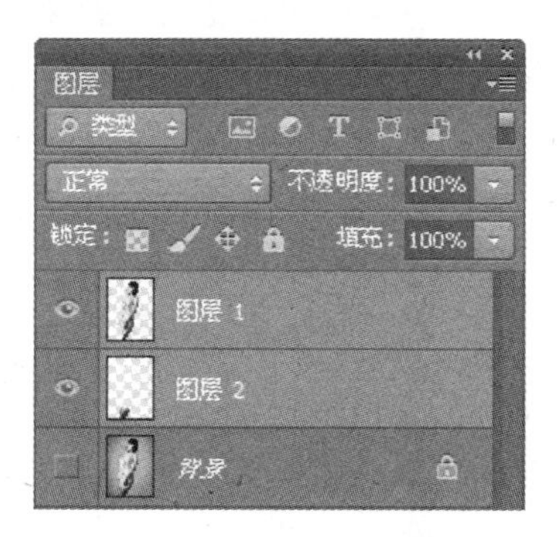

图 5-83　选中图层

注意： 将“背景”图层隐藏起来，然后将“图层 1”和“图层 2”显示出来。不要关闭上面制作的文件，再次打开一个新图像文件，如图 5-84 所示。

（6）在工具箱中选择“移动工具”，将去掉背景的人像拖入到该文件中，如图 5-85 所示。

选择“魔术橡皮擦工具”以后，也会相应地打开相关工具选项栏。魔术橡皮擦工具的工具选项栏包含以下选项：

（1）容差。该选项可以设置可擦除的颜色范围。该数值越小，擦除颜色值范围内与单击点像素非常相似的像素就越少；该数值越大，所擦除的像素就越多。

图 5-84 打开新图像

图 5-85 拖入新文件

（2）消除锯齿。该选项可以使擦除区域的边缘变得平滑。

（3）连续。该选项可以只擦除与单击点像素邻近的像素；取消该项时，可擦除图像中所有相似的像素。

（4）对所有图层取样。该选项可以对所有可见图层中的组合数据采集抹除色样。

（5）不透明度。该选项可以设置擦除强度。不透明度值为 100% 时，将完全擦除像素；透明度值较低时，可以擦除部分像素。

任务 5.2 路径与矢量工具

5.2.1 钢笔工具组

5.2.1.1 使用钢笔工具绘制直线

使用钢笔工具绘制直线的操作步骤为：

（1）首先，新建一个空白文档，在文档窗口中设置好网格，如图 5-86 所示。

（2）在工具箱中选择“钢笔工具”，如图 5-87 所示。

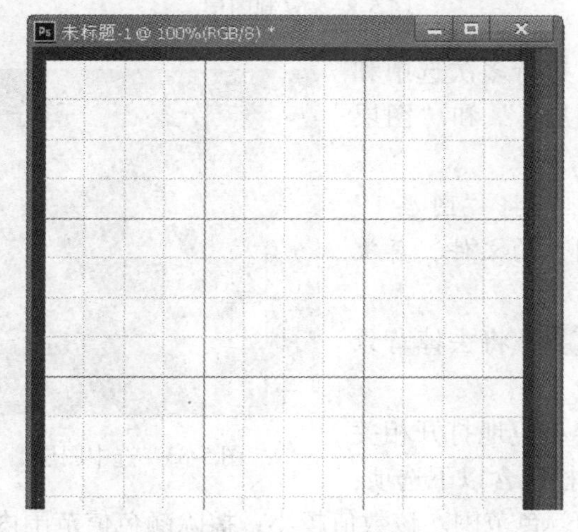

图 5-86 新建文档

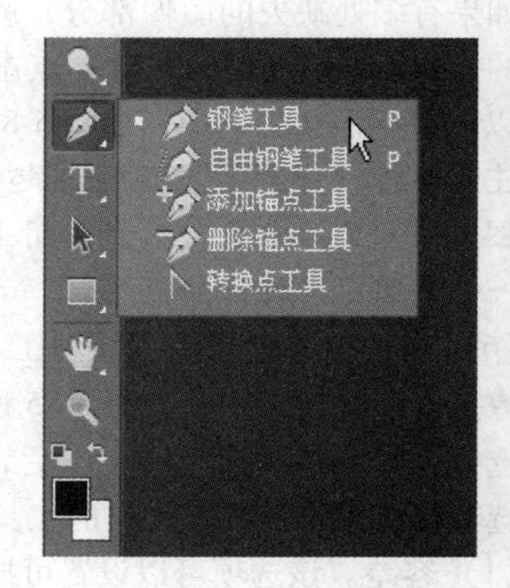

图 5-87 钢笔工具

（3）将光标移动到窗口中，光标变成✎*的形状，在合适的位置单击鼠标左键，即可创建第 1 个锚点，也就是路径的起点。松开鼠标左键，将光标移动到下一个位置继续单击，即可创建第 2 个锚点，两个锚点之间会以直线连接起来。以同样的方法，在其他区域单击可继续绘制直线路径，如图 5-88 所示。

（4）如果要闭合路径，可以将光标移动到路径的起点上，当光标变成✎。的形状时（见图 5-89），单击鼠标左键，即可闭合路径。然后隐藏网格，所得到的效果图如图 5-90 所示。

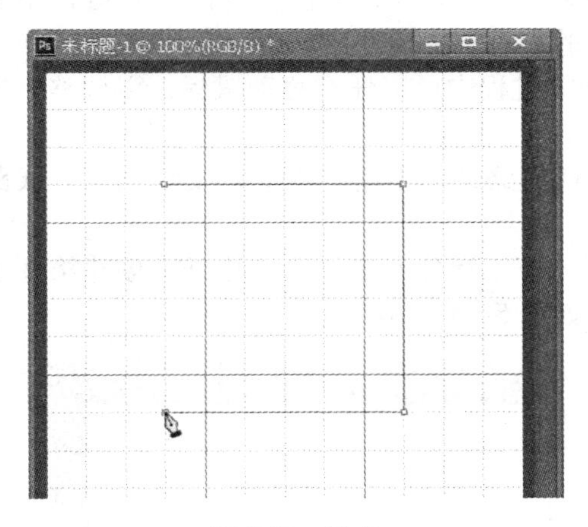

图 5-88　锚点

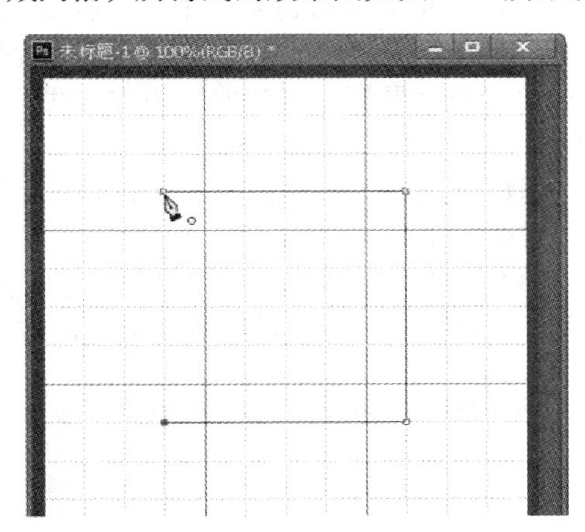

图 5-89　闭合路径

（5）如果要结束路径的绘制，使它处于开放式的状态，也就是非闭合的状态，可以按住“Ctrl”键，使光标变成↖的形状，然后在画面中路径以外的空白处单击鼠标左键，或者单击其他工具，或者按下“Esc”键，都可以结束路径的绘制。如果选择一个开放式路径，将光标移动到该路径的一个端点上，当光标变成✎。的形状时（见图 5-91），单击鼠标左键，然后便可以继续绘制该路径；如果在绘制路径的过程中，将钢笔工具移动到另外一条开放式路径的端点上，当光标变成✎。的形状时，单击鼠标左键，可以将这两段开放式路径连接成为一条路径。

图 5-90　隐藏网格

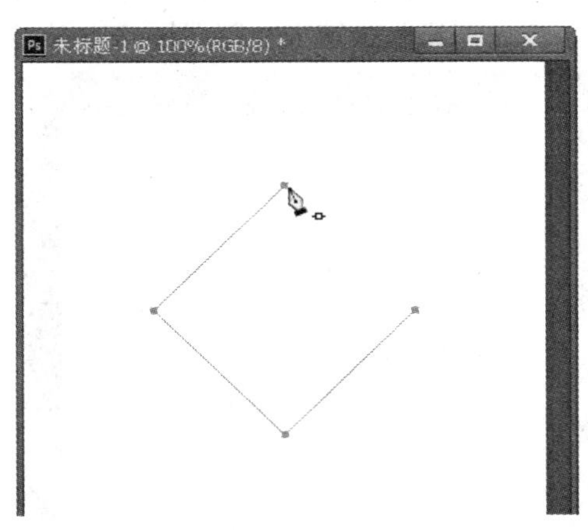

图 5-91　结束路径

提示：按住“Ctrl”键，然后将光标移动到锚点上，单击鼠标左键并拖动，可以改变锚点的位置；将光标移动到路径的线段上，单击鼠标左键并拖动，可以改变线段的位置。如果要绘制水平、垂直或者以45°角为增量的直线，可以按住“Shift”键操作。

5.2.1.2 使用钢笔工具绘制曲线

使用钢笔工具绘制曲线的操作步骤为：

（1）在工具箱中选择“钢笔工具”，在工具选项栏中选择工具模式为“路径”。

（2）将光标移动到窗口中，光标变成的形状，在适当的位置按下鼠标左键，不要松开，即可创建曲线的第1个锚点，也就是路径的起点。

（3）拖动鼠标，创建曲线的方向线。在拖动的过程中可以任意移动鼠标，以调整方向线的长度和方向，如图5-92所示。

调整锚点的方向线，可以影响下一个锚点生成的路径的走向。因此，要绘制好曲线路径，需要控制好方向线。

（4）松开鼠标左键，寻找下一个锚点的位置，按下鼠标左键，不要松开，创建第2个锚点。然后拖动鼠标，继续创建曲线的方向线，如图5-93所示。

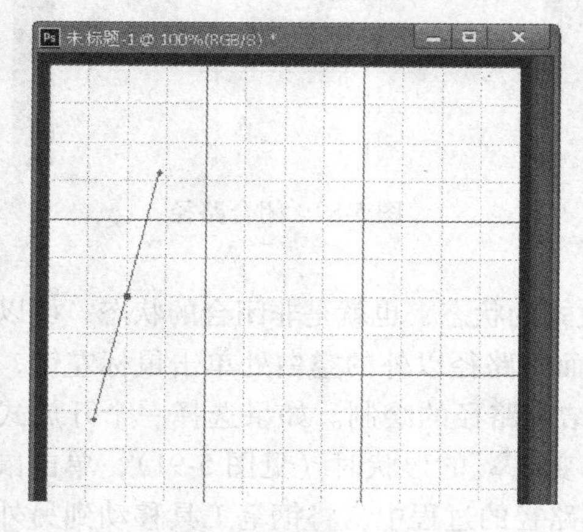

图5-92 创建方向线

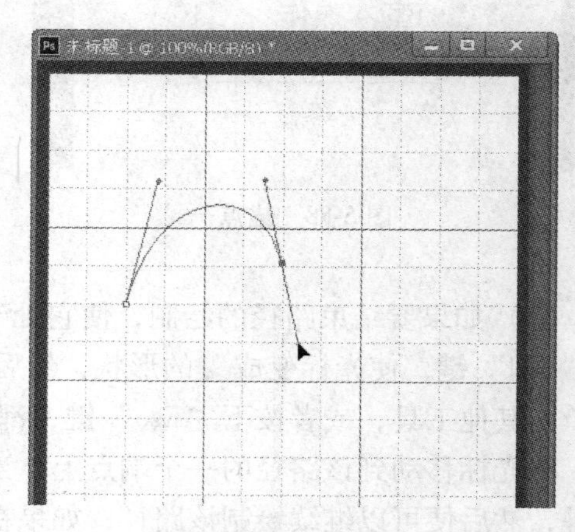

图5-93 调整方向线

（5）松开鼠标左键，再在合适的位置创建第3个锚点，如图5-94所示。

（6）创建曲线结束，隐藏网格。最终效果如图5-95所示。

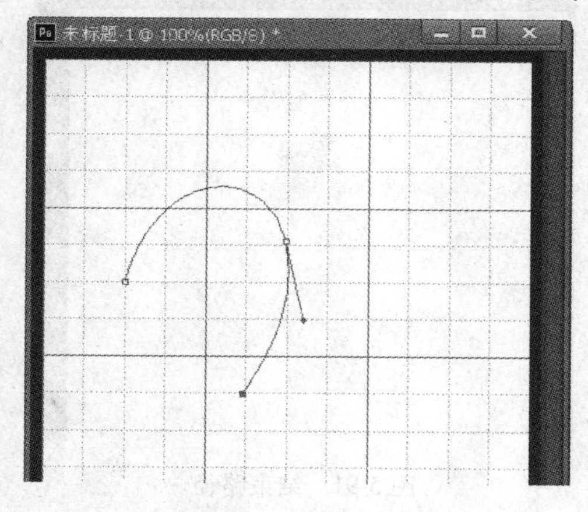

图5-94 创建锚点

图5-95 效果

提示：在工具箱中选择“钢笔工具”以后，在工具选项栏中点击按钮，打开下拉面板，勾选“橡皮带”选项。这样，在绘制路径时，可以预先看到将要创建的路径段，从而判断出路径的走向。

5.2.1.3 自由钢笔工具

自由钢笔工具可以绘制比较随意的图形，它的使用方法与套索工具非常相似。选择该工具后，在画面中单击并拖动鼠标即可绘制路径。路径的形状为光标运行的轨迹，Photoshop 会自动为路径添加锚点。

提示：在工具箱中选择“自由钢笔工具”，然后在工具选项栏中勾选“磁性的”复选框。此时，“自由钢笔工具”就转换为了“磁性钢笔工具”。磁性钢笔工具的最大作用是用来选择图形对象。它与磁性套索工具非常相似，在使用时，只需在对象边缘单击，然后放开鼠标按键，沿边缘拖动即可创建路径。

5.2.2 路径的基本操作

5.2.2.1 调整路径形状

在曲线路径段上，每个锚点都包含一条或两条方向线，方向线的端点是方向点，如图 5-96 所示。

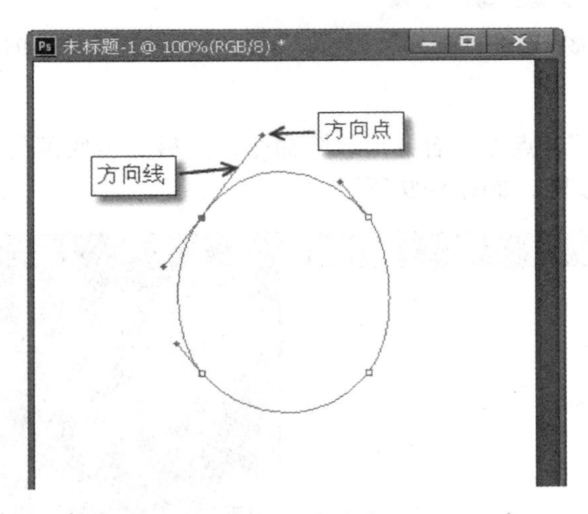

图 5-96 方向点

移动方向点能够调整方向线的长度和方向，从而可以改变曲线的形状。直接选择工具和转换点工具都可以调整方向线。

使用直接选择工具拖动平滑点上的方向线时，方向线始终保持为一条直线状态，锚点两侧的路径段都会发生改变；使用转换点工具拖动方向线时，则可以单独调整平滑点任意一侧的方向线，而不会影响到另外一侧的方向线和同侧的路径段。

如果某一个平滑点已经使用转换点工具调整了方向线，不论是使用直接选择工具，还是使用转换点工具来调整方向线，都只能单独调整平滑点任意一侧的方向线，而不会影响到另外一侧的方向线和同侧的路径段。

提示：使用钢笔工具时，按住“Ctrl”键单击路径可以显示锚点，单击锚点则可以选择锚点，按住“Ctrl”键拖动方向点可以调整方向线。

5.2.2.2 组合路径

使用钢笔工具或形状工具创建多个子路径时，或者使用路径选择工具选择两个或两个以上的路径时，可以在工具选项栏中按下“路径操作”按钮，在弹出的子列表中选择相应的命令进行操作，以确定子路径的重叠区域会产生怎样的交叉结果，如图5-97所示。其操作方法为：首先选择要组合的路径，如图5-98所示，绘制正方形路径，然后再绘制多边形路径，并选择。

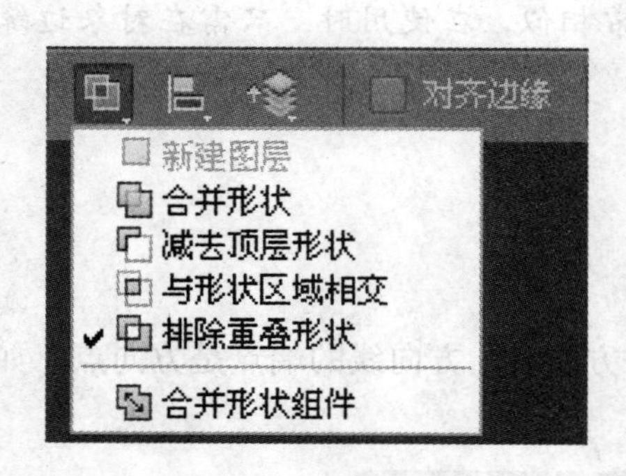

图5-97 路径操作

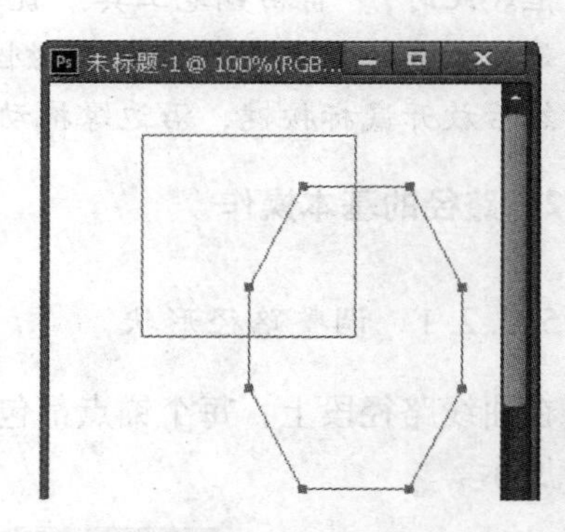

图5-98 组合路径

A 合并形状

在图5-98的状态下，点击“合并形状”命令，然后点击底部的“合并形状组件”命令，即可合并路径的形状，如图5-99所示。

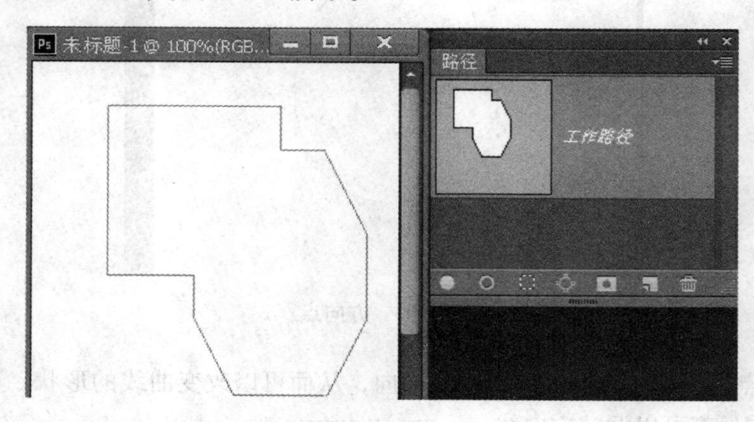

图5-99 合并形状

B 减去顶层形状

在图5-98的状态下，点击“减去顶层形状”命令，然后点击“合并形状组件”命令，即可从先绘制的路径中减去新绘制的路径，从而得到一个新的路径形状，如图5-100所示。

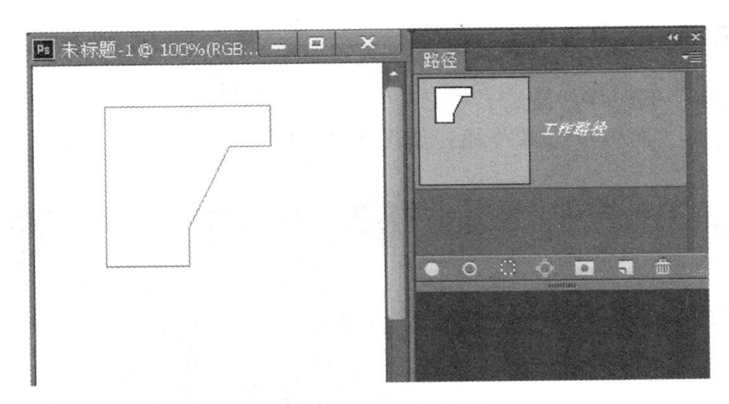

图 5-100　减去顶层形状

C　与形状区域相交

在图 5-98 的状态下，点击“与形状区域相交”命令，然后点击“合并形状组件”命令，即可得到两个路径相交叉部分的区域的路径形状，如图 5-101 所示。

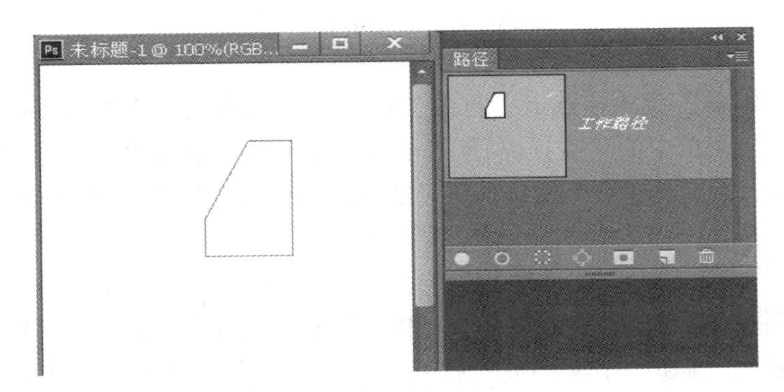

图 5-101　与形状区域相交

D　排除重叠形状

在图 5-98 的状态下，点击“排除重叠形状”命令，然后点击“合并形状组件”命令，即可得到两个路径中排除掉重叠区域以后的路径的形状，如图 5-102 所示。

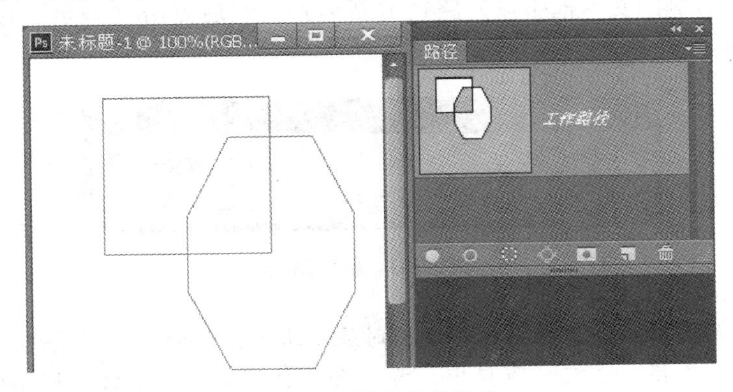

图 5-102　排除重叠形状

5.2.2.3 路径的变换操作

路径的变换操作的操作步骤为：

（1）在“路径”面板中选择路径，如图 5-103 所示。

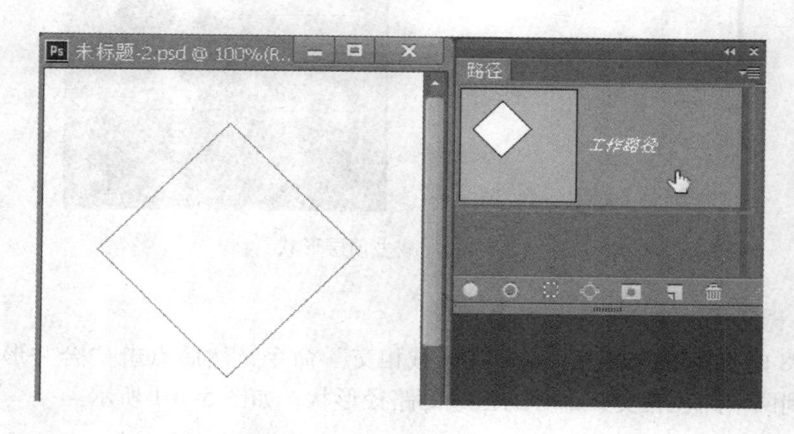

图 5-103 路径面板

（2）选择“编辑”菜单，点击“自由变换路径”命令（Ctrl+T），可以显示变换框。或者选择“编辑”菜单中的“变换路径”，在子菜单中选择相关命令对路径进行缩放、旋转、斜切、扭曲、透视或变形等操作。路径的变换操作方法与图像的变换操作方法相同。

5.2.2.4 新建路径

如果要在不同的路径层中绘制路径，可以创建新的路径层，以放置不同的路径。

其操作方法为：新建一个文档或者打开一个文档，点击“路径”面板底部的“创建新路径”按钮，即可创建一个新的路径层。创建了新的路径层以后，就可以在窗口中绘制路径了。使用这种方法创建的路径，它的名称是系统自动命名的。

如果在新建路径时，需要设置路径的名称，可以按住“Alt”键，然后点击“创建新路径”按钮。在“路径”面板菜单中点击“新建路径”命令。打开“新建路径”对话框，在“名称”右侧的文本框中输入路径的新名称，然后点击“确定”按钮即可，如图 5-104 所示。

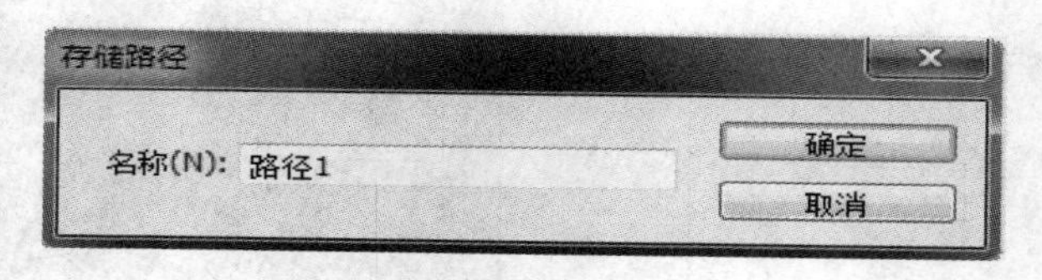

图 5-104 新建路径

提示：位于不同路径层上的路径不会同时显示出来，只会显示当前选择的路径层上的路径。不管路径是否显示在文档窗口中，都不会被打印出来，它就像网格和辅助线一样，只起到辅助作图的作用，对图像的实际内容不会有任何的影响。

5.2.3　形状工具组

使用 Photoshop CS6 的形状工具创建的是路径图层，它不同于普通图层，它不但包含了普通图层的所有功能，而且还包含了路径层的所有功能。因此，使用形状工具绘制出来的图形、图像或图标等，可以放置在图片上，可以任意地变换、删除、放大、缩小以及添加各种图层样式等。不论进行任何操作，图像都不会变得模糊，而是依然保持了相同的清晰度。

当选择了矩形工具、圆角矩形工具、椭圆工具、多边形工具、直线工具或者自定形状工具等其中的任一种形状工具时，都可以在工具选项栏中选择一种绘图模式，如图 5-105 所示。

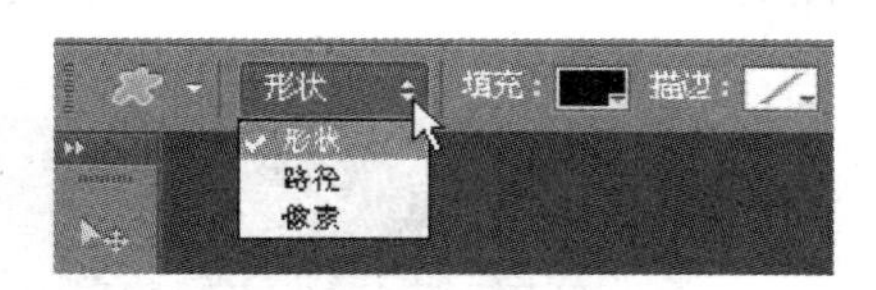

图 5-105　绘图模式

工具选项栏包含以下选项：

（1）形状。该选项是系统默认模式。可以在“图层”和“路径”面板中同时进行操作。

（2）路径。该选项只能在“路径”面板中进行操作。

（3）像素。该选项只能在“图层”面板中进行操作。

5.2.3.1　矩形工具

使用“矩形工具”可以绘制矩形。其使用方法为：

（1）选择好“矩形工具”以后，设置好工具选项栏属性，在文档窗口中按下鼠标左键，不要松开，拖动鼠标，即可创建任意大小的矩形，如图 5-106 所示。

（2）按住“Shift”键以后，再拖动鼠标，可以创建一个正方形。

图 5-106　创建矩形

如图 5-106 所示，工具栏中包含以下选项：

（1）设置形状填充类型填充：。该选项可以设置图形形状填充的颜色或类型。点击“填充”右侧的黑色方块，弹出一个下拉列表，如图 5-107 所示。其中，上部依次是无颜色、纯色、渐变和图案等。根据不同的需要点击相关的按钮即可。

（2）设置形状描边类型![描边]。该选项可以设置形状描边的颜色或类型，与“设置形状填充类型”相同。

（3）设置形状描边宽度![0点]。该选项可以设置形状描边的宽度。可以在文本框中直接输入一个数值，也可以点击按钮![]，在弹出的![]中，左右拖动滑块，选择一个合适的点数。

（4）设置形状描边类型![]。该选项可以设置形状描边时要使用的线条类型。点击右侧的向下箭头，可以打开“描边选项”列表，如图 5-108 所示。

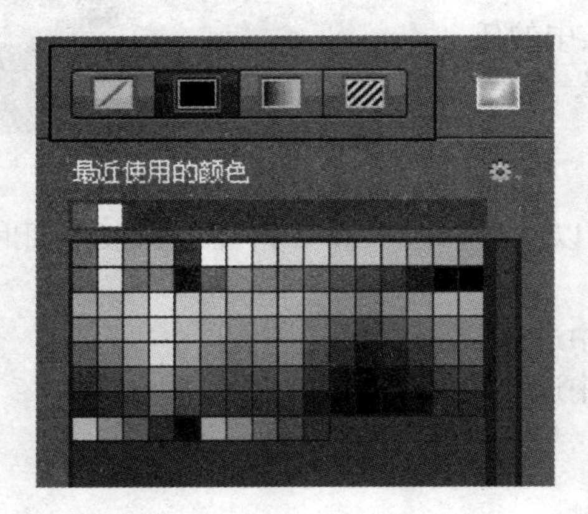

图 5-107 下拉列表

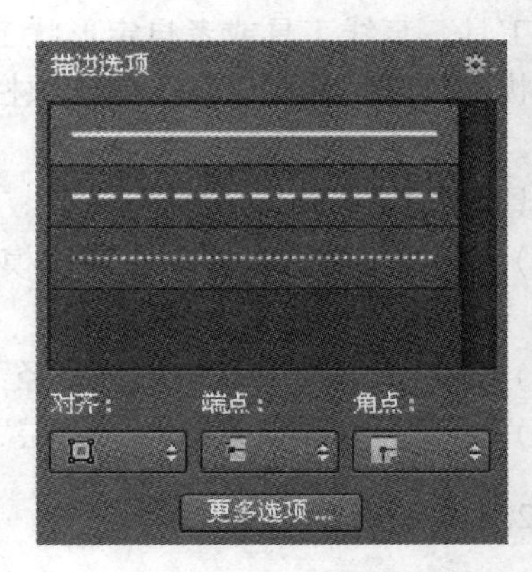

图 5-108 描边选项

5.2.3.2 圆角矩形工具

使用“圆角矩形工具”![]可以创建圆角矩形或者圆角正方形。

其使用方法为：在文档窗口中按下鼠标左键，不要松开，拖动鼠标，即可创建一个圆角矩形，如图 5-109 所示。然后按住“Shift”键以后，再拖动鼠标，可以创建一个圆角正方形。

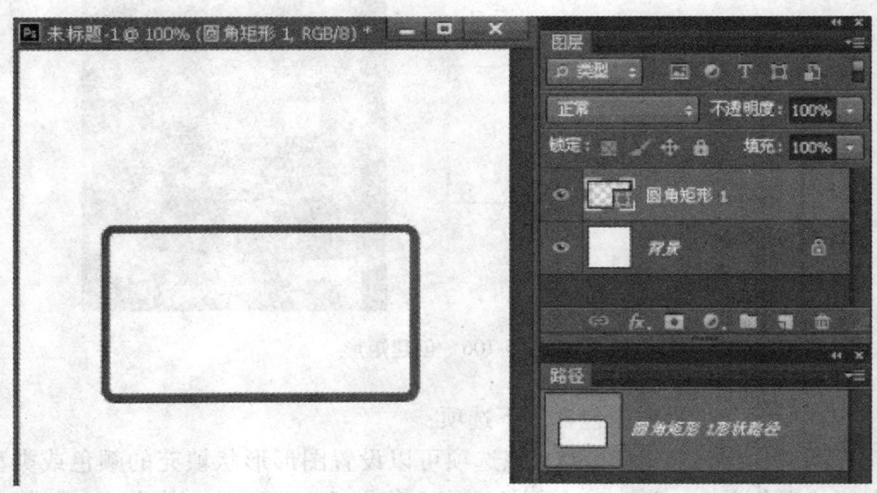

图 5-109 创建圆角矩形

圆角矩形工具的工具选项栏与矩形工具的工具选项栏相比，多了一个“设置圆角的半径”选项。该选项可以用于设置矩形的圆角半径，值越大，圆角就越大。

5.2.3.3　椭圆工具

使用“椭圆工具”可以创建椭圆形或者圆形。

其使用方法为：在文档窗口中按下鼠标左键，不要松开，拖动鼠标，即可创建一个椭圆形，如图 5-110 所示。按住“Shift”键以后，再拖动鼠标，可以创建一个圆形。

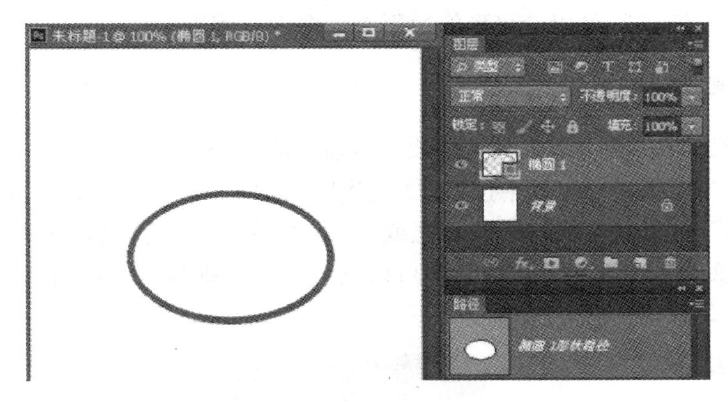

图 5-110　创建椭圆形

椭圆工具的工具选项栏与矩形工具的工具选项栏基本相同，因此可以创建不受约束的椭圆和圆形，也可以创建固定大小和固定比例的图形。

5.2.3.4　多边形工具

使用“多边形工具”可以创建多边形和星形。

其使用方法为：在文档窗口中按下鼠标左键，不要松开，拖动鼠标，即可创建一个多边形，如图 5-111 所示。选择“多边形工具”以后，首先要在工具选项栏中的“设置边数（或星形的顶点数）”边: 5 的文本框中输入多边形的边数或者星形的顶点数，范围为 3～100；然后点击按钮，打开一个下拉面板，如图 5-112 所示。

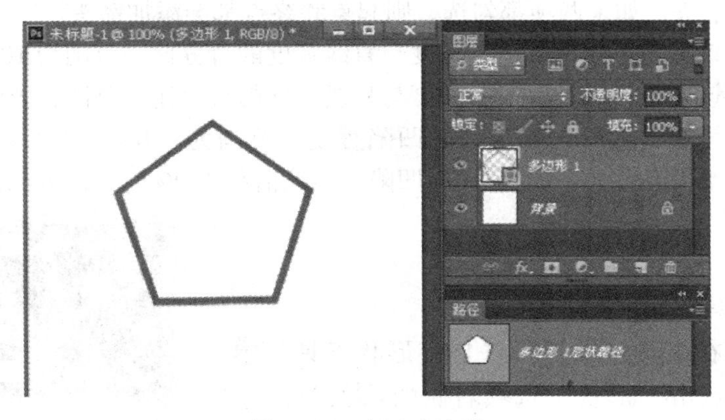

图 5-111　创建多边形

下拉面板包含以下选项：

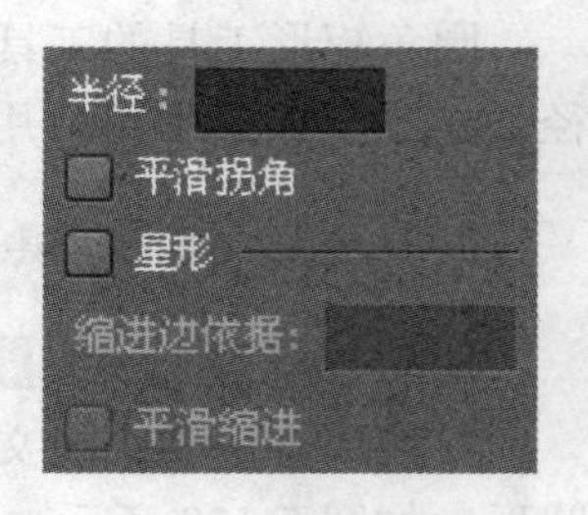

图 5-112 下拉面板

（1）半径。该选项可以设置多边形或星形的半径长度，此后单击并拖动鼠标时将创建指定半径值的多边形或星形。

（2）平滑拐角。该选项可以创建具有平滑拐角的多边形和星形。

（3）星形。勾选该项可以创建星形。在“缩进边依据”文本框中可以设置星形边缘向中心缩进的数量，该值越大，缩进量越大。勾选“平滑缩进”可以使星形的边平滑地向中心缩进。

5.2.3.5 直线工具

使用“直线工具”可以创建直线或带有箭头的线段。

其使用方法为：在文档窗口中按下鼠标左键，不要松开，拖动鼠标，即可创建一条直线。按住“Shift”键可以创建水平、垂直或以 45°角为增量的直线，如图 5-113 所示。在“粗细”右侧的文本框中输入像素值，即可设置线条的粗细程度。点击按钮，打开一个下拉面板。如图 5-114 所示。

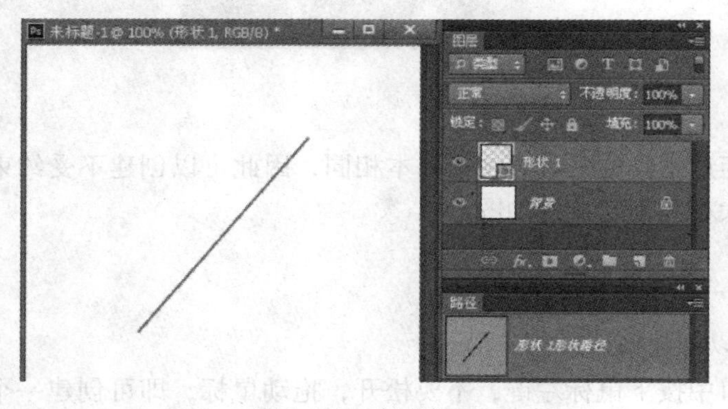

图 5-113 文档窗口

图 5-114 下拉面板

下拉面板包含以下选项：

（1）起点/终点。勾选“起点”，可以在直线的起点添加箭头；勾选“终点”，可以在直线的终点添加箭头。如果两项都勾选，则起点和终点都会添加箭头。

（2）宽度：该选项可以设置箭头宽度与直线宽度的百分比，范围为 10%～1000%。

（3）长度：该选项可以设置箭头长度与直线宽度的百分比，范围为 10%～5000%。

（4）凹度：该选项可以设置箭头的凹陷程度，范围为－50%～50%。当该值为 0 时，箭头尾部平齐；当该值大于 0%时，向内凹陷；当该值小于 0%时，向外凸出。

5.2.3.6 自定形状工具

自定形状工具的使用方法为：

（1）首先，在工具箱中选择“自定形状工具”，在工具选项栏中点击“形状”选项右侧的按钮，打开形状下拉面板。如图 5-115 所示。

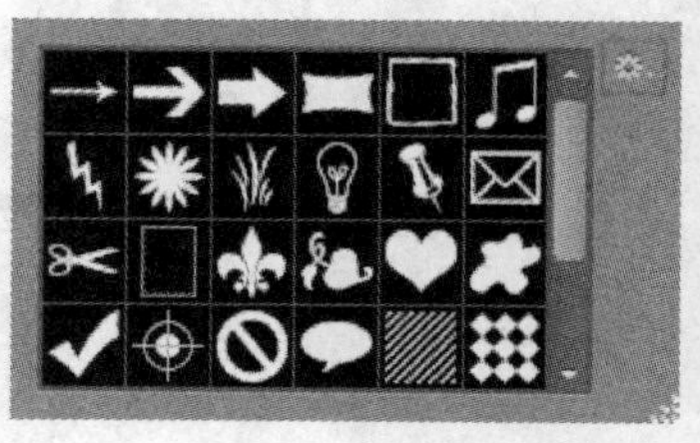
图 5-115 下拉面板

（2）点击面板右上角的按钮，打开面板菜单，如图 5-116 所示。菜单底部是 Photoshop 提供的自定义形状，包括动物、箭头、艺术纹理或横幅和奖品等。

（3）在面板菜单中点击“全部”命令，将会弹出一个提示对话框。点击“确定”按钮，载入的形状将会替换面板中原有的形状；点击“追加”按钮，则可在原有形状的基础上添加载入的形状。

如图 5-116 所示，面板菜单中有以下选项：

（1）复位形状。在面板菜单中点击“复位形状”命令，将会弹出一个 Photoshop 提示对话框。点击“确定”按钮，即可将面板恢复为默认的形状。

（2）载入形状。点击“载入形状”命令，将打开“载入”对话框。形状文件都是扩展名为 . CSH 的文件。如果对话框中有 . CSH 文件，选择它，然后点击右下角的“载入”按钮，即可将其载入 Photoshop 中。

（3）存储形状。该选项可以将自定义的形状以 . CSH 为扩展名的文件形式保存到相应的文件目录中，以备它用。

（4）替换形状的使用方法比较简单，一试便知。

重命名形状...
删除形状

仅文本
✔ 小缩览图
大缩览图
小列表
大列表

预设管理器...

复位形状...
载入形状...
存储形状...
替换形状...

全部
动物
箭头
艺术纹理
横幅和奖品
胶片
画框
污渍矢量包
灯泡
音乐
自然
物体
装饰
形状
符号
台词框
拼贴
Web

图 5-116 面板菜单

【任务实践】

制作风景邮票

首先来看一下最终的效果，效果如图 5-117 所示。

图 5-117 风景邮票

制作风景邮票的操作步骤为：

（1）创建一个“宽度”为 310 像素，“高度”为 380 像素，“分辨率”为 72 像素/英寸，“颜色模式”为 RGB 颜色，“背景内容”为白色的风景邮票文档。

（2）在工具箱中，选择“圆角矩形工具”，在选项栏中设置“工作模式”为路径，在画布中拖动鼠标绘制邮票边框。

（3）设置前景色为蓝色（RGB：0，113，146），设置画笔大小为“5 像素”。在“图层”面板中选择“图层”选项卡，单击“新建图层”按钮，新建“图层 1”。在“图层”面板中选择“路径”选项卡，在“路径”选项卡下单击“用画笔描边路径”按钮，效果如图 5-118 所示。

（4）隐藏“工作路径”，在“图层”面板选择“图层”选项卡，双击“图层 1”添加“投影”图层样式，图层样式参数设置如图 5-119 所示。

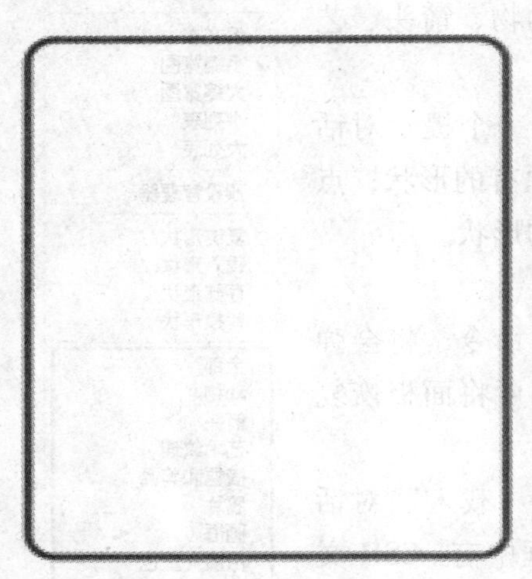

图 5-118　绘制邮票边框

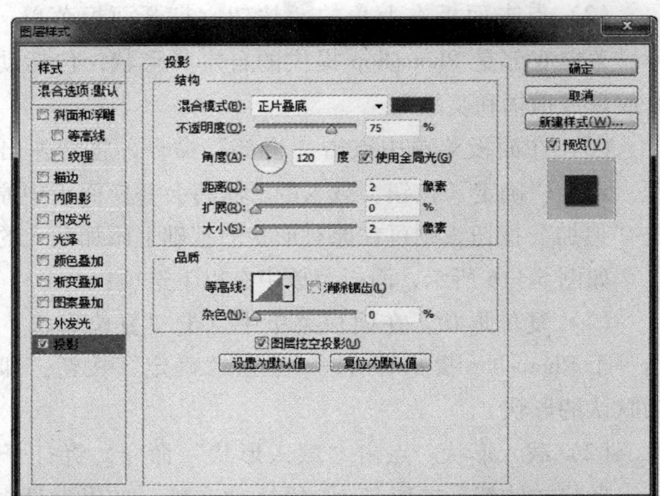

RGB(0, 113, 146)

图 5-119　设置边框图层样式

（5）新建“图层 2”，选择“圆角矩形工具”，设置工作模式为“路径”，在画布中拖动鼠标绘制邮票内边框。在“图层”面板中选择“路径”选项卡，在“工作路径”图层上单击鼠标右键，在快捷菜单选择“描边路径”菜单，弹出“描边路径”对话框，在对话框中选择“铅笔”，单击“确定”按钮。邮票内边框效果图如图 5-120 所示。

（6）新建“图层 3”，选择“自定义形状工具”，设置工作模式为“像素”，载入“tree”形状。在下拉列表中选择“plantree 01”形状，然后在画布中拖动鼠标左键添加树元素。按“Ctrl+T”组合键，对图像进行等比缩放 80%并角度旋转 5 度。效果如图 5-121 所示。

图 5-120　添加内边框

图 5-121　添加树元素

（7）选择“矩形选框工具”将“图层 3”中树元素超出内边框的多余像素删除。设置前景色为深蓝色（RGB：0，40，50），新建“图层 4”，选择“自定义形状工具”，设置工作模式为“像素”，载入“curve”形状。在下拉列表中选择“NS1S-chambered 2”形状，然后在画布中拖动鼠标左键添加曲线元素，效果如图 5-122 所示。

（8）在“图层”面板中，双击“图层 4”添加“投影”图层样式，图层样式参数设置如图 5-123 所示。

图 5-122　添加曲线

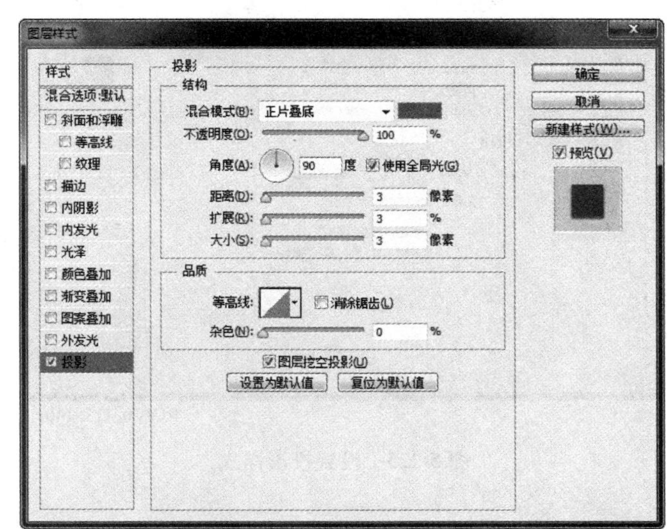

RGB(255, 0, 0)

图 5-123　设置曲线图层样式

（9）选择“横排文字工具”，在选项栏中设置字体为“华文新魏”，字号为“30 点”，在画布中添加文字“海之边上”。双击文字图层添加“内阴影”图层样式，设置参数如图 5-124 所示。

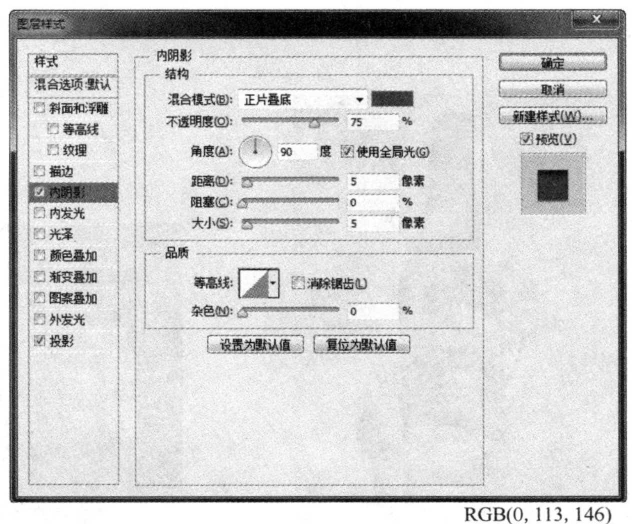

RGB(0, 113, 146)

图 5-124　设置内阴影样式

（10）添加“投影”图层样式，设置参数如图 5-125 所示，单击“确定”按钮完成风景邮票的制作，效果如图 5-126 所示。

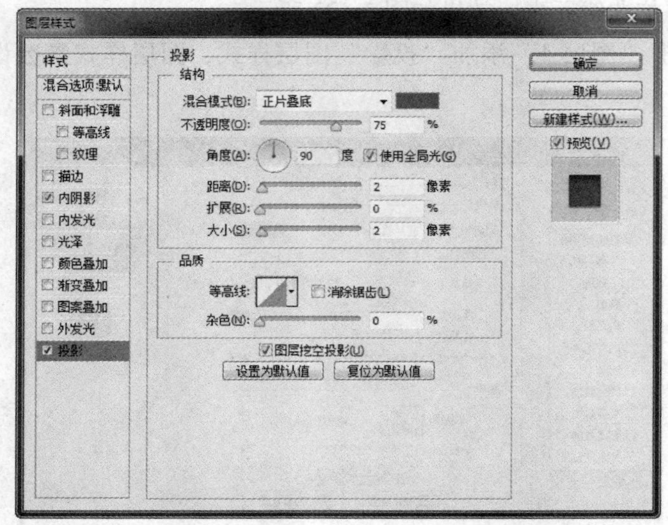

图 5-125 设置投影样式

图 5-126 邮票效果图

【项目拓展】

商业推广啤酒海报的设计

首先来看一下最终的效果，效果如图 5-127 所示。

商业推广啤酒海报的设计步骤为：

（1）创建一个宽为“800px”，高为“900px”，像素分辨率为“72”，颜色为 RGB，“背景内容”为白色的空白文档。将背景图层解锁变为图层 0，新建图层 1，如图 5-128 所示。

图 5-127 最终效果

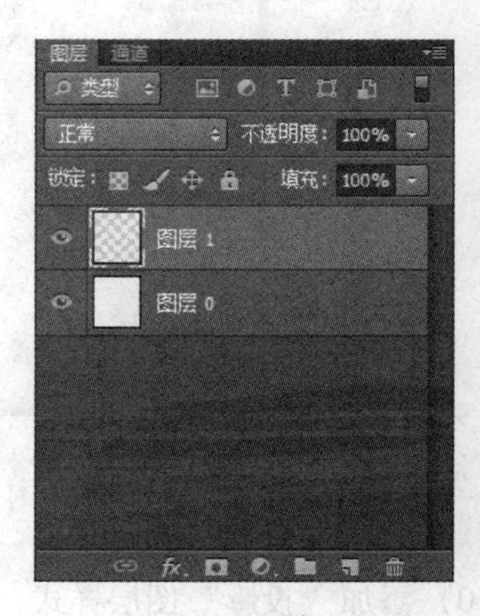

图 5-128 创建文件

（2）将图层 1 填充白色，然后选择渐变工具，对图层 1 进行渐变填充（见图 5-129）。渐变颜色的值分别设置为 RGB：63，124，217；RGB：108，153，226。

图 5-129 渐变填充

（3）导入雪山的素材图，调整后放到合适位置（见图 5-130），给雪山所在的图层 2 添加一个蒙版 ▣。选择黑色画笔工具在雪山边缘进行涂抹，可以隐藏边缘部分，实现如图 5-131 所示的效果。

（4）导入雪山 2 素材，形成图层 3（见图 5-132）。执行“图像>调整>匹配颜色”命令，在打开的对话框中设置参数，如图 5-133 所示。其中源设置是整个项目的名称。

图 5-130 导入雪山

图 5-131 蒙版效果

图 5-132 导入雪山 2

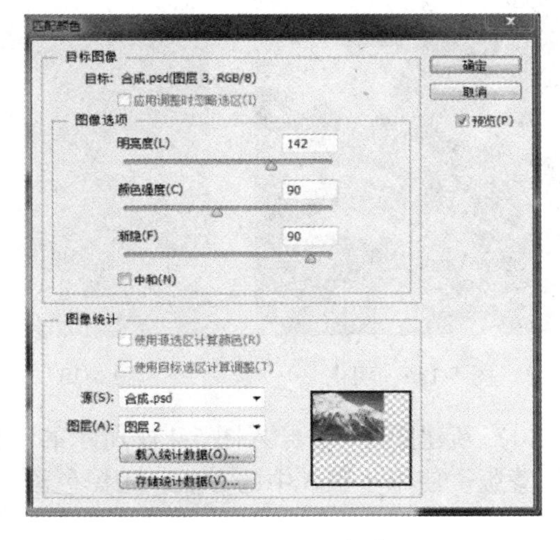

图 5-133 匹配颜色

（5）接下来为图层添加蒙版，方法与步骤 3 一样，实现如图 5-134 所示的效果。通过设置匹配颜色和蒙版效果让两个雪山融合在一起。

（6）新建图层 4，设置前景色为白色，背景色为灰白色（RGB：230，230，230），执行菜单命令“滤镜>渲染>云彩”命令，效果如图 5-135 所示。

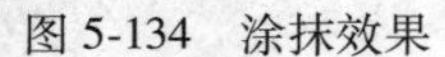

图 5-134　涂抹效果

图 5-135　云彩效果

（7）打开蓝天白云的素材图片。在通道面板中按住“Ctrl”键的同时单击 RGB 通道的缩览图，即可将 RGB 通道中的白云选入选区。返回图层，执行菜单“选择>修改>羽化”，将选区进行羽化，效果如图 5-136 所示。

（8）按住“Ctrl+C”组合键将选区复制，在合成图像中按住“Ctrl+V”组合键进行粘贴，得到图层 5，合成效果如图 5-137 所示。

（9）选择图层 0 之外的所有图层，执行菜单命令“图层>图层编组”，修改组名称为“背景”，如图 5-138 所示。

图 5-136　羽化

图 5-137　合成效果

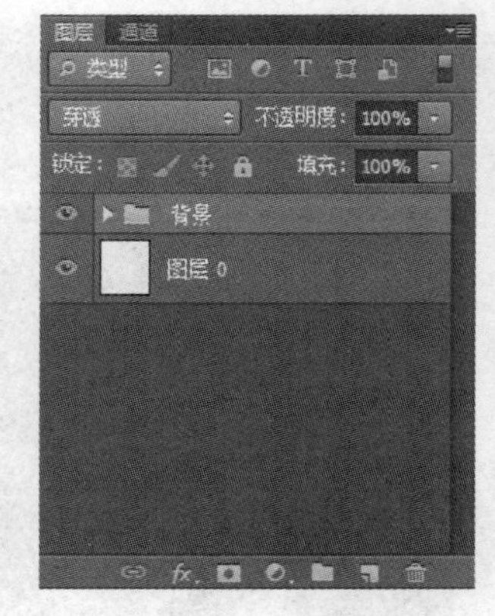

图 5-138　编组

（10）新建图层 6，导入图 5-139 所示的素材。将素材调整后放到合适的位置并给图层 6 添加蒙版。使用步骤 3 中的方法，用黑色画笔工具将图层 6 多余的浮云擦去，如图 5-140 所示。

（11）复制图层 6，生成图层 6 副本，并选中该图层，执行“滤镜>模糊>径向模糊”命令，设置径向模糊参数，如图 5-141 所示。调整色相饱和度的效果如图 5-142 所示。

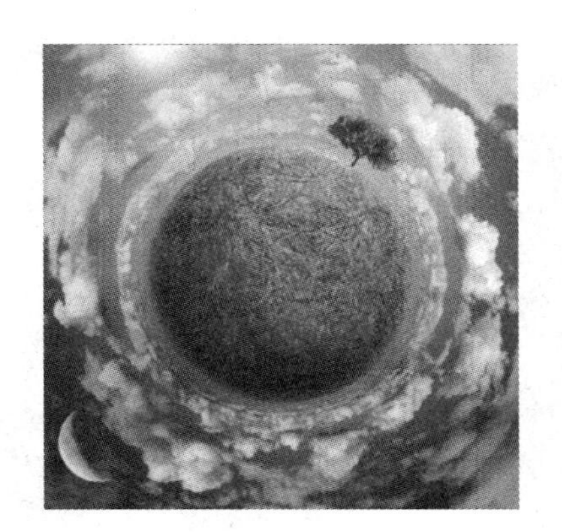

图 5-139　素材

图 5-140　擦除部分浮云

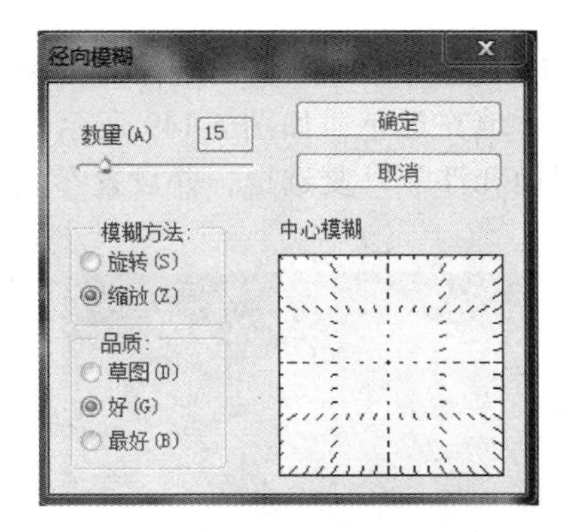

图 5-141　设置径向模糊参数

图 5-142　模糊效果

（12）将图层 6 和图层 6 副本进行编组，命名为地球，如图 5-143 所示。将云彩素材导入到合成图像中，生成图层 7，调整后放到合适的位置，如图 5-144 所示。

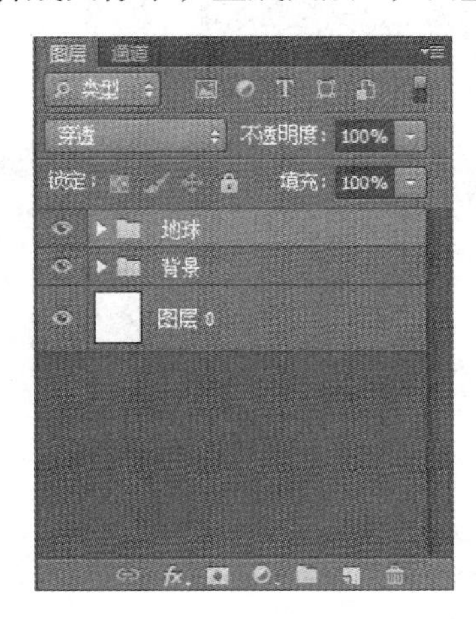

图 5-143　编组

图 5-144　云彩素材

（13）使用蒙版按钮为图层 7 添加蒙版，用黑色画笔工具涂抹，将图层 7 涂抹，如图 5-145 所示。也可以再导入类似的云彩素材，添加蒙版后执行相同的操作，设计成如图 5-146 所示的效果。将新生成的所有图层编组，命名浮云，如图 5-147 所示。

图 5-145 添加蒙版

图 5-146 多层浮云效果

（14）新建图层 8，用钢笔工具勾画出一图形（见图 5-148）。在路径面板中命名为树藤。按住“Ctrl+Enter”组合键将路径载入选区，填充黑色，如图 5-149 所示。双击图层 8，打开“图层样式”对话框，勾选左侧的“斜面和浮雕”复选框，并设置参数。斜面浮雕参数如图 5-150 所示。

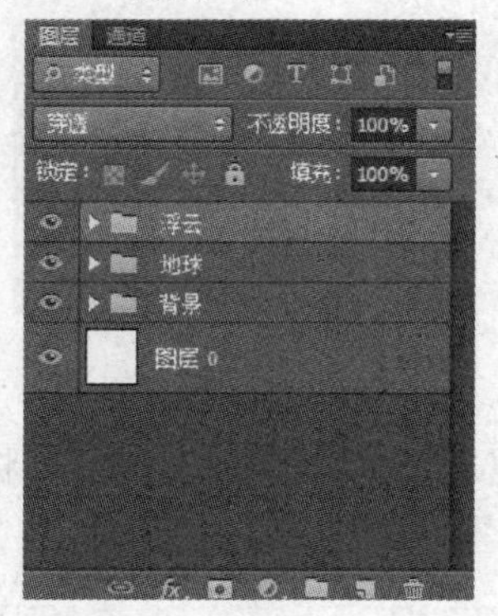

图 5-147 浮云组

图 5-148 树藤

图 5-149 填充黑色

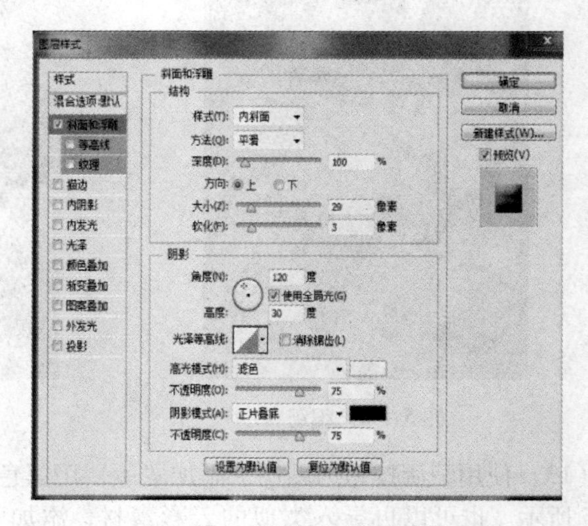

图 5-150 设置斜面浮雕参数

（15）勾选“斜面和浮雕”下的“纹理”复选框，打开“纹理”复选框，找到“斑马”图案，纹理参数设置如图 5-151 所示。

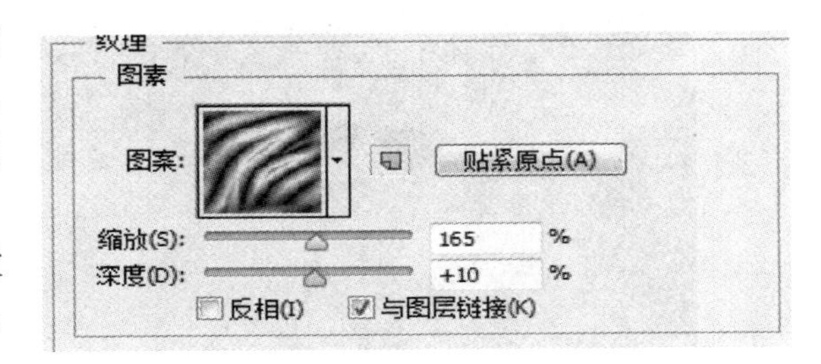

图 5-151 斑马图案参数

（16）在“图层样式”对话框中设置“颜色叠加”属性，颜色取值 RGB：11，56，11。

（17）设置“图案叠加”属性，选择图案“灰泥 3”，不透明度 100%，缩放 97%，如图 5-152 所示。树藤的效果如图 5-153 所示。

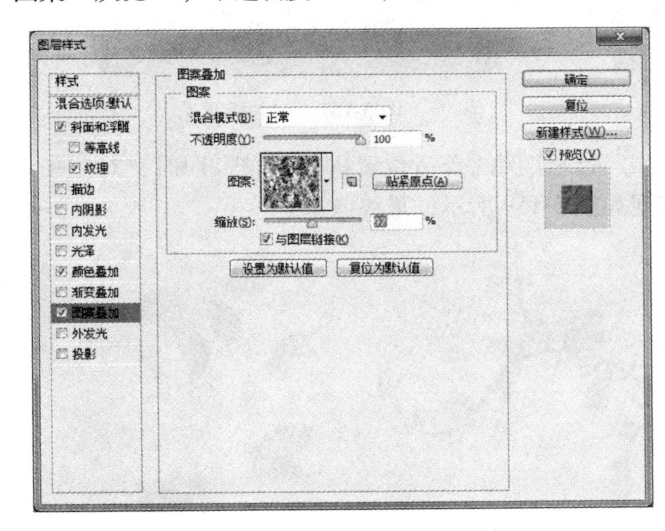

图 5-152 图案叠加

图 5-153 树藤效果

（18）打开一个花的素材图片，如图 5-154 所示，并进行抠图，去除背景，选取花，效果如图 5-155 所示。

图 5-154 花素材

图 5-155 抠图效果

（19）将花复制到实例中，调整大小和位置，效果如图 5-156 所示。

（20）使用同样的方法将树素材抠图后放置到实例中，调整大小和位置，效果如图 5-157 所示。

图 5-156　花的效果

图 5-157　树的效果

（21）将图 5-158 中的素材抠图后放置到实例的合适位置进行调整。同时，对瓶子进行图层样式中外发光效果的处理，实现如图 5-159 所示的最终效果。

图 5-158　其余素材

图 5-159　最终效果

【项目总结】

本章主要讲解了 Photoshop 的修图工具、路径和矢量工具，使用修图工具可以对数码照片中的瑕疵进行简单处理，利用路径工具可以制作矢量图形。本章所讲知识点的重点在于钢笔工具的使用，路径的基本操作以及图层的高级操作。

项目6 平面广告设计

【学习目标】

Photoshop 的调色功能非常强大，集合了各种调色命令，如快速调整图像颜色与色调的命令、调整图像颜色与色调的命令等，利用这些命令可以调整出各种色调的照片。而通道是 Photoshop 中的又一个重要功能，Photoshop 中的每一幅图像都需要通过若干通道来存储图像中的色彩信息。

走进平面广告

“广告”源于拉丁文 Adaverture，意思是广泛地告知，吸引人注意。按广告性质可以分为政治、公益等非营利性的社会性广告和商业、文化娱乐等营利性的商业性广告；按媒介可以分为报纸、杂志等大众传播类，招贴、产品宣传册、销售单（POP）、直邮广告等单纯广告类，灯箱广告、招牌广告、大型广告牌、霓虹灯、装置广告等户内、户外广告类，交通广告类和网络平面广告。

平面设计除了在视觉上给人一种美的享受外，还向广大的消费者转达一种信息和理念。现在平面设计主要由标题、正文、广告语、插图、商标、公司相关信息等基本要素构成。不管是报刊广告、邮寄广告，还是我们经常看到的广告招贴等，都是通过巧妙地编辑组合而成的。

（1）标题。标题主要是表达广告主题的短文，一般在平面设计中会起到画龙点睛的作用。标题通常运用文学的手法，以生动精彩的短句和一些形象夸张的手法来传递信息，不仅要引起消费者的注意，还要占据消费者的心理。

标题选择上应该简洁明了、易记和概括力强。虽然有时只用一两个字的短语，但它是广告文案最重要的部分。

标题在设计上要力求醒目、易读，符合广告的表现意图，标题文字的形式要有一定的象征意义。粗壮有力的黑体适用于电器和轻工商品；圆头黑体带有曲线，适宜妇女和儿童商品；端庄敦厚的老宋体，用于传统商品标识，稳重而带有历史感；典雅秀丽的新宋，适用于服装、化妆品；而斜体字给画面带来了动感。

标题在整个版面上，应该是处于最醒目的位置，应注意配合插图造型的需要，运用视觉引导，使读者的视线从标题自然地向插图和正文转移。

（2）正文。正文一般指的就是说明文。正文要通俗易懂、内容真实、文笔流畅和概括力强，常常利用专家的证明、名人的推荐和名店的选择来抬高档次，并以数据及销售成绩和获奖情况来树立企业的信誉度。正文的字体采用较小的字体，常使用宋体、单线体、楷书等易于辨识的字体。

（3）广告语。广告语是配合广告标题、加强商品形象而运用的短句。广告语正常顺口易读、富有韵味、具有想象力、指向明确、有一定的口号性和警告性。

（4）插图。插图是用视觉的艺术手段来传递信息，增强记忆效果，让消费者能够以更快、更直观的方式来接受内涵，同时让消费者留下更深刻的印象。插图内容要突出商品或服务的个性，通俗易懂，有强烈的视觉效果。一般插图是围绕着标题和正文来展开的，对标题起了一个衬托作用。插图的表现手法主要有以下几种：

1）摄影。在产品广告中经常用摄影的形式来体现，以加强广告的真实感。

2）绘画。用形象的形式给人一种悬念，或是一种意念，来创造一种理想的气氛。

3）卡通漫画。通常卡通漫画是以简洁易懂和幽默逗人的特点，使人难以忘怀的宣传手段。

（5）商标、标志。商标是消费者借以识别商品的主要标志，是商品质量和企业信誉的象征。名优商品提高了商标的信誉，而卓有信誉的商标又促进了商品的销售。

在平面设计中，商标不是广告版面的装饰物，而是重要的构成要素，在整个版面设计中，商标造型最单纯、最简洁，视觉效果最强烈，在一瞬间就能识别，并能给消费者留下深刻的印象。商标在设计上要求要造型简洁、立意准确、具有个性，同时也要易记、易识别。例如中国农业银行行徽以麦穗图形为主，直截了当地表达出农业银行的特征；麦穗中部横与竖的十字行处理不仅简练地概括了麦穗行，而且恰成一个“田”字，从而更加强调了“农业”的含义；上端麦芒与圆形交节的断开处理，完善了整体的内外关系，强化了标志形象的个性特色。

（6）公司相关信息。公司相关信息一般都是放置在整个版面下方较次要的位置，包含公司地址、电话号码和电报挂号等，这些信息可安排在公司名称的下方或左右，在字体上采用较小的字体，比较标准的字体，易于辨认。

（7）色彩。色彩是把握人的视觉第一关键所在，也是一幅广告作品表现形式的重点所在。一幅有个性色彩的招贴，往往更能抓住消费者的视线。色彩通过结合具体的形象，运用不同的色调，让观众产生心理联想，树立牢固的商品形象，产生悦目的亲切感，吸引与促进消费者的购买欲望。

色彩不是孤立存在的，是作为广告的一个重要组成部分。它必须体现商品的质感、特色，又能美化装饰广告版面，同时也要与环境、气候和欣赏习惯等方面相适应，还要考虑到远、近、大、小的视觉变化规律，使广告更富于美感。

一般所说的平面设计色彩主要是以企业标准色，商品形象色，以及季节的象征色、流行色等作为主色调，采用对比强的明度、纯度和色相的对比，突出画面形象和底色的关系，突出广告画面和周围环境的对比，增强广告的视觉效果。

在运用色彩上必须考虑它的象征意义，这样才能更贴近主题。比如，红色是强有力的色彩，能引起肌肉的兴奋，热烈、冲动；绿色具中性特点，是和平色，偏向自然美，宁静、生机勃勃，是宽容色彩，可衬托多种颜色而达到和谐的视觉效果。设计时要充分考虑这些色彩的象征意义，增加广告的内涵。

上述这些构成要素是每幅广告都应具备的基本条件。对新开发的产品，也就是处于“介绍期”和“成长期”的商品广告来说，则必须具备以上全部广告要素。这是因为消费者对广告所宣传的新开发产品并不了解，而市场上又有众多竞争对手的同类商品。这时能让消费者清楚地认识到该产品，而不至于与其他的产品混淆起来。而处于“成熟期”的商品，由于已占据了一定的市场，消费者逐渐认识了商品并乐于使用，这个时期的广告是属于提示性的。广告要素的运用可侧重于插图形象和有针对性、鼓动性的广告用语及醒目的商标，其他要素可以从简或删除，加大品牌的宣传，其目的在于造成一种更集中、更强烈和更单纯的形象，以加深消费者对商品的认识程度。

【知识精讲】

任务6.1 应用色调调整

6.1.1 调整命令

色调是指色彩运用的主旋律，也是画面色彩的总体倾向。比如绿色调的静物，黄土色调的高原风景等。

在色彩写生构成的画面中，色彩调子往往起着重要的支配作用。有人指出：能够鸣响的是色调，而不是颜色。

在自然界里没有颜色，只有色调。可以说，色调是一种独特的色彩表达形式，它在表现色彩主题、情调创造、意境渲染和传达情感上是必不可少的。它能迅速并直观地使人受到感染而产生联想，看画人的情绪与注意力往往会使人产生不同的感受，体会不同的情调意境。所以掌握好色调是控制画面色彩、情调和意境的基础。

色彩不仅能够真实地记录下物体，还能带来不同的心理感受。创造性地使用色彩，可以营造各种独特的氛围和意境，使图像更具表现力。Photoshop 提供了大量色彩和色调调整工具，可用于处理图像和数码照片。

6.1.1.1 调整命令的分类

Photoshop CS6 的“图像”菜单中包含了用于调整图像色调和颜色的各种命令，如图6-1所示。

在这些命令中，有一部分的常用命令也可以通过“调整”面板来操作。其操作方法为：选择“窗口”菜单，点击“调整”命令，即可打开“调整”面板，如图6-2所示。

6.1.1.2 调整命令的使用方法

Photoshop CS6 可以通过两种方式来使用调整命令，即：使用“图像”菜单中的命令来处理图像；使用“调整”图层来应用这些调整命令。这两种方式可以达到相同的调整结果。它们的不同之处在于：使用“图像”菜单中的命令，会修改图像的原始像素数据，因此，它是一种破坏性的调整功能，使用菜单命令不能修改调整参数；使用“调整”图层进行操作时，可以在当前图层的上面创建一个调整图层，调整命令只作用于调整图层，不会对“背景”图层产生任何影响，因此也就不会修改原始像素了，所以它是一种非破坏性的调整功能。

使用“调整”图层，可以随时修改调整参数，并且只要隐藏或删除调整图层，就可以将图像恢复为原来的状态。

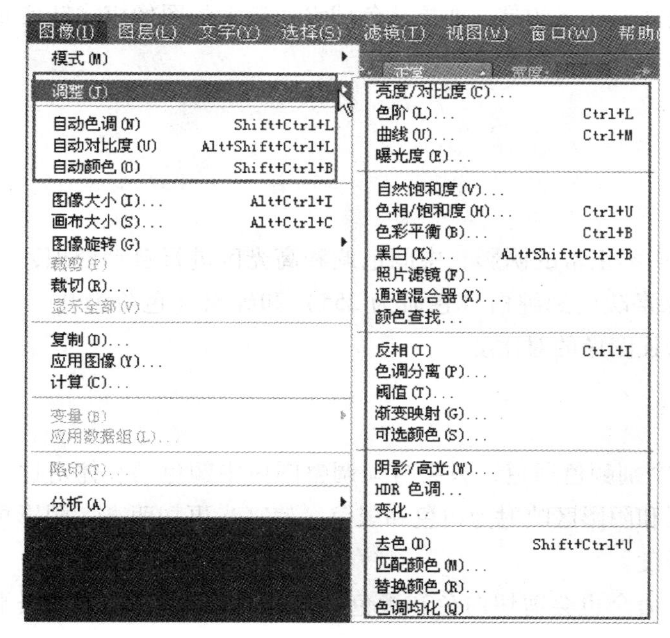

图 6-1　调整命令

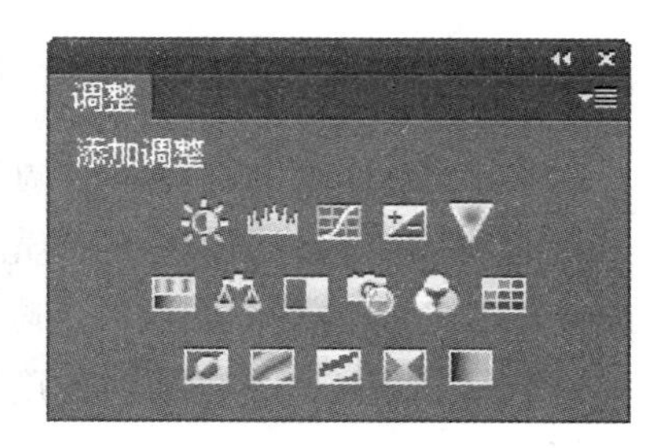

图 6-2　调整面板

6.1.2　转换图像的颜色模式

在 Photoshop 中颜色模式用于决定显示和打印图像的颜色模型。Photoshop 默认的颜色模式是 RGB 模式，但用于彩色印刷的图像颜色模式却必须使用 CMYK 模式。其他颜色模式还包括位图、灰度、双色调、索引颜色、Lab 颜色和多通道等模式。颜色模式是基于色彩模型的一种描述颜色的数值方法，选择一种颜色模式，就等于选用了某种特定的颜色模型。

其操作方法为：打开一个文件以后，选择“图像”菜单，将光标移动到“模式”上面，在弹出的子菜单中选择一种颜色模式，如图 6-3 所示。即可将其转换为该模式。虽然

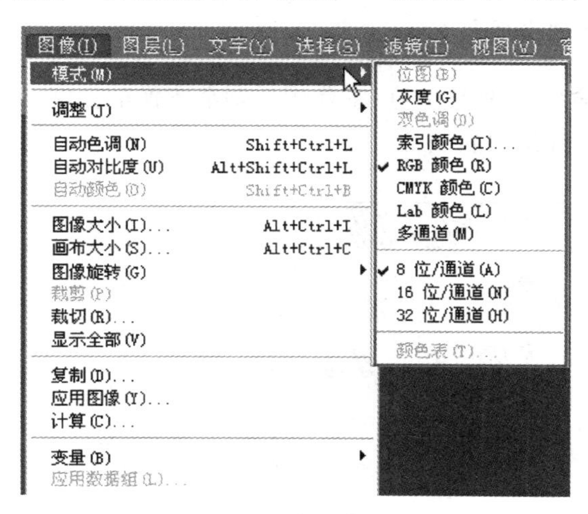

图 6-3　模式菜单

图像模式之间可以相互转换，但是需要注意的是，如果从色域空间较大的图像模式转换到色域空间较小的图像模式时，常常会有一些颜色丢失。

6.1.3　快速调整图像

6.1.3.1　“自动色调”命令

“自动色调”命令可以对图像中不正常的阴影、中间色调和高光区进行自动处理，可将每个颜色通道中最亮和最暗的像素映射到纯白（色阶为 255）和纯黑（色阶为 0），中间像素值按比例重新分布，从而增强图像的对比度。

6.1.3.2　“自动对比度”命令

“自动对比度”命令不会调整个别颜色通道，只会自动调整图像中颜色的整体对比度和混合程度。它将图像中的高光区和阴影区映射为白色和黑色，使高光更加明亮，阴影更加暗淡，以提高整个图像的清晰程度。

默认情况下，“自动对比度”命令也会剪切白色和黑色像素的 0.5%来忽略一些极端的像素。

“自动对比度”命令不会单独调整通道，它只调整色调。因此，它不会改变色彩平衡，也不会产生色偏，但是也不能用于消除色偏，因为色偏是色彩发生了改变。该命令可以改进彩色图像的外观，但是无法改善只有一种颜色（单色调颜色）的图像。

6.1.3.3　自动颜色命令

“自动颜色”命令可以通过搜索图像来标识阴影、中间调和高光，从而调整图像的对比度和颜色。用户可以使用该命令来校正出现色偏的照片。

6.1.4　图像调整命令

6.1.4.1　“亮度/对比度”命令

“亮度/对比度”命令（见图 6-4）主要用于调整图像的亮度（色调）和对比度，它对图像中的每个像素都进行相同的调整。

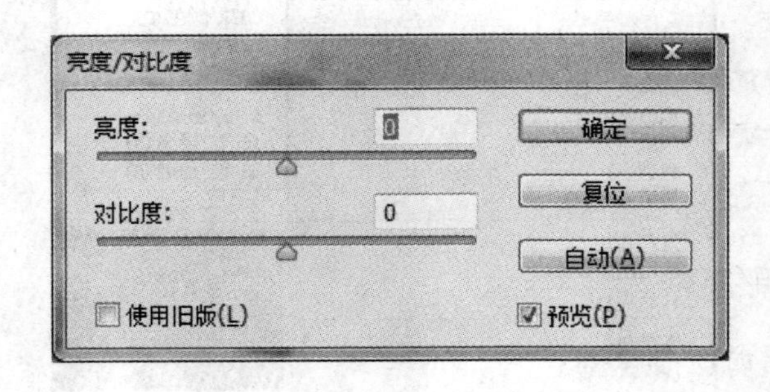

图 6-4　“亮度/对比度”对话框

6.1.4.2　曝光度命令

使用“曝光度”命令（见图 6-5），可以将拍摄中产生的曝光过度或曝光不足的图片处理成正常效果。“曝光度”命令不但专门用于调整 HDR 图像曝光度的功能，还可以用于调整 8 位和 16 位的普通照片的曝光度。

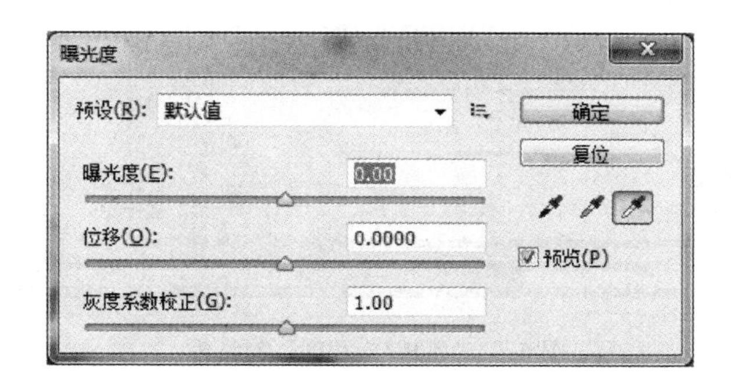

图 6-5　“曝光度”对话框

6.1.4.3　“自然饱和度”命令

“自然饱和度”命令（见图 6-6）用于调整色彩的饱和度，它可以在增加饱和度的同时防止颜色过于饱和而出现溢色，非常适合处理人像照片。

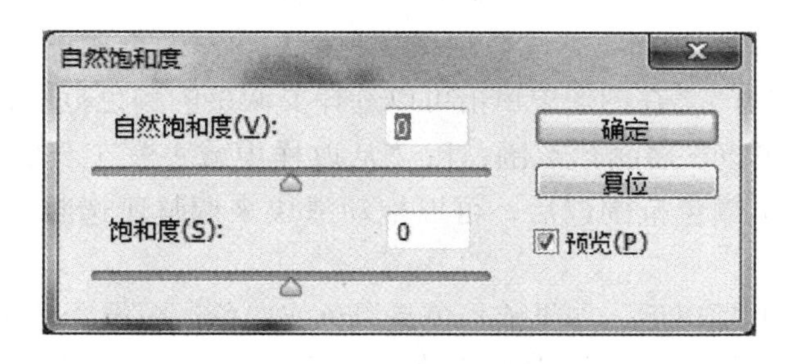

图 6-6　“自然饱和度”对话框

“自然饱和度”对话框包含以下选项：

（1）自然饱和度。向左拖动可以降低颜色的自然饱和度，向右拖动可以增加颜色的自然饱和度。当大幅增加颜色的自然饱和度时，Photoshop 不会生成过于饱和的颜色，从而保持自然、真实的效果。

（2）饱和度。向左拖动可以降低颜色的饱和度，向右拖动可以增加颜色的饱和度。

6.1.4.4　“色相/饱和度”命令

“色相/饱和度”命令（见图 6-7）可以单独调整单一颜色的色相、饱和度和明度，也可以同时调整图像中所有颜色的色相、饱和度和明度，而且它还可以通过给像素指定新的色相和饱和度，从而为灰度图像添加色彩。

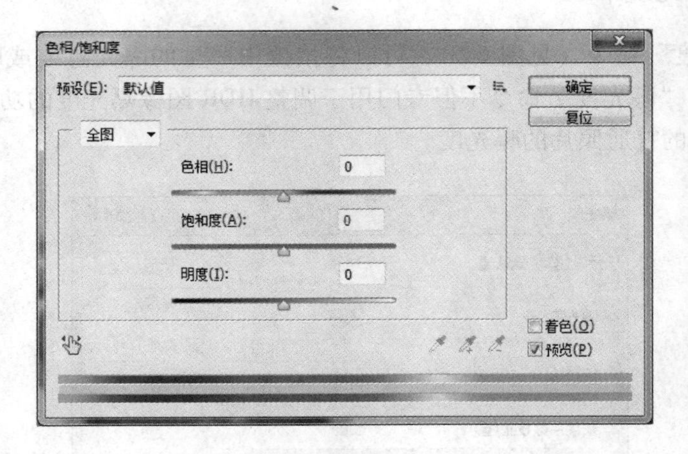

图6-7 “色相/饱和度”对话框

“色相/饱和度”对话框包含以下选项：

（1）色相。要调整色相，只需拖动“色相”滑块。向右拖动可模拟在颜色轮上顺时针旋转，向左拖动可模拟在颜色轮上逆时针旋转。

（2）饱和度。向右拖动饱和度滑块会增大饱和度；而向左拖动则会降低饱和度。

（3）明度。要增加亮度，可向右拖动明度滑块；要减小亮度，可向左拖动。

（4）图像调整工具。选择该工具以后，将光标放在要调整的颜色上。

（5）吸管。在“编辑”选项中选择一种颜色以后，对话框中的3个吸管工具就可以使用了。用“吸管工具”在图像中单击可以选择要调整的颜色范围；用“添加到取样”工具在图像中单击可以扩展颜色范围；用“从取样中减去”工具在图像中单击可以减少颜色范围。定义了颜色范围以后，可以拖动滑块来调整所选颜色的色相、饱和度和明度。

（6）着色。勾选此项以后，如果前景色是黑色或白色，图像会转换为红色；如果前景色不是黑色或白色，则图像会转换为当前前景色的色相。变为单色图像以后，可以拖动“色相”滑块修改颜色，或者拖动下面的两个滑块调整饱和度和明度。

6.1.4.5 “色彩平衡”命令

“色彩平衡”命令（见图6-8）允许在图像中混合各种颜色，以增加颜色的均衡效果。它将图像分为高光、中间调和阴影三种色调，可以调整其中一种或两种色调，也可以调整全部色调的颜色。例如，可以只调整高光色调中的红色，而不会影响中间调和阴影中的红色。其操作方法为：打开一个图像文件，选择“图像>色彩平衡”菜单命令，打开“色彩平衡”对话框。

在对话框中，相对应的两个颜色为互补色，比如青色和红色。如果将滑块向右移动，将为图像添加该滑块对应的右端的颜色，同时减少该滑块对应的左端的颜色；将滑块向左移动时，将为图像添加该滑块对应的左端的颜色，同时减少该滑块对应的右端的颜色。

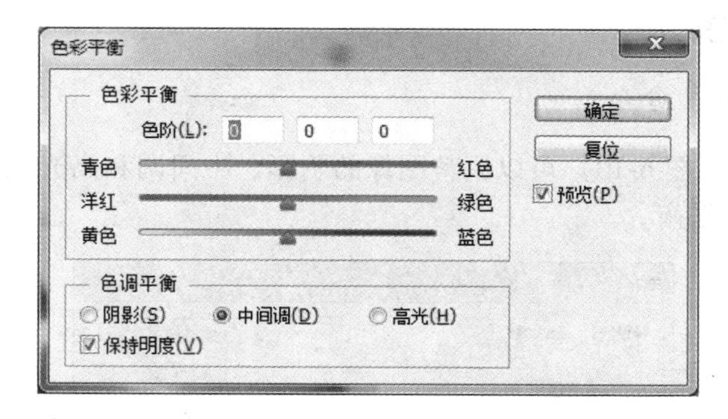

图 6-8 “色彩平衡”对话框

“色彩平衡”对话框包含如下选项：

（1）色彩平衡。在“色阶”文本框中输入数值，或者拖动滑块可以向图像中增加或减少颜色。比如，如果将最上面的滑块移向“青色”，可在图像中增加青色，同时减少其补色红色；将滑块移向“红色”，则减少青色，增加红色。

（2）色调平衡。该选项可以选择一个或多个色调来进行调整。

（3）保持明度。勾选此项，可以保持图像的色调不变，防止亮度值随颜色的更改而改变。

6.1.4.6 “黑白”命令

“黑白”命令不仅可以将彩色图像转换为黑白效果，也可以为灰度着色，使图像呈现为单色效果。拖动各个原色的滑块可以调整图像中特定颜色的灰色调，如图 6-9 所示。例如，向左拖动洋红色滑块时，可以使图像中由洋红色转换而来的灰色调变暗；向右拖动，

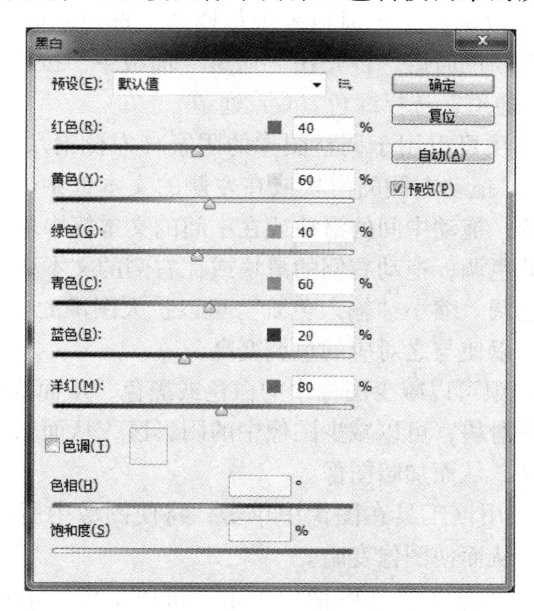

图 6-9 “黑白”对话框

则使这样的灰色调变亮。

6.1.4.7 “色阶”命令

“色阶”命令（见图6-10）可以调整图像的阴影、中间调和高光的强度级别，还可以校正色调范围和色彩平衡。

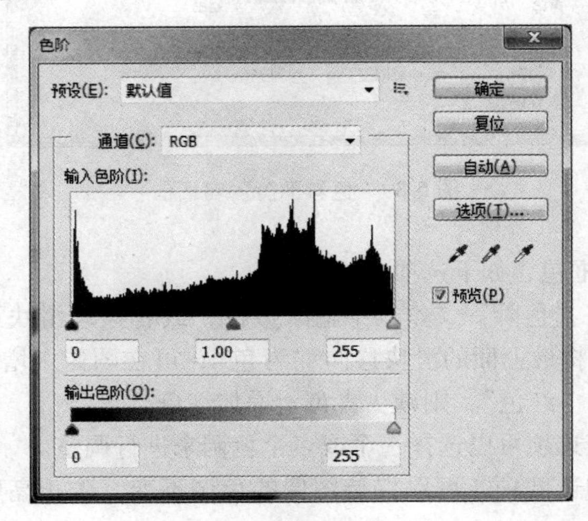

图6-10 “色阶”对话框

“色阶”对话框包含以下选项：

（1）预设。该选项可以从右侧的下拉列表中选择一些默认的色阶设置效果。在打开的下拉列表中选择“存储”命令，可以将当前的调整参数保存为一个预设文件。再次使用相同的方式处理其他图像时，可以用该文件自动完成调整。

（2）通道。该选项可以选择一个通道来进行调整，选择不同的通道会影响图像的颜色。如果要同时编辑多个颜色通道，首先在“通道”面板中，按住“Shift”键选择这些通道。比如选择红色（R）通道，选择绿色（G）通道。

（3）输入色阶。该选项可以用于调整图像的阴影（左侧滑块）、中间调（中间滑块）和高光区域（右侧滑块）。拖动左侧的滑块或在左侧的文本框中输入0~253之间的数值，可以控制图像的暗部色调；拖动中间的滑块或在中间的文本框中输入0.10~9.99之间的数值，可以控制图像中间的色调；拖动右侧的滑块或在右侧的文本框中输入2~255之间的数值，可以控制图像亮部色调。缩小“输入色阶”可以扩大图像的色调范围，提高图像的对比度。向左移动滑块，可以使与之对应的色调变亮。

（4）输出色阶。该选项可以减少图像中的白色或黑色，从而降低对比度，使图像呈现褪色效果。向右移动黑色滑块，可以减少图像中的阴影区，从而加亮图像；向左移动白色滑块，可以减少高亮度区，从而加暗图像。

（5）设置黑场。使用该工具在图像中单击，将使图像中所有像素的亮度值减去吸管单击处的像素亮度值，从而使图像变暗。

（6）设置灰场。使用该工具在图像中单击，可以根据单击点像素的亮度来调整其他中间色调的平均亮度。

（7）设置白场。使用该工具在图像中单击，Photoshop 会将所有像素的亮度值加上吸管单击处的像素的亮度值，从而提高图像的亮度。

6.1.4.8 “曲线”命令

“曲线”命令（见图 6-11）具有“色阶”“阈值”“亮度/对比度”等多个命令的功能。它不但可以调整图像整体的色调，还可以精确地控制多个色调区域的明暗度。

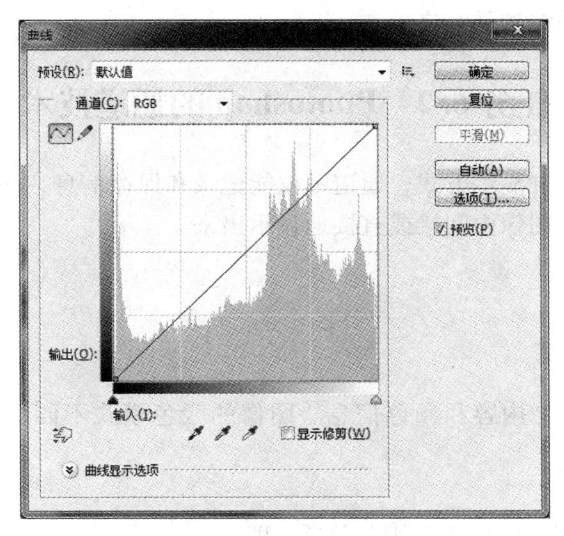

图 6-11 “曲线”对话框

“曲线”对话框包含如下选项：

（1）预设选项。在右侧的下拉列表中可以选择一种预设的曲线调整效果。单击该按钮，可以打开一个下拉列表，选择“存储预设”命令，可以将当前的调整状态保存为一个预设文件，在对其他图像应用相同的调整时，可以选择“载入预设”命令，用载入的预设文件自动调整；选择“删除当前预设”命令，则可以删除所存储的预设文件。

（2）通道。在下拉列表中可以选择要调整的通道，调整通道将会改变图像的颜色。

（3）编辑点以修改曲线。打开“曲线”对话框时，该按钮为按下状态，此时在曲线中单击可添加新的控制点，拖动控制点可以改变曲线的形状，即可调整图像。当图像为 RGB 模式时，曲线向上弯曲，可以将色调调亮；曲线向下弯曲，可以将色调调暗。

（4）通过绘制来修改曲线。按下该按钮以后，可以绘制手绘效果的自由曲线，绘制完成以后，单击按钮，曲线上会显示控制点。

（5）“平滑”按钮。使用绘制曲线以后，单击该按钮，可以对曲线进行平滑处理。

（6）输入色阶。该选项可以显示调整前的像素值。

（7）输出色阶。该选项可以显示调整后的像素值。

（8）设置黑场/灰场/白场，与色阶命令中的相关工具相同。

【重点答疑解惑】 曲线与色阶的相同点与不同点？

曲线与色阶的相同点是：曲线上面有两个预设的控制点，其中“阴影”可以调整照片中的阴影区域，它相当于“色阶”中的阴影滑块；“高光”可以调整照片中的高光区域，它相当于“色阶”中的高光滑块。如果在曲线的中央（1/2处）添加一个控制点，该点就可以调整照片的中间调，它就相当于“色阶”的中间调滑块。

曲线与色阶的不同点是：曲线上最多可以有16个控制点。就是说，曲线能够把整个色调范围（0~255）分成15段来进行调整，因此对于色调的控制非常精确。而色阶只有3个滑块，它只能分成3段（阴影、中间调、高光）来调整色阶。因此，曲线对于色调的控制可以更加精确，它可以调整一定色调区域内的像素，而不影响其他像素，而色阶却无法做到这一点，这就是曲线的强大之处。

任务6.2 Photoshop的通道技术

通道是图像的另一种显示方式，通道不仅能记录和保存信息，而且还可以修改这些信息。通道的改变还能在图像中间接或直接地显示出来。

6.2.1 通道的类型

6.2.1.1 *颜色通道*

颜色通道记录了图像内容和颜色信息。图像的颜色模式不同，颜色通道的数量也不相同。

A RGB模式

RGB颜色模式的图像中包含红4个通道，即：

（1）红。红（R）通道用于存储图像中的红色信息。

（2）绿。绿（G）通道用于存储图像中的绿色信息。

（3）蓝。蓝（B）通道用于存储图像中的蓝色信息。

（4）RGB。复合通道（RGB）用于编辑图像的内容。

B CMYK模式

CMYK颜色模式的图像中包含5个通道，即：

（1）青色。青色（C）通道用于存储图像中的青色信息。

（2）洋红。洋红（M）通道用于存储图像中的洋红色信息。

（3）黄色。黄色（Y）通道用于存储图像中的黄色信息。

（4）黑色。黑色（K）通道用于存储图像中的黑色信息。

（5）CMYK。复合通道（CMYK）用于编辑图像的内容。

C Lab模式

Lab颜色模式的图像由L（明度）、a（从绿到红）、b（从蓝到黄）构成，该模式下的颜色包括所有的RGB颜色和CMYK颜色。因此，在Lab颜色模式的图像中会显示3个通道（明度、a和b）和一个用于编辑图像的复合通道Lab。

如果关闭a通道和b通道，最后剩下灰色图片。

D 位图模式

位图模式的图像是由黑、白两种颜色构成图像的轮廓，因此位图模式的图像在“通道”面板中只有一个“位图”通道。

E 灰度模式

灰度模式的图像是利用黑、白、灰表示图像的明暗与对比度。因此，灰度图像中只有一个“灰色”通道。

F 其他模式

双色调模式的图像和索引颜色模式的图像也都只有一个通道。

6.2.1.2 Alpha 通道

Alpha 通道和颜色通道主要的区别就是 Alpha 通道不具有颜色存储功能，只用于存储选区和制作蒙版。

Alpha 通道有黑、白、灰三种颜色信息，用于保存选区；也可以将选区存储为灰度图像，这样就能够用画笔、加深、减淡等工具以及各种滤镜，通过编辑 Alpha 通道来修改选区；也可以从 Alpha 通道中载入选区；也可以将 Alpha 通道视为一幅灰度图像，由黑到白的 256 种灰度颜色构成。在 Alpha 通道中，白色代表了可以被选择的区域，黑色代表了不能被选择的区域，灰色代表了可以被部分选择的区域（即羽化区域）。用白色涂抹 Alpha 通道可以扩大选区范围；用黑色涂抹则收缩选区；用灰色涂抹可以增加羽化范围。

6.2.1.3 专色通道

专色通道用于存储印刷用的专色。专色是特殊的预混油墨，如金属金银色油墨、荧光油墨等，它们用于替代或补充普通的印刷色（CMYK）油墨。通常情况下，专色通道都是以专色的名称来命名的。

6.2.2 通道面板

通道面板可以完成通道的新建、复制、删除、分离和合并等操作。当打开一个图像时，Photoshop 会自动创建该图像的颜色信息通道。其操作方法为：首先打开一个图像文件，然后选择“窗口”菜单，点击“通道”命令，即可打开“通道”面板，如图 6-12 所示；点击通道菜单按钮，可以打开“通道”面板菜单，如图 6-13 所示。

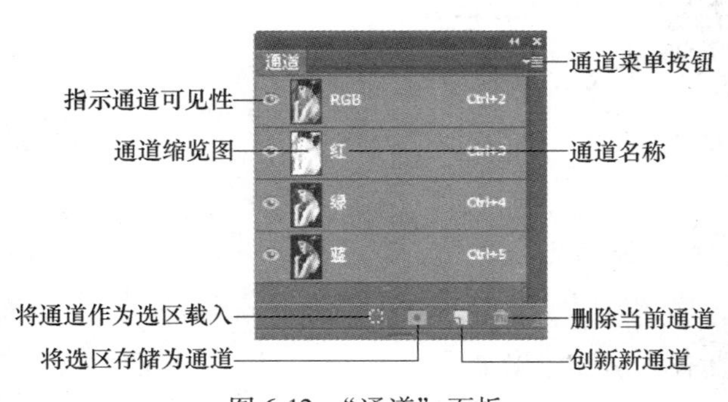

图 6-12 “通道”面板

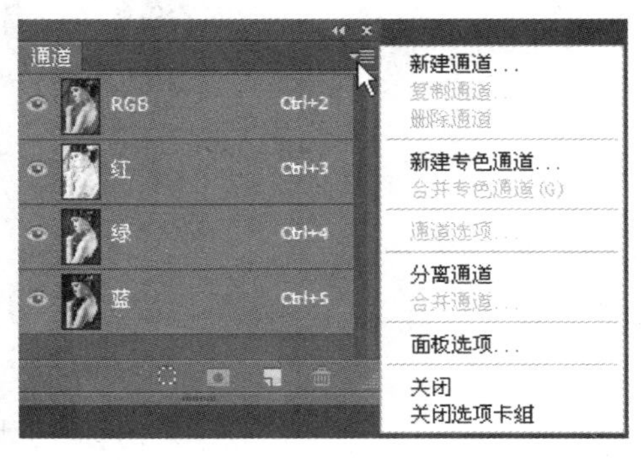

图 6-13 通道面板菜单

通道菜单几乎包含了所有通道操作的命令，分别为：

（1）指示通道可见性。单击该区域，可以显示或隐藏当前通道。当眼睛图标显示时，表示显示当前通道；当眼睛图标消失时，表示隐藏当前通道。

（2）通道缩览图。显示当前通道的内容，可以通过缩览图查看每一个通道的内容。在“通道”面板菜单中点击“面板选项”命令，可以打开“通道面板选项”对话框。

（3）通道名称。显示通道的名称。除新建的 Alpha 通道外，其他的通道是不能重命名的。在新建 Alpha 通道时，如果不为新通道命名，系统将会自动给它命名为 Alpha1，Alpha2，…

（4）将通道作为选区载入。点击该按钮，可以将当前通道作为选区载入。白色为选区部分，黑色为非选区部分，灰色部分表示被选中。

（5）将选区存储为通道。点击该按钮，可以将当前图像中的选区以蒙版的形式保存到一个新增的 Alpha 通道中。

（6）创建新通道。点击该按钮，可以在“通道”面板中创建一个新的 Alpha 通道。如果将“通道”面板中已存在的通道直接拖动到该按钮上并释放鼠标，可以将通道创建一个副本。

（7）删除当前通道。点击该按钮，可以删除当前选择的通道。如果拖动选择的通道到该按钮上并释放鼠标，也可以删除选择的通道。但是复合通道不能删除。

【任务实践】

水木菁华房产广告设计

首先来看一下最终效果，效果如图 6-14 所示。

图 6-14　水木菁华房产广告效果

水木菁华房产广告设计步骤为：

（1）新建一个“宽度”为 10.4 厘米，“高度”为 12.1 厘米，“分辨率”为 200 像素/英寸，“颜色模式”为 RGB 颜色，“背景内容”为白色的房产广告设计文档。

（2）制作背景，其操作方法为：打开素材中的笔触 . PSD，并将其拖动到新建文档中，生成图层 1（见图 6-15），重新命名图层 1 为笔触，然后将图像调整到图 6-15 所示的位置。

（3）制作背景，其操作方法为：打开素材中的湖泊 . JPG 图片，并将其拖动到新建文档中，生成新的图层，重新命名图层为湖泊，然后将图像调整到如图 6-16 所示的位置。

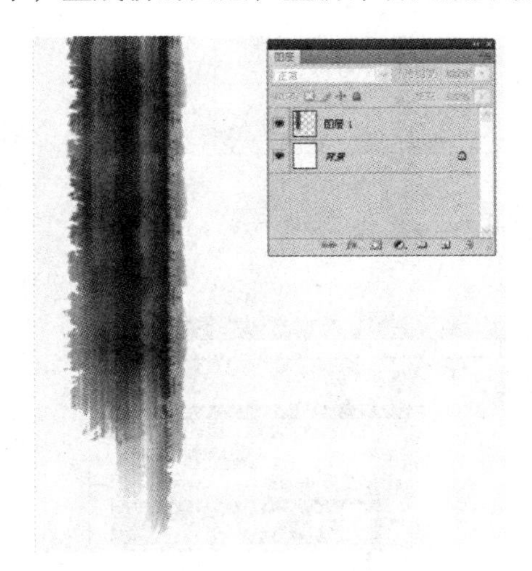

图 6-15　制作笔触

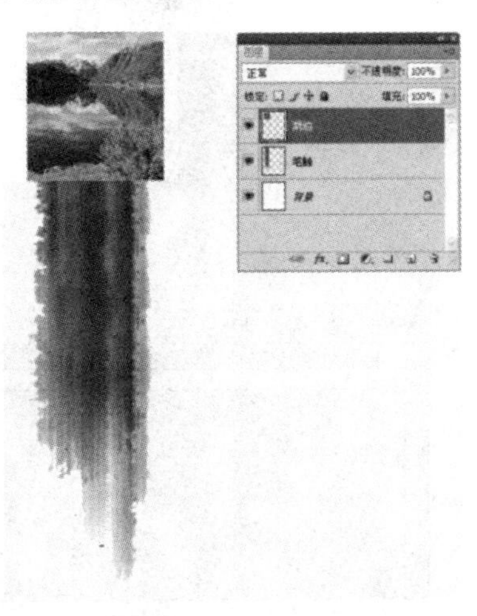

图 6-16　湖泊背景

（4）制作笔触图片融合效果，其操作方法为：载入“笔触”图层的选区，并对选区进行羽化处理，羽化参数设置如图 6-17 所示。

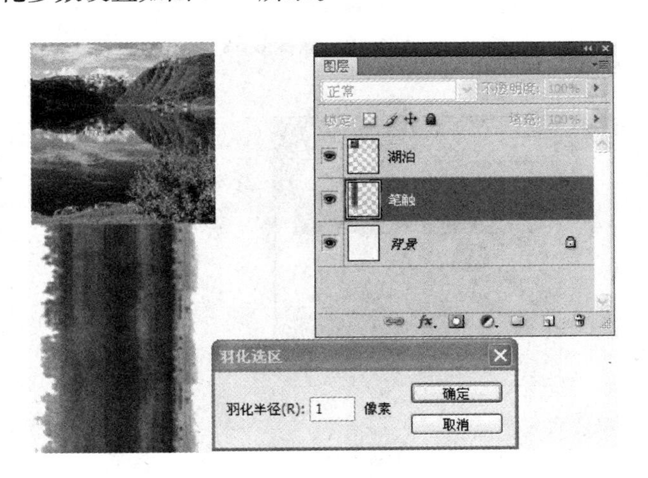

图 6-17　羽化

（5）制作笔触图片融合效果，其操作方法为：选择“湖泊”层，并为其添加图层蒙版，屏蔽选区以外的图像，如图 6-18 所示。

（6）选择画笔工具，将前景色设置为黑色，选择柔角类画笔，在湖泊的下方进行涂抹，注意不透明度的改变，形成过渡自然的效果，如图 6-19 所示。

（7）选择图层调板下方的“创建新的填充或调整图层”按钮，选择“曲线”命令，添加调整图层（见图 6-20），设置参数如图 6-21 所示。

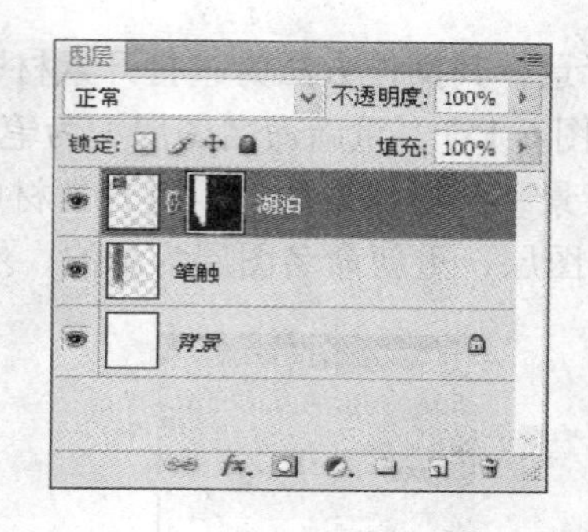

图 6-18　蒙版效果

图 6-19　涂抹效果

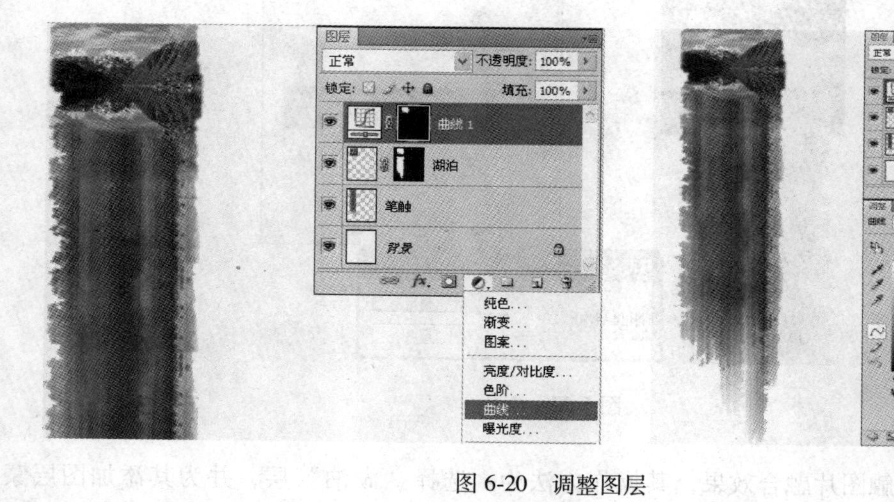

图 6-20　调整图层

（8）使用横排文字工具输入文字“LAKE TIME”，字体为“TIMES NEW ROMAN”，调整文字到适当大小，填充文字为浅灰色。将文字分别放置到如图 6-22 所示的几处位置。

（9）新建图层，命名其为“圆环”图层，使用椭圆选区工具绘制如图 6-23 所示的圆形选区，并填充其为白色。

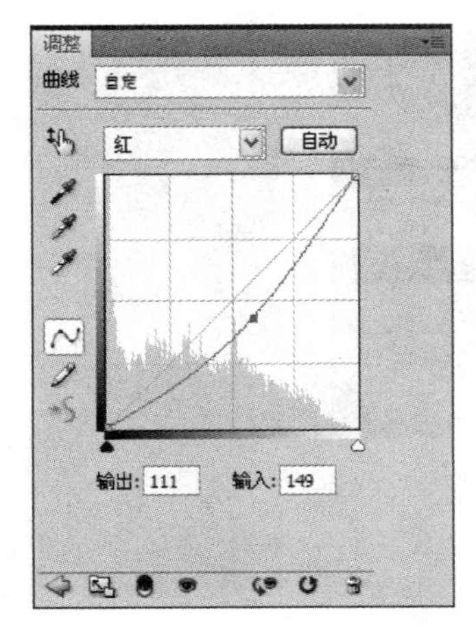

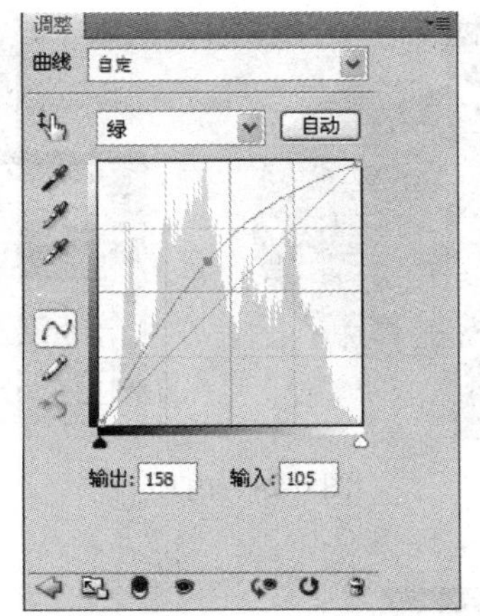

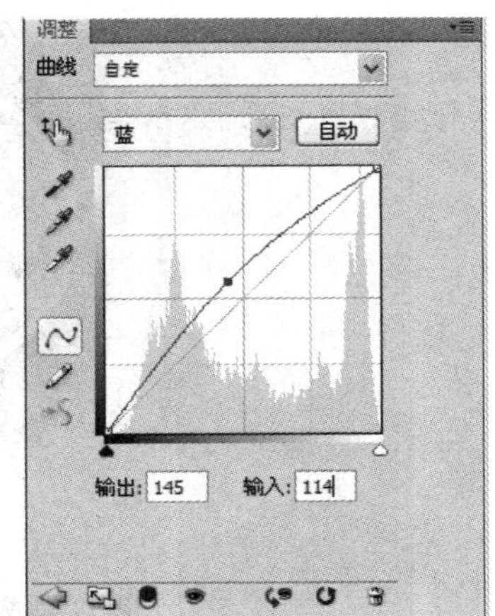

图 6-21　曲线参数

图 6-22　放置文字

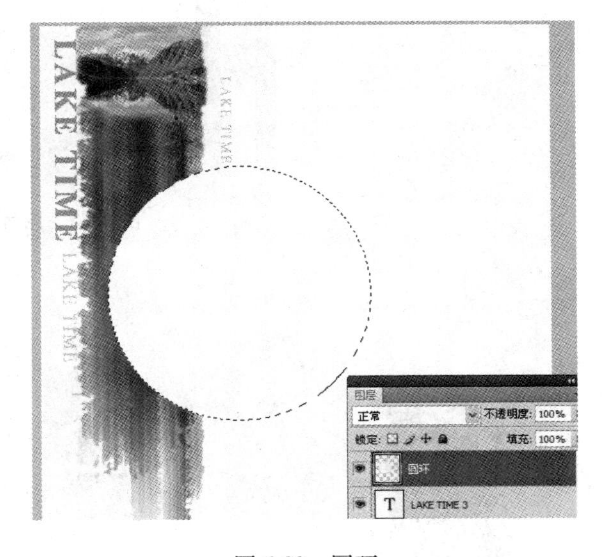

图 6-23　圆环

(10) 新建图层，命名其为“内环”图层，对选区进行自由变化，缩小选区，并填充其为 (RGB：149，70，114) 的颜色，如图 6-24 所示。选择“选择>变换选区”菜单命令，将选区调整到图 6-25 所示位置，删除选区内图像内容。

(11) 取消选区，导入素材毛笔 . PSD 和竹 . PSD，并移动到合适位置，在广告画面中添加文字，添加 LOGO，完成制作。最终效果如图 6-26 所示。

【项目拓展】

传统节日招贴广告设计

首先来看一下最终效果，效果如图 6-27 所示。

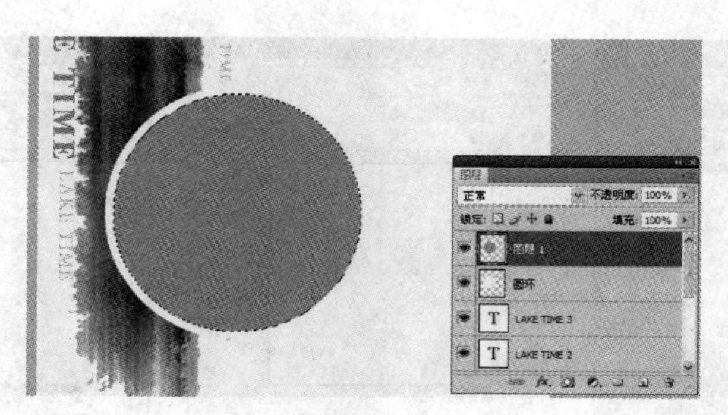

图 6-24　内环

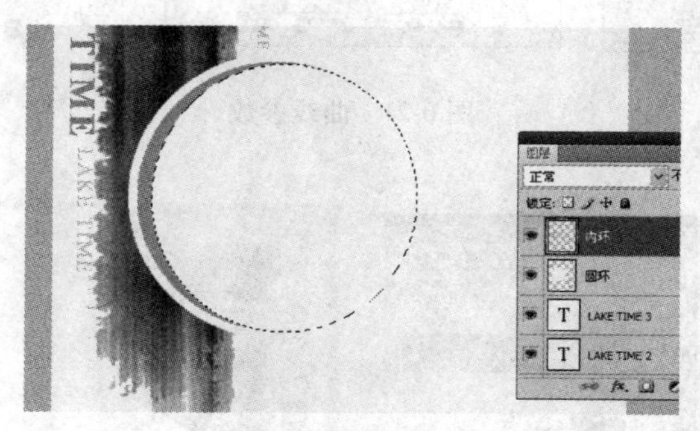

图 6-25　内环调整效果

图 6-26　最终效果

图 6-27　传统节日招贴广告效果

传统节日招贴广告设计的步骤为：

（1）新建一个“宽度”为 60 厘米，“高度”为 90 厘米，“分辨率”为 120 像素/英寸，“颜色模式”为 RGB 颜色，“背景内容”为白色的传统节日招贴广告文档。

（2）将“背景”图层转换成“图层 0”，并为“图层 0”添加“图案叠加”图层样式，参数设置如图 6-28 所示。

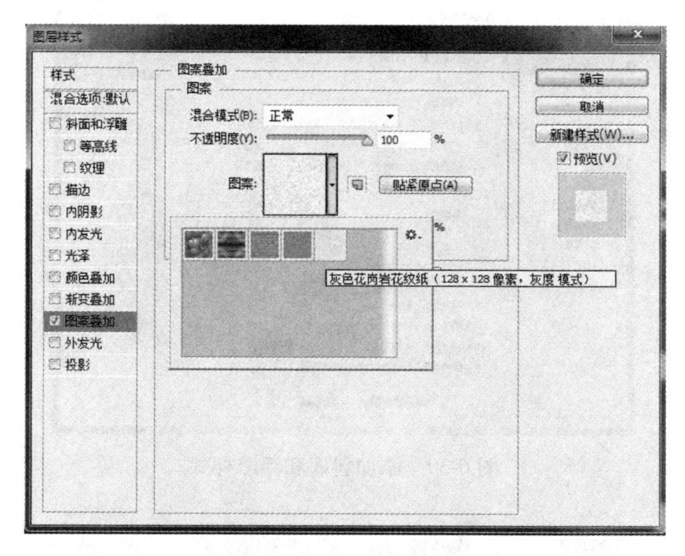

图 6-28　添加图层样式

（3）新建“图层 1”，设置前景色为蓝色（RGB：92，172，245）。在工具箱中，选择“画笔”工具，选择“窗口>画笔”菜单命令，打开“画笔”面板，设置画笔参数如图 6-29 所示。画笔设置好之后，在画布中拖动鼠标左键，随机添加画笔分布，完成背景效果制作。

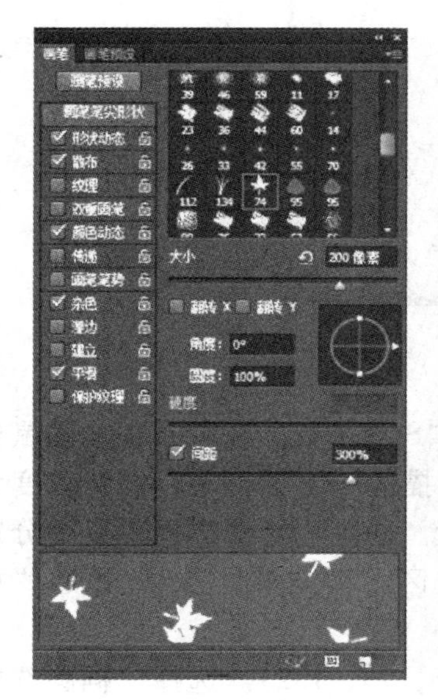
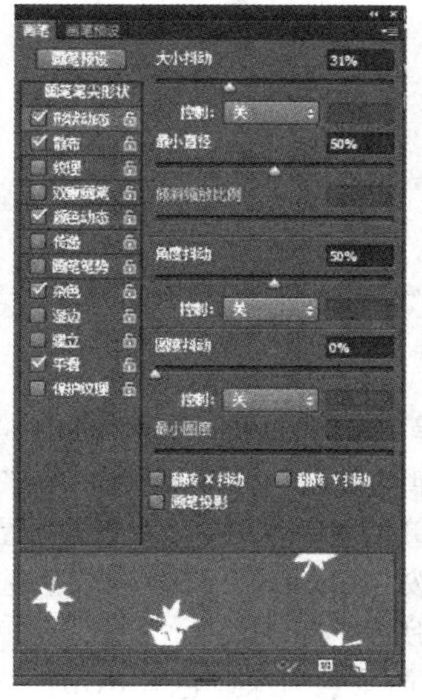
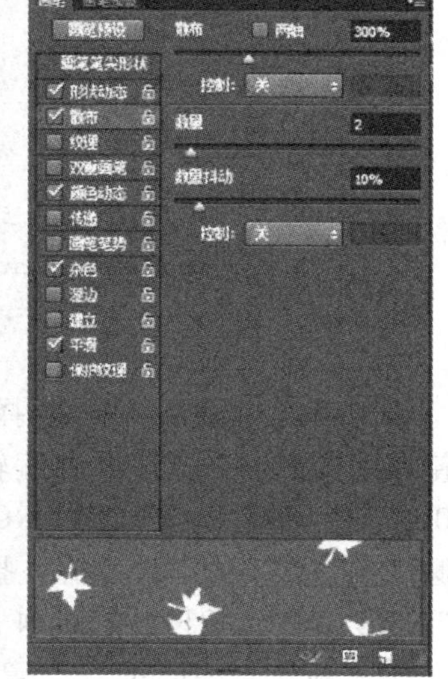

图 6-29　设置画笔参数

（4）新建“图层2”，选择“自定义形状工具”，在选项栏中设置工作模式为“像素”，在形状下拉列表中载入“边框”形状，在画布中拖动鼠标左键添加边框。双击“图层2”添加“斜面和浮雕”（见图6-30）、“光泽”（见图6-31）和“颜色叠加”（见图6-32）图层样式，效果如图6-33所示。

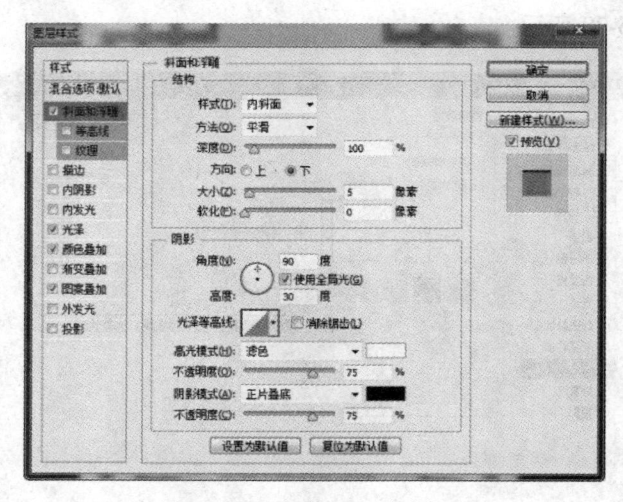

图6-30 添加斜面和浮雕样式

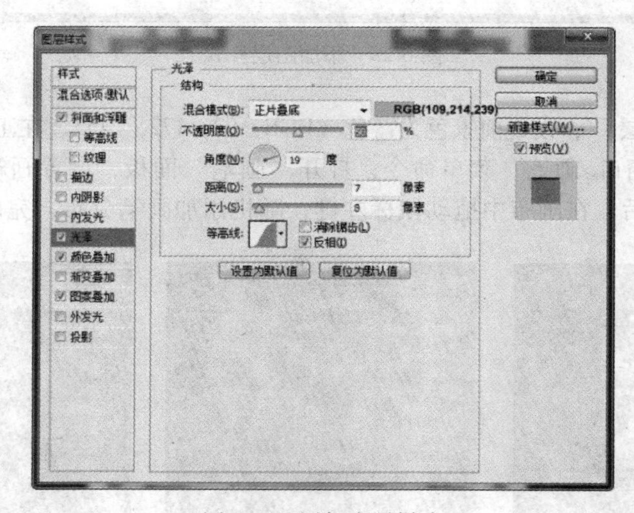

图6-31 添加光泽样式

（5）新建“图层3”，选择“椭圆选框工具”，按住“Shift”键，在画布中拖动鼠标左键添加圆形选框。选择“编辑>描边”菜单命令，在“描边”对话框中，设置宽度为“20像素”，颜色为深蓝色（RGB：4，46，94），居中位置。选择“矩形选框工具”分别将圆的上边和下边图像删除，按“Ctrl+D”组合键取消选区。双击“图层3”添加“投影”图层样式，效果如图6-34所示。

（6）新建“图层4”，设置前景色为深蓝色（RGB：33，79，132）。选择“椭圆选框工具”，按住“Shift”键，在画布中拖动鼠标左键添加内圆选框。按下“Alt+Delete”组合

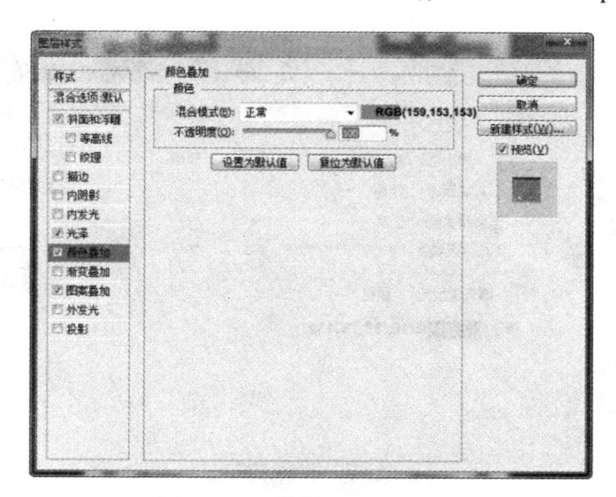

图 6-32　添加颜色叠加样式

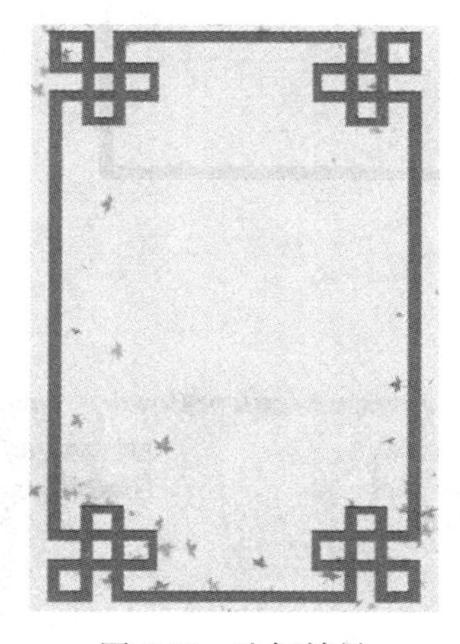

图 6-33　边框效果

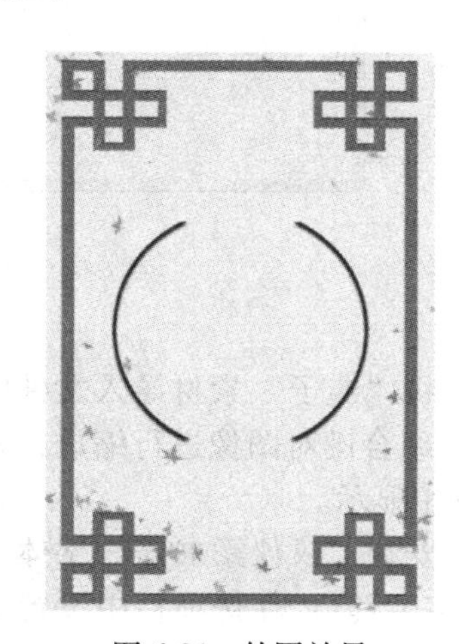

图 6-34　外圆效果

键将前景色填充选区，按“Ctrl+D”组合键取消选区。双击“图层 4”添加“斜面和浮雕”（见图 6-35）和“描边”（见图 6-36）图层样式，效果如图 6-37 所示。

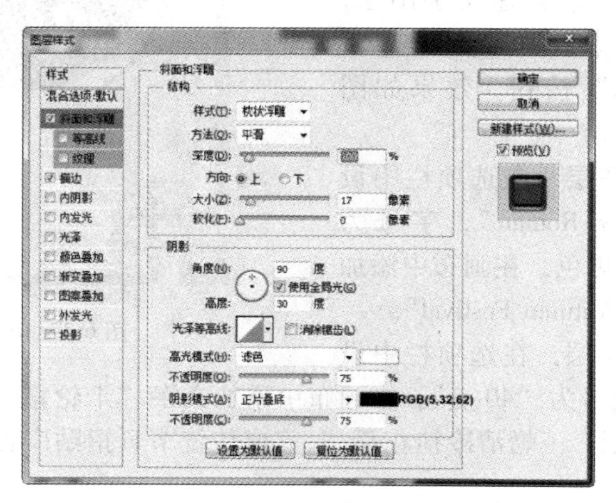

图 6-35　添加斜面和浮雕样式

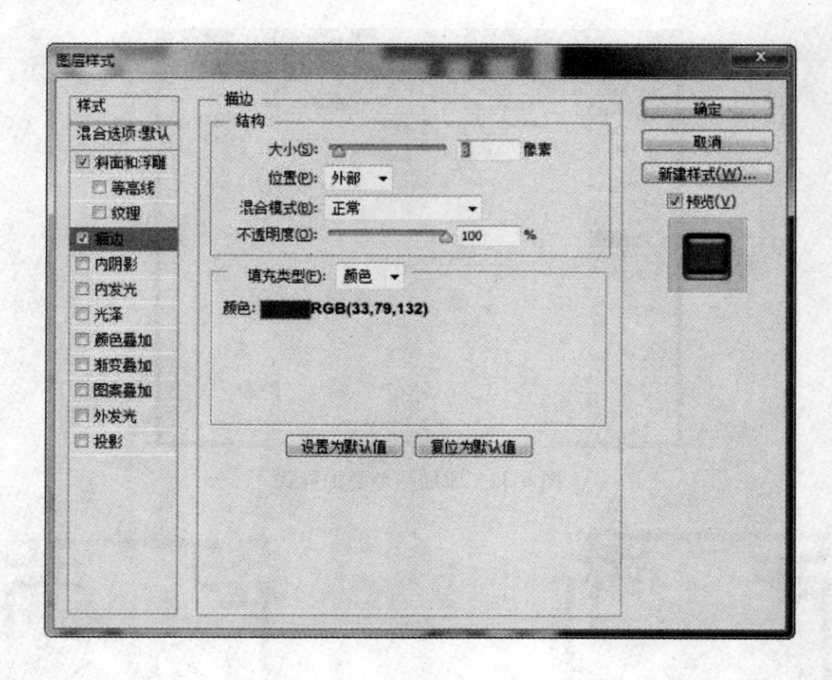

图 6-36 添加描边样式

(7) 将“兔子”素材导入文件中，按“Ctrl+T”组合键对图像进行缩放，并将其放入内圆中显示。

(8) 安装“汉仪篆书繁”字体，选择“横排文字工具”，在选项栏中设置字体为“汉仪篆书繁”，字号为“190 点”，在画布中添加文字“中秋”。

(9) 新建文字图层，在画布中添加文字“月明”。在图像下方新建文字图层，在画布中添加文字“中秋团圆夜”，单击“提交所有当前编辑”按钮，效果如图 6-38 所示。

(10) 新建文字图层，在选项栏中设置字体为“Time New Roman”，字号为“36 点”，字体颜色为黑色，在画布中添加文字“reunion in Mid-Autumn Festival”。

图 6-37 内圆效果

(11) 新建文字图层，在选项栏中设置字体为“隶书”，字号为“40 点”，在画布中添加文字“十轮霜影转庭梧，此夕羁人独向隅。未必素娥无怅恨，玉蟾清冷桂花孤。”完成传统节日招贴广告制作。最终效果如图 6-39 所示。

图 6-38 字体效果

图 6-39 最终效果

【项目总结】

本章主要讲解了 Photoshop 的色调调整命令和通道技术。色调调色功能非常强大，集合了各种调色命令，利用色调调整命令可以调整出各种色调的照片。而通道是 Photoshop 中的又一个重要功能，Photoshop 中的每一幅图像都需要通过若干通道来存储图像中的色彩信息。

项目 7　蒙版和滤镜

【学习目标】

本章主要介绍 Photoshop CS6 中的蒙版技术和滤镜功能，这些重要的知识都是作为一名平面设计师、网页设计师、图像处理专家和印刷专业人员最基本的技能。只有熟练掌握这些基本技能才能更好地发挥 Photoshop 软件的优越功能，制作出高水准的作品。

【知识精讲】

任务 7.1　Photoshop 的蒙版技术

蒙版是选区之外的部分，主要负责保护选区的内容。在 Photoshop 中蒙版分为矢量蒙版、剪贴蒙版和图层蒙版三种。由于蒙版所蒙住的地方是编辑地区时不受影响的地方，需要完整地保留下来。因此，从这个角度来理解，蒙版中的黑色是选区完全透明，白色是选区不透明，灰色介于透明和不透明之间。

7.1.1　矢量蒙版

7.1.1.1　创建矢量蒙版

矢量蒙版是由钢笔、自定形状等矢量工具创建的蒙版，它与分辨率无关，常用于制作 LOGO、按钮或其他 Web 设计元素。无论图像自身的分辨率是多少，只要使用了该蒙版，都可以得到平滑的轮廓。

创建矢量蒙版的操作步骤为：

（1）新建 600×600 像素，背景为白色的空白文档，导入雪花素材。依次选择菜单“图层>矢量蒙版>隐藏全部”菜单命令，如图 7-1 所示。

（2）在工具箱中选择“自定形状工具”，在工具选项栏中选择“路径”，在形状下拉面板中选择“雪花 2”（见图 7-2）。

（3）在蒙版中多处位置画出雪花形状，得到如图 7-3 所示的效果。

7.1.1.2　停用、删除、栅格化矢量蒙版

鼠标右键单击蒙版，可以实现停用、删除及栅格化矢量蒙版（见图 7-4）。停用矢量蒙版可以暂时屏蔽到蒙版效果，还原图像，如图 7-5 所示。如果要彻底弃用蒙版效果，可以选中删除矢量蒙版。栅格化矢量蒙版可以将蒙版效果与图像合并，变为普通图层。

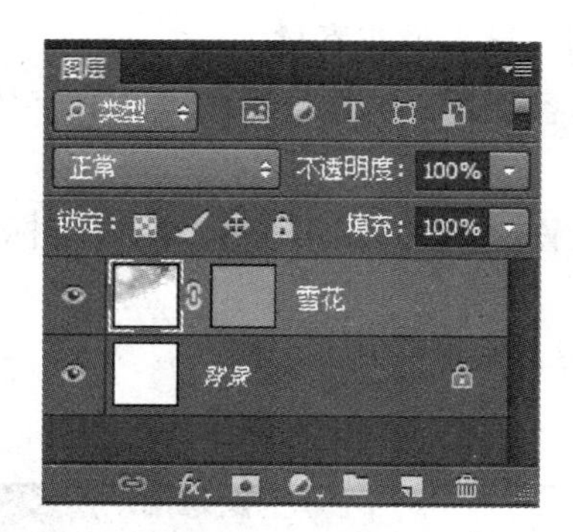

图 7-1 矢量蒙版

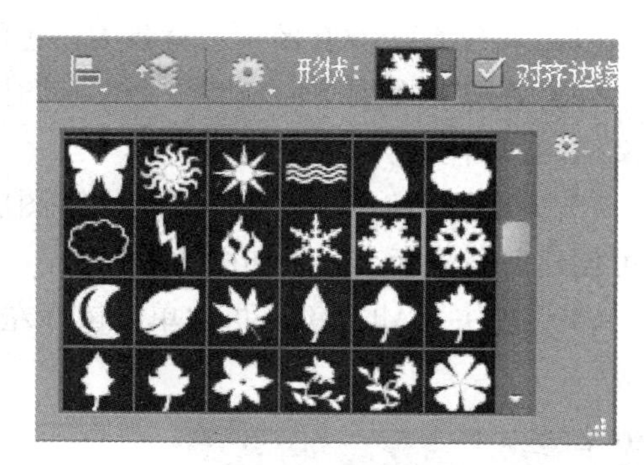

图 7-2 雪花形状

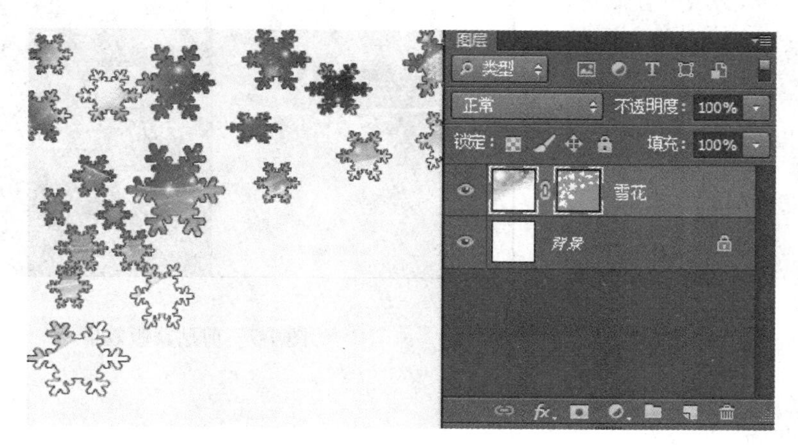

图 7-3 矢量蒙版效果

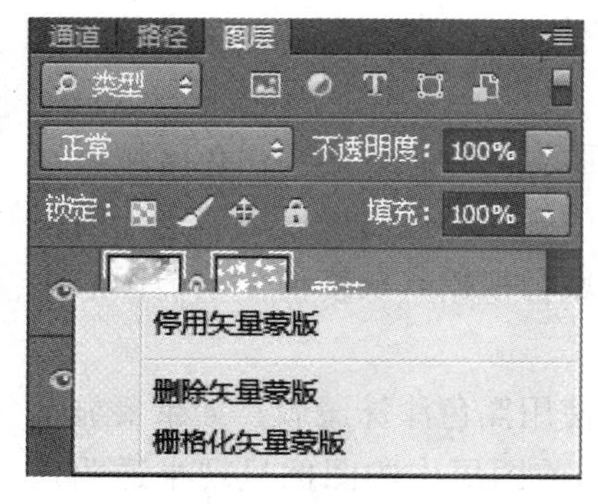

图 7-4 矢量蒙版右键菜单

图 7-5 停用矢量蒙版

7.1.2 剪贴蒙版

剪贴蒙版可以用一个图层中包含像素的区域来限制它上层图像的显示范围。它可以通过一个图层来控制多个图层的可见内容，而图层蒙版和矢量蒙版都只能用于控制一个图层。

剪贴蒙版的操作步骤为：

（1）新建 600×600 像素，背景为白色的空白文档，导入雪花素材。

（2）在雪花图层下面新建一个文字图层，文字内容任意，选择合适的大小和字体，放到文档的适当位置，如图 7-6 所示。

（3）将鼠标定位到雪花图层与文字图层中间的位置，按住“Alt”键，单击鼠标左键，即可创建剪贴蒙版，效果如图 7-7 所示。

（4）按住“Alt”键，再次单击鼠标左键，则可释放剪贴蒙版。

图 7-6 新建文字图层

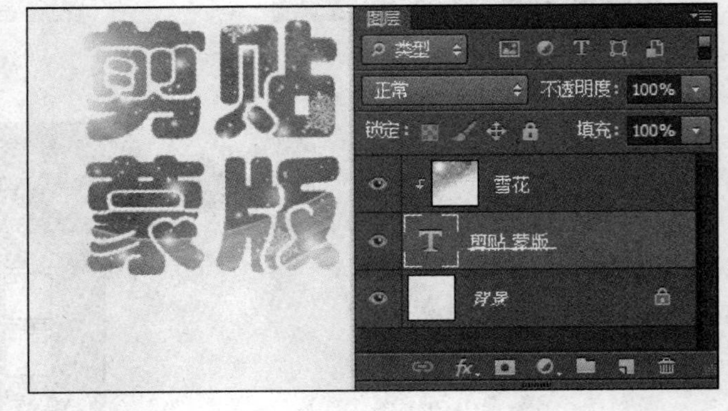

图 7-7 剪贴蒙版效果

7.1.3 图层蒙版

图层蒙版主要用于合成图像。此外，在创建调整图层、填充图层或者应用智能滤镜时，Photoshop 也会自动为其添加图层蒙版，因此，图层蒙版可以控制颜色调整和滤镜范围。

图层蒙版是与文档具有相同分辨率的 256 级色阶灰度图像。蒙版中的纯白色区域可以遮盖下面图层中的内容，只显示当前图层中的图像；蒙版中的纯黑色区域可以遮盖当前图层中的图像，显示出下面图层中的内容；蒙版中的灰色区域会根据其灰度值使当前图层中的图像呈现出不同层次的透明效果。

基于以上原理，如果要隐藏当前图层中的图像，可以使用黑色涂抹蒙版；如果要显示当前图层中的图像，可以使用白色涂抹蒙版；如果要使当前图层中的图像呈现半透明效果，则可以使用灰色涂抹蒙版，或者在蒙版中填充渐变。

图层蒙版的操作步骤为：

（1）新建 600×600 像素，背景为白色的空白文档，导入雪花素材。打开草地素材，并拖放到文档中合适的位置，并为其添加图层蒙版，如图 7-8 所示。

（2）选中蒙版，将前景色设置成黑色，使用画笔工具在草地图上涂抹，隐藏部分区域，对于两幅图交界的区域，通过调整画笔的硬度、不透明度和流量来实现自然的过渡效果，多次涂抹后的效果如图 7-9 所示。

图 7-8 堆放素材

图 7-9 最终效果

任务 7.2 Photoshop 的滤镜技术

滤镜主要用来实现图像的各种特殊效果，它在 Photoshop 中具有非常神奇的作用，所以有的滤镜在 Photoshop 中都分类放置在菜单中，使用时只需要从该菜单中选择命令即可。滤镜通常需要同通道、图层等技术联合使用，才能取得更佳艺术效果。如果想在最适当的时候应用滤镜到最适当的位置，除了平常的美术功底之外，用户还需要熟悉滤镜的操作效果，同时还需要具备丰富的想象力和创造力。

在 Photoshop 中滤镜主要分为内部滤镜和外挂滤镜。内部滤镜是 Photoshop 软件自带的滤镜，如模糊、风格化、扭曲等；外挂滤镜是需要安装才能使用的滤镜。

7.2.1 滤镜的使用方法

7.2.1.1 首次使用滤镜

在文档窗口中，指定要应用滤镜的文档或图像区域，选择“滤镜”菜单中相关滤镜菜单命令，打开当前滤镜对话框，在对话框中对当前滤镜的参数进行设置，单击“确定”按钮即可应用滤镜。

7.2.1.2 重复使用滤镜

当执行完一个滤镜操作以后，在“滤镜”菜单的第一行将出现刚才使用的滤镜名称，选择该命令或者按“Ctrl+F”组合键，即可以相同的参数再次应用该滤镜。如果按“Alt+Ctrl+F”组合键，则会重复打开上一次执行的滤镜对话框。

7.2.1.3 复位滤镜

在滤镜对话框中，经过修改以后，如果想复位当前滤镜到打开时的设置，可按住“Alt”键，此时，该滤镜对话框中的“取消”按钮将变成“复位”按钮，单击该按钮可以将滤镜参数恢复到打开该对话框的状态。

7.2.1.4 滤镜效果预览

在使用滤镜时，有时候会打开滤镜对话框，而这些对话框都有相同的预览设置。比如，选择“滤镜>模糊>高斯模糊”菜单命令，打开“高斯模糊”对话框，如图 7-10 所示。

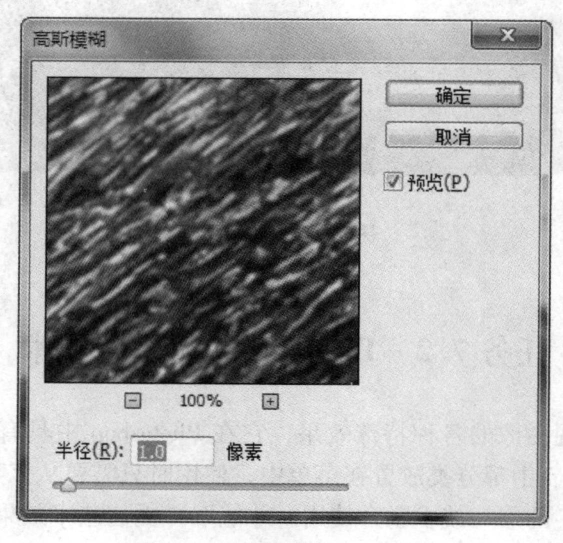

图 7-10 “高斯模糊”对话框

“高斯模糊”对话框包含以下选项：

（1）预览窗口。在该窗口中，可以看到图像应用滤镜后的效果，以便用户及时对滤镜参数进行调整，达到满意效果。当图像的显示大于预览窗口时，在预览窗口中拖动鼠标，可以移动图像的预览位置，以查看不同图像位置的效果。

（2）缩小。单击该按钮，可以缩小预览窗口中的图像显示区域。

（3）放大。单击该按钮，可以放大预览窗口中的图像显示区域。

（4）缩放比例 100%。该选项可以显示当前图像的缩放比例值。单击“缩小”或“放大”按钮时，该值会随之变化。

（5）预览。选中该复选框，可以在当前图像文档中查看滤镜的应用效果。如果取消选中该复选框，则只能在对话框的预览窗口内查看滤镜效果。当前图像文档中没有任何变化。

7.2.1.5　滤镜效果后期处理

使用滤镜处理图像以后，选择“编辑>渐隐”菜单命令，打开“渐隐”对话框，如图 7-11 所示。在“渐隐”对话框中可以修改滤镜效果的不透明度和混合模式。“渐隐”菜单命令必须是在进行滤镜编辑操作后立即执行；如果滤镜效果添加后进行了其他操作，则无法执行该命令。

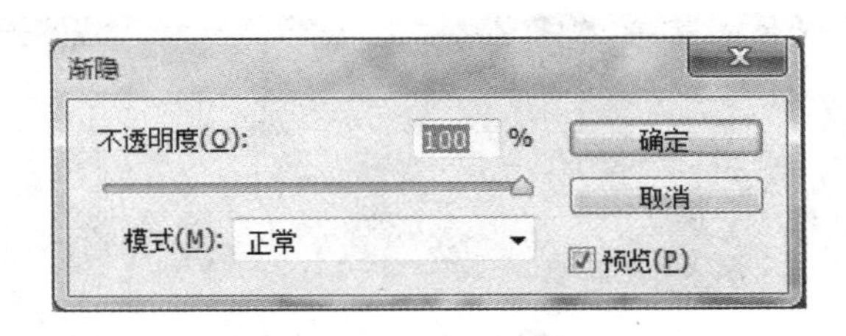

图 7-11　“渐隐”对话框

7.2.1.6　其他方法

使用滤镜处理图层中的图像时，需要选择该图层且该图层必须可见。

如果创建了选区，滤镜只能对选区内的图像进行设置；如果没有创建选区，滤镜作用于当前图层的所有图像。如果想使滤镜与原图像更好地结合在一起，可以先将选区进行一定的羽化效果后再添加滤镜效果。

如果当前选择是某一图层、某一单一颜色通道或 Alpha 通道，滤镜只对当前图层或通道起作用。

有些滤镜的使用会占用内存，特别是应用在高分辨率的图像。这时可以先对单个通道或部分图像设置滤镜，将参数记录下来，然后再对图像使用该滤镜，避免重复无用的操作。

滤镜的处理效果以像素为单位进行计算，因此，相同的参数处理不同分辨率的图像其效果也不相同。滤镜可以处理图层蒙版、快速蒙版和通道。只有云彩滤镜可以应用在没有像素的区域，其他滤镜（外挂滤镜除外）都必须应用在包含像素的区域，否则不能使用。

使用“历史记录”面板配合“历史记录画笔工具”可以对图像的局部区域应用滤镜效果。

【重点答疑解惑】滤镜命令不能使用？

如果滤镜菜单中的某些滤镜命令显示为灰色，就表示它们不能使用。一般情况下，这是由于图像模式造成的。RGB 模式的图像可以使用全部滤镜，而 CMYK 模式、索引模式、位图模式、16 位或 32 位色彩模式的图像只能使用部分滤镜。如果要对位图、索引或 CMYK 模式的图像应用滤镜，可以选择“图像>模式>RGB 颜色”菜单命令，将它们转换成 RGB 模式，然后再使用滤镜进行处理。

7.2.2　滤镜库

滤镜库是一个集中了大部分滤镜效果的对话框，它可以将一个或多个滤镜应用到图像，或对同一图像进行多次滤镜处理，还可以使用对话框中的其他滤镜替换原来已经使用的滤镜。使用滤镜库对图像进行滤镜设置，避免了多次单击滤镜菜单、选择不同滤镜的繁杂操作问题。

其操作步骤为：

（1）首先，打开图像文件，选择“滤镜>滤镜库”菜单命令，打开“滤镜库”对话框，如图 7-12 所示。对话框中的左侧为预览区，通过该区域可以查看图像的滤镜效果。滤镜参数设置在对话框的中间显示。

图 7-12　“滤镜库”对话框

（2）单击滤镜组名称，可以展开或折叠当前的滤镜组。展开滤镜组后，选择某个滤镜命令，即可将该命令应用到当前图像中，并且在对话框的右侧显示当前选择滤镜的参数选项；还可以从右侧的下拉列表中选择各种滤镜命令。在滤镜库对话框右下角显示了当前应用在图像上的所有滤镜列表。

（3）在对话框右下角单击“新建效果图层”按钮，可以创建一个新的滤镜效果，以便增加更多的滤镜。添加效果图层后，可以选取要应用的另一个滤镜，重复此过程可添加多个滤镜，图像效果也会变得更加丰富。如果不创建新的滤镜效果，每次选择滤镜命令，会将刚才的滤镜替换，而不会增加新的滤镜命令。选择一个滤镜，然后单击“删除效果图层”按钮，可以将选择的滤镜删除。

【任务实践】

欢畅啤酒节海报制作

首先来看一下最终效果，效果如图 7-13 所示。

图 7-13 最终效果

欢畅啤酒节海报制作步骤为：

（1）新建一个“宽度”为 2000 像素，“高度”为 900 像素，“分辨率”为 72 像素/英寸，“颜色模式”为 RGB 颜色，“背景内容”为白色的欢畅啤酒节文档。

（2）在“图层面板”中新建“图层 1”，使用“编辑”>“填充”菜单命令，为图层 1 填充任意颜色。在“图层面板”中双击“图层 1”，打开“图层样式”对话框，添加“渐变叠加”新式，具体颜色参数设置如图 7-14 所示。

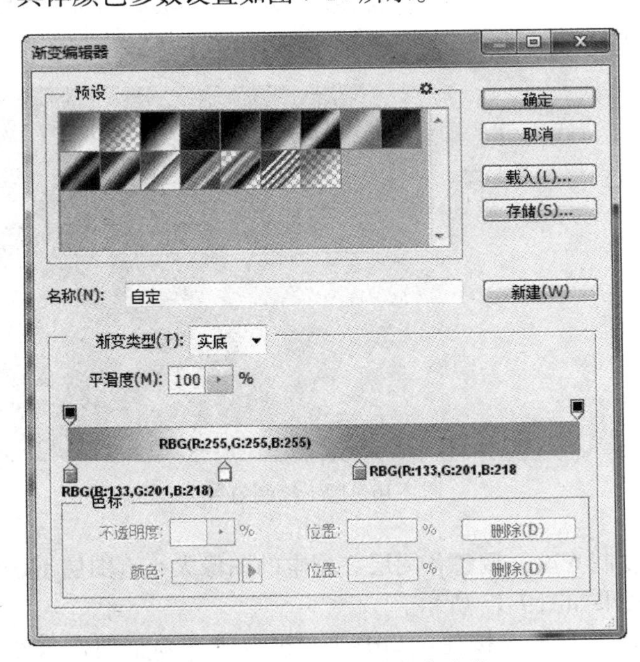

图 7-14 “渐变叠加”颜色参数

（3）“渐变叠加”图层样式，其他参数设置如图 7-15 所示。样式设置好之后，单击“确定”按钮，保存渐变叠加样式设置。

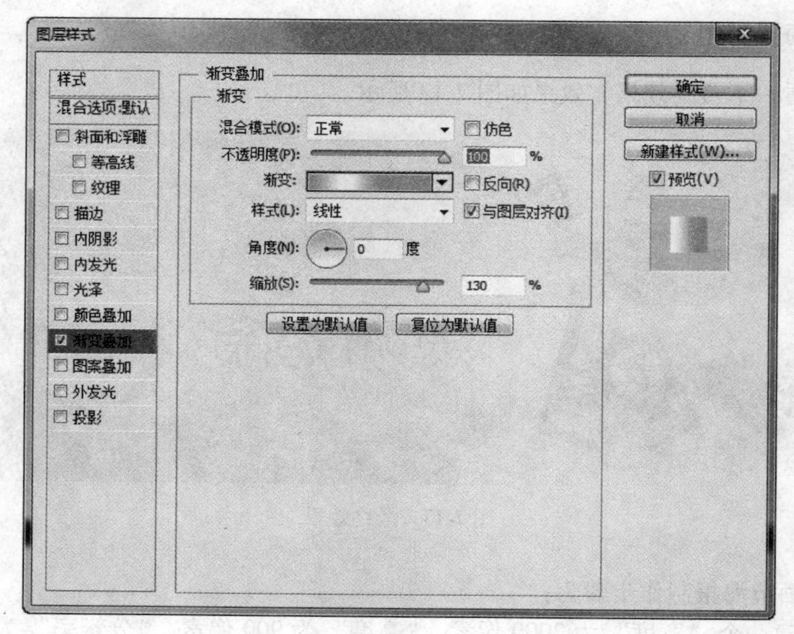

图 7-15 “渐变叠加”样式设置

（4）设置前景色为蓝色（RGB：67，143，162）。在“图层面板”中，新建“图层 2”。在工具箱中选择“椭圆工具”，设置选项栏中的选择工作模式为“像素”，按住“Shift”+鼠标左键，在“图层 2”中绘制圆形。设置“图层 2”的不透明度为“15%”，调整圆形位置，效果如图 7-16 所示。

图 7-16 圆形绘制效果

（5）将图层 2 复制 6 次，调整各图层 2 副本的图像大小，图层不透明度及位置，为海报增加背景样式，效果如图 7-17 所示。

（6）添加“冰块”素材，按住“Ctrl+T”组合键，调整图像大小。在“图层面板”中，为“冰块”图层添加“矢量蒙版”，设置前景色为黑色，背景色为白色。在工具箱中

图 7-17 圆形添加效果

选择“渐变工具”，在矢量蒙版中，按住“Shift”键，从上向下填充渐变颜色。调整图层的不透明度为“80%”，效果如图 7-18 所示。

图 7-18 冰块效果

（7）添加“水滴”素材，按住“Ctrl+T”组合键，调整图像大小。选择“滤镜 > 模糊 > 高斯模糊”，设置模糊半径为“0.5”。水滴效果如图 7-19 所示。

图 7-19 水滴效果

（8）在工具箱中，选择“自定义形状工具”，在选择栏中设置选择模式为“像素”，载入“物体”形状，选择“五彩纸屑”形状。在“图层面板”中新建“图层 3”，设置前景色为黄色（RGB：233，234，69），添加“五彩纸屑”形状，效果如图 7-20 所示。

图 7-20　五彩纸屑效果

（9）添加“酒瓶 1”素材，使用“Ctrl+T”组合键，调整酒瓶 1 大小为“90%”，旋转角度为“-15”度；添加“酒瓶 2”素材，使用“Ctrl+T”组合键，调整酒瓶 2 旋转角度为“25”度，效果如图 7-21 所示。

图 7-21　酒瓶效果

（10）安装“Forte MT”字体，设置前景色为橙色（R：245，G：199，B：114）。在工具栏中选择“文字”工具，在“字符面板”中，选择字体为“Forte MT”字体，设置字体大小为“130 点”，设置行距为“130 点”。创建文字图层，添加“Happy Beer Festival”，添加“斜面和浮雕”图层样式，参数如图 7-22 所示。文字添加效果如图 7-23 所示。

（11）在工具箱中选择“直线工具”，在选项栏中设置选择工作模式为“像素”，粗细为“10 像素”。在“图层面板”中，新建“图层 7”，设置前景色为粉色（RGB：250，217，193），按住“Shift”键，在图层中添加直线，效果如图 7-24 所示。

（12）选择“文字工具”，设置字体大小为“125 点”，添加“欢畅啤酒节”字体。其中“欢畅节”字体颜色为白色，“啤酒”字体颜色为橙色（R：245，G：199，B：114）。

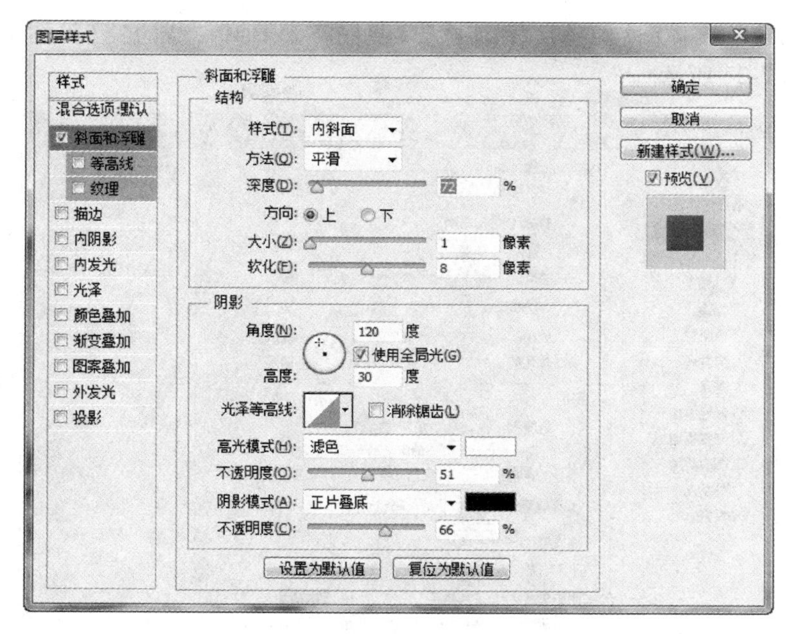

图 7-22 “斜面和浮雕”样式设置

图 7-23 Happy Beer Festival 字体效果

图 7-24 直线效果

为“欢畅啤酒节”字体添加“斜面和浮雕”（见图 7-25）和“描边”（见图 7-26）图层样式，效果如图 7-27 所示。

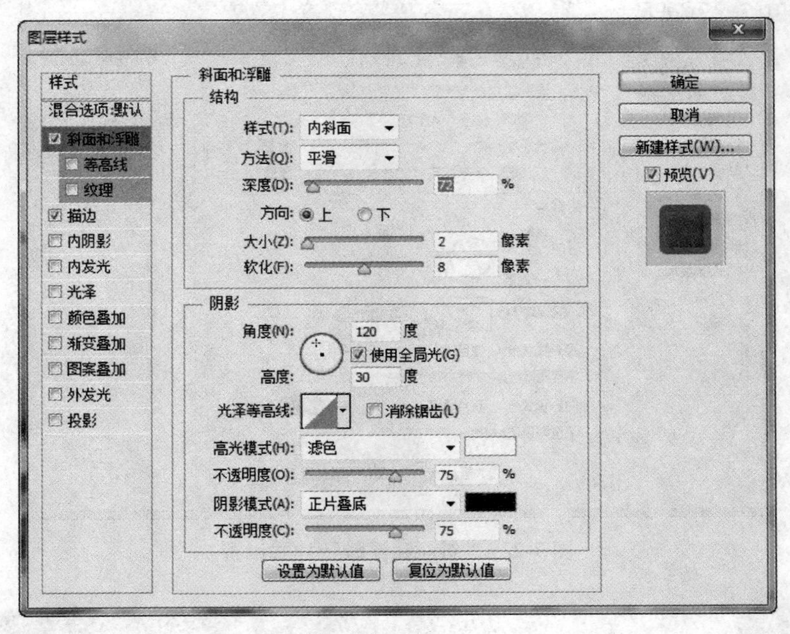

图 7-25 “斜面和浮雕”样式设置

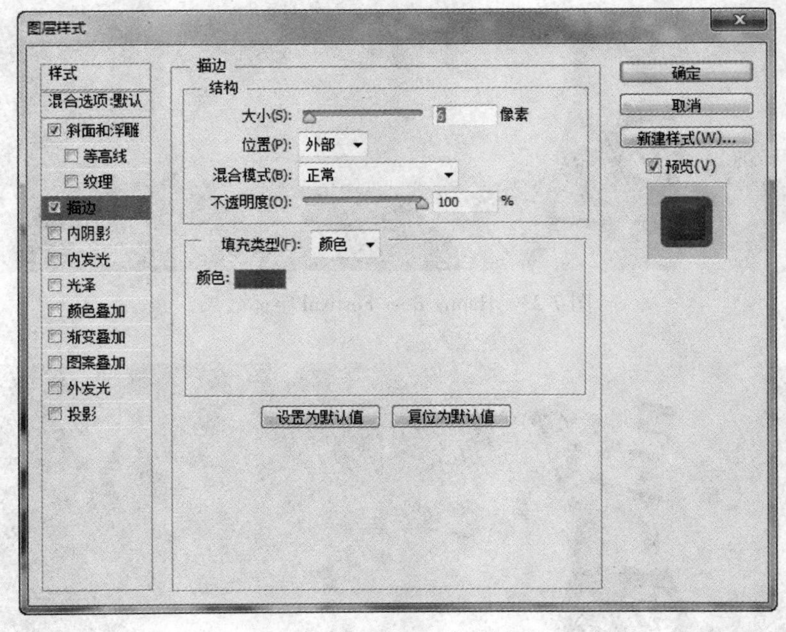

图 7-26 “描边”样式设置

（13）添加“酒杯”素材，调整酒杯大小、位置和旋转角度，完成欢畅啤酒节海报制作。最终效果如图 7-28 所示。

图 7-27　欢畅啤酒节字体效果

图 7-28　欢畅啤酒节海报效果

【项目拓展】

书籍封面制作

首先来看一下最终效果，效果如图 7-29 所示。

图 7-29　最终效果

书籍封面制作步骤为：

（1）新建一个“宽度”为91厘米，“高度”为64厘米，“分辨率”为300像素/英寸，“颜色模式”为CMYK颜色，“背景内容”为透明的书籍封面设计文档。同时设置好参考线信息。

（2）导入封面背景，如图7-30所示。

图7-30 设计封面背景图

（3）封面主体画面的制作，在封面、封底的位置各添加1张山水素材图片（见图7-31），对其添加矢量蒙版，并设置素材的不透明度为50%，同时在书脊位置添加背景颜色，效果如图7-32所示。

图7-31 封面水墨山水背景素材

（4）添加书名的背景方框图，并填充背景颜色。添加作者背景（圆点），在左上部添加毛笔字背景，设置不透明度为20%，如图7-33所示。

（5）添加书名和作者。将书名素材放置到合适位置，并为书名背景添加白色发光效果；添加作者姓名，同时在左下部添加出版社，效果如图7-34所示。

（6）在封底左上角添加责任编辑、封面设计、责任校对和责任印刷等人物信息，在封

图 7-32 添加主体素材

图 7-33 调整

底右下角添加条形码素材。在书脊的位置添加书名、作者和出版社信息，如图 7-35 所示。至此完成整个书脊封面的设计，最终效果见图 7-36 所示。

图 7-34 前封面效果

图 7-35 封底和书脊

图 7-36 最终效果

【项目总结】

本章主要讲解 Photoshop 的蒙版和滤镜技术，蒙版是合成图像的重要工具，在 Photoshop 中，蒙版分为快速蒙版、矢量蒙版和图层蒙版。滤镜的内容比较多，每组滤镜都有自己的功能特点，希望读者对各个滤镜进行反复体验和测试，掌握好其功能、特点和用法。

项目8　包 装 设 计

【学习目标】

本章主要介绍了 Photoshop CS6 的辅助功能，包括参考线、网格和标尺的使用。通过本章的学习，使读者能够熟悉辅助工具的使用，掌握辅助工具在设计制作中的方法。

走进包装设计

包装是商品的附属品，是实现商品价值和使用价值的一个重要手段。包装的基本职能是保护商品和促进商品销售。

【知识精讲】

任务8.1　辅助工具——标尺的使用

在 Photoshop CS6 中，标尺用于显示鼠标指针当前所在位置的坐标。使用标尺可以准确地对齐图像或元素，准确地确定图像或元素的位置，同时也可以准确地选取一个范围。

8.1.1　显示和隐藏标尺

显示标尺的操作方法为：选择“视图”菜单，在下拉列表中点击“标尺”命令，即可在当前文档的左侧和顶部显示标尺，如图 8-1 所示。

图 8-1　标尺

如果在“视图”菜单中，再次点击“标尺”命令，即可将该命令左侧的对号（√）去掉，同时也将标尺隐藏了起来。

8.1.2 更改标尺原点

默认情况下，标尺的原点位于文档窗口的左上角（0，0）的位置。

如果要修改原点的位置，可以从图像上的特定点开始进行测量。将光标放在标尺左上角交叉处的方块中，单击并向右下方拖动，画面中会显示出十字线。如图 8-2 所示。

图 8-2 十字线

将光标拖放到需要的位置，松开鼠标，该处便成为原点的新位置。如图 8-3 所示。

图 8-3 原点新位置

提示： 重新定位原点时，按住“Shift”键可以使标尺原点与标尺刻度记号对齐。同时，标尺的原点也是网格的原点，调整了标尺的原点也就调整了网格的原点。

还原标尺原点的操作方法为：在图像窗口左上角的标尺交叉处的方块内双击，即可将标尺原点恢复到默认位置。

8.1.3 标尺的设置

标尺设置的操作方法为：选择“编辑”菜单，将鼠标指针移动到“首选项”上面，在弹出的子菜单中点击“单位与标尺”命令，即可打开“首选项”对话框，如图 8-4 所示。

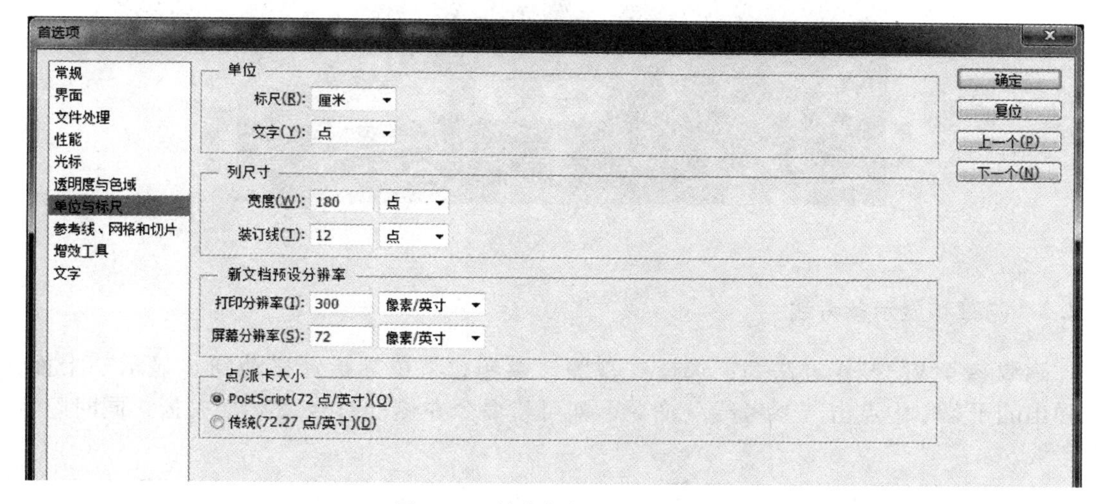

图 8-4 “单位与标尺”对话框

或者在图像窗口的标尺上面双击，也可以打开“首选项”对话框。在“单位与标尺”项中可以设置标尺的单位等参数。

任务 8.2 辅助工具——参考线的使用

参考线是精确绘图时用来作为参考的线，它显示在文档画面中，用于方便对齐图像，却不参与打印，只是起一种辅助作用。

8.2.1 创建参考线

创建参考线的操作方法为：打开标尺，将鼠标光标移动到水平标尺上面，按下鼠标左键向下拖动，即可创建一条水平参考线；将鼠标光标移动到垂直标尺上面，按下鼠标左键向右拖动，即可创建一条垂直参考线，如图 8-5 所示。

提示： 按住“Alt”键的同时按下鼠标左键，从水平标尺上拖动可以创建垂直参考线；从垂直标尺上拖动可以创建水平参考线。

精确创建参考线的操作方法为：选择“视图”菜单，在下拉列表中点击“新建参考线”命令，打开“新建参考线”对话框。在“取向”框中选择水平或者垂直，在“位置”文本框中输入参考线的位置，然后点击“确定”按钮，即可精确创建参考线。

提示： 按住“Shift”键，然后再创建参考线，可以使参考线与标尺上的刻度对齐。

图 8-5 参考线

8.2.2 隐藏和显示参考线

隐藏参考线的操作方法为：选择“视图”菜单，将鼠标指针移动到“显示”上面，在弹出的子菜单中点击“参考线”命令，即可将命令左侧的对号（√）去掉，同时隐藏参考线。

显示参考线的操作方法为：选择“视图”菜单，将鼠标指针移动到“显示”上面，在弹出的子菜单中点击“参考线”命令，即可在命令左侧打上对号（√），同时显示参考线。

提示：如果没有创建过参考线，参考线命令将会变为灰色的不可用状态。

8.2.3 移动参考线

移动参考线的操作方法为：点击工具箱中的移动工具，将光标移动到水平参考线上或者垂直参考线上，按下鼠标左键进行拖动，即可移动参考线的位置，如图 8-6 所示。

图 8-6 移动参考线

提示：按住“Shift”键，然后再移动参考线，可以使参考线与标尺上的刻度对齐。

8.2.4 删除参考线

删除参考线的操作方法为：将鼠标光标移动到该参考线上，按下鼠标左键拖动该参考线到文档窗口的外面，即可删除该参考线。

选择“视图”菜单，在下拉列表中点击“清除参考线”命令，即可删除全部参考线。

8.2.5 开启和关闭对齐参考线

开启对齐参考线的操作方法为：选择“视图”菜单，在下拉列表中将鼠标指针移动到“对齐到”上面，在弹出的子菜单中点击“参考线”命令，即可在命令的左侧打上对号（√），则表示开启了对齐参考线命令。这样，在文档中绘制选区、路径、裁切框、切片或者移动图形时，都将对齐参考线。

关闭对齐参考线的操作方法为：选择“视图”菜单，在下拉列表中将鼠标指针移动到“对齐到”上面，在弹出的子菜单中点击“参考线”命令，即可去掉命令左侧的对号（√），表示关闭了对齐参考线命令。

8.2.6 锁定和解锁参考线

锁定参考线的操作方法为：选择“视图”菜单，在下拉列表中点击“锁定参考线”命令，即可在命令的左侧打上对号（√），同时锁定了参考线。

一旦锁定了参考线，则不能再对参考线进行编辑、移动等操作了。

解锁参考线的操作方法为：选择“视图”菜单，在下拉列表中点击“锁定参考线”命令，即可去掉命令左侧的对号（√），同时对参考线进行了解锁操作。

8.2.7 参考线的设置

参考线设置的操作方法为：在“首选项”对话框中，点击“参考线、网格和切片”，可以设置参考线的颜色和样式，如图 8-7 所示。

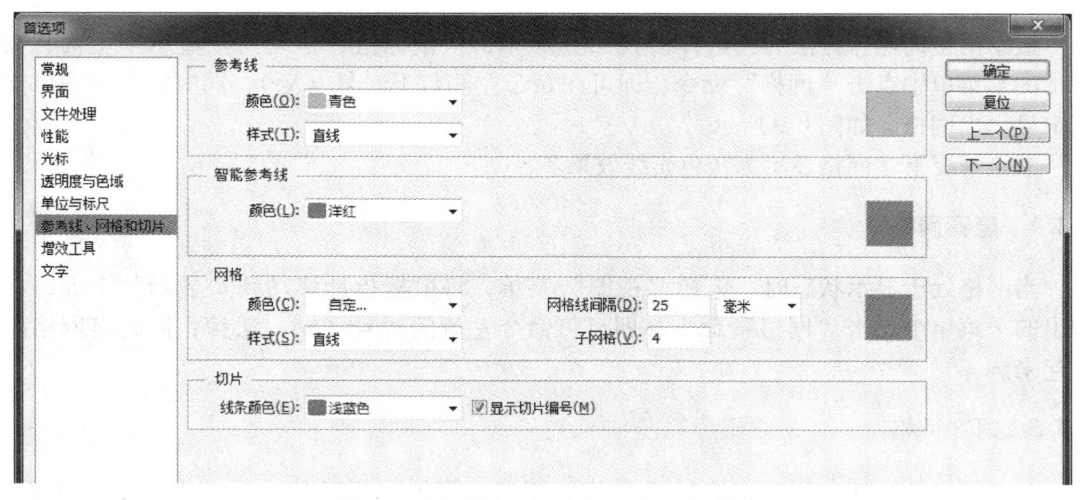

图 8-7 “参考线、网格和切片”对话框

任务 8.3　辅助工具——智能参考线的认识

智能参考线是一种具有智能化的参考线，它只在需要时出现。在使用移动工具 进行移动操作时，通过智能参考线可以对齐其他的图像、形状、选区或切片等。

启用智能参考线的操作方法为：选择“视图”菜单，在下拉列表中将鼠标移动到“显示”上面，在弹出的子菜单中点击“智能参考线”命令，即可在命令左侧打上对号（√），并启用智能参考线，如图 8-8 所示。

关闭智能参考线的操作方法为：选择“视图”菜单，在下拉列表中将鼠标移动到“显示”上面，在弹出的子菜单中点击“智能参考线”命令，即可将命令左侧的对号（√）去掉，并关闭智能参考线。

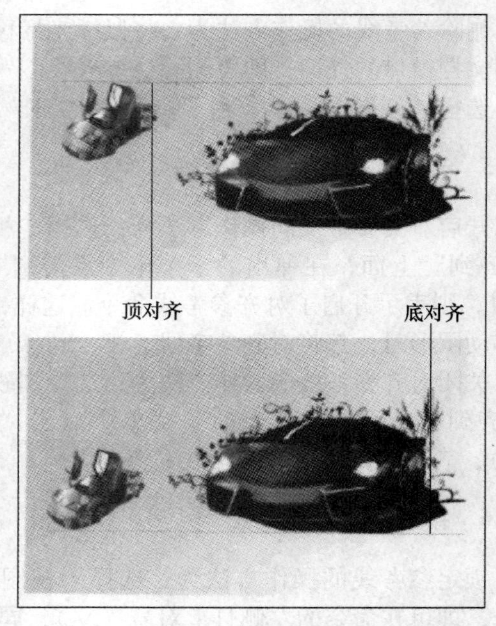

图 8-8　智能参考线

任务 8.4　辅助工具——网格的使用

网格主要在操作中用于对齐对象，也可用来辅助绘图的网格状辅助线。它位于图像的最上层，不会被打印。

8.4.1　显示网格

显示网格的操作方法为：选择“视图”菜单，将鼠标指针移动到“显示”上面，在弹出的子菜单中点击“网格”命令，即可在命令左侧打上对号（√），同时在当前图像文档中显示出网格，如图 8-9 所示。

默认情况下，网格显示为灰色直线效果。

8.4.2　隐藏网格

当网格处于显示状态时，选择“视图”菜单，将鼠标指针移动到“显示”上面，在弹出的子菜单中点击“网格”命令，即可将命令左侧的对号（√）去掉，同时将网格隐藏起来。

8.4.3　对齐网格

对齐网格的操作方法为：选择“视图”菜单，将鼠标指针移动到“对齐到”上面，在弹出的子菜单中点击“网格”命令，即可在命令的左侧打上对号（√）标记，表示启

图 8-9　显示网格

用了网格对齐命令。

在这之后，当该文档中绘制选区、路径、裁切框、切片或移动图形时，都会自动对齐到网格上。

再次选择“视图”菜单，将鼠标指针移动到“对齐到”上面，在弹出的子菜单中点击“网格”命令，即可去掉命令左侧的对号（√）标记，表示关闭了网格对齐命令。

8.4.4　网格的设置

网格的设置的操作方法为：在“首选项”对话框中，点击“参考线、网格和切片”，可以设置网格属性，如图 8-7 所示，可以设置网格的颜色、网格线间隔、样式以及子网格的数目等。

任务 8.5　辅助工具——为图像添加注释

“注释工具”可以为图像添加注释，用于标注图像的内容或者提示操作。注释就像生活中的便笺纸，可以将要说的话或要记录的内容写下来。

8.5.1　为图像添加注释和内容

为图像添加注释和内容的操作步骤为：

（1）首先，打开一个图像文件，如图 8-10 所示。

（2）在工具箱中选择“注释工具”，如图 8-11 所示。

（3）将光标移动到图像上，此时可以看到光标变成了形状，在需要的位置上单击鼠标即可添加一个注释，如图 8-12（a）所示。此时，会在窗口中自动弹出“注释”面板，如图 8-12（b）所示。

图 8-10 打开图像文件

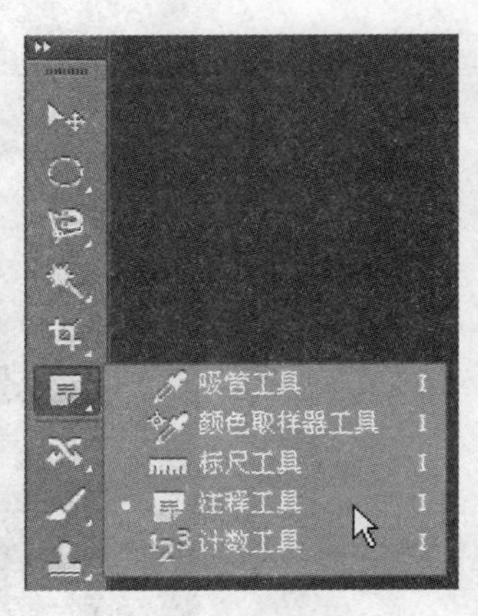

图 8-11 注释工具

(a)

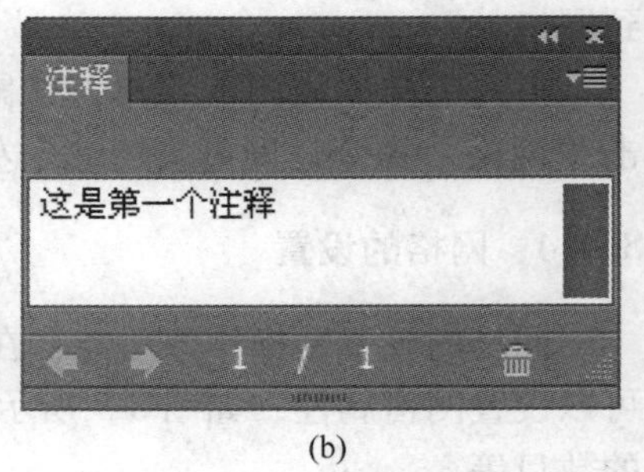

(b)

图 8-12 添加注释

（4）在面板中输入注释内容，可以输入图像的制作过程、某些特殊的操作方法等。创建注释以后，在任意位置单击即可。

（5）Photoshop CS6 为注释添加作者。其操作方法为：选择“注释工具”以后，弹出了相应的工具选项栏；在“作者”右侧的文本框中可以输入作者的名字；点击“颜色”右侧的“注释颜色”颜色块，可以修改注释图标的颜色；点击“显示或隐藏注释面板”按钮，可以显示或关闭“注释”面板。

8.5.2 打开或关闭注释

如果在注释图标上面单击鼠标右键，则可以在弹出的快捷菜单中点击“打开注释”命令，或者双击注释图标，打开“注释”面板并显示注释内容，就能够查看或修改注释内容。

如果在文档中添加了多个注释，则可以点击“注释”面板底部的◀或▶按钮，循环显示各个注释内容。在弹出的快捷菜单中点击“关闭注释”命令，可以关闭“注释”面板。

8.5.3　移动注释

拖动注释图标，即可移动它的位置。

8.5.4　删除注释

删除单个注释的操作方法为：在要删除的注释上单击鼠标右键，在弹出的快捷菜单中点击“删除注释”命令，即可删除当前的注释；也可以点击“注释”面板底部的“删除注释”按钮，将当前选择的注释删除掉；还可以选择一个注释后，按下键盘上的“Delete”键，将该注释删除；还可以点击“注释”面板底部的◀或▶按钮进行跳转，以选择要删除的注释，然后点击“删除注释”按钮，即可删除注释。

删除所有的注释的操作方法为：在某一个注释上单击鼠标右键，在弹出的快捷菜单中点击“删除所有注释”命令，或者单击工具选项栏中的“清除全部”按钮，即可将所有的注释全部删除掉。

8.5.5　保存注释

保存注释的操作方法为：将注释设置好以后，选择“文件”菜单，点击“存储为”命令，在打开的“存储为”对话框中，将本文件保存为 .PDF 格式的文件，即可将注释保存起来。

【重点技术拓展】标尺工具的使用

标尺工具使用的操作步骤为：

打开一个图像文件，如图 8-13 所示。

(1) 在工具箱中点击“标尺工具”，如图 8-14 所示。

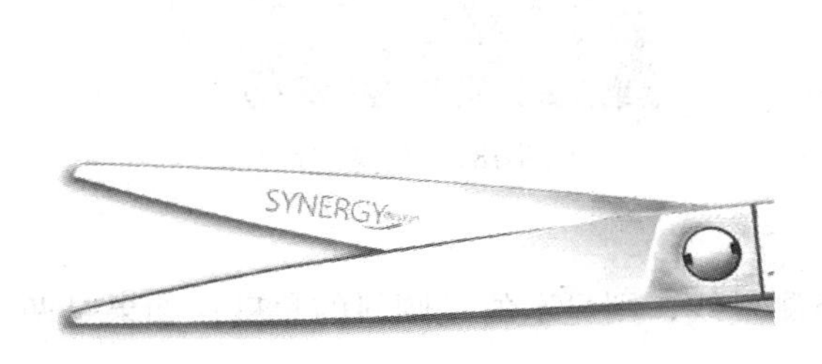

图 8-13　打开图像

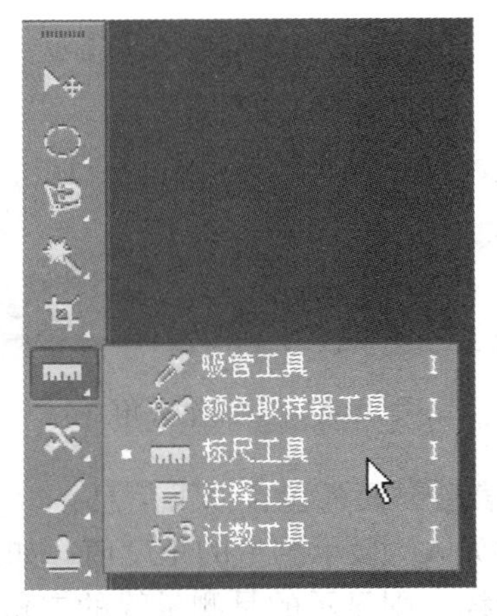

图 8-14　标尺工具

(2) 选择“图像”菜单，将光标移动到“分析”上面，在弹出的子菜单中点击“标尺工具”命令，此时在“标尺工具”命令的左侧会显示一个对号（√），表示已经选择了“标尺工具”。在图像文件中需要测量长度的开始位置按下鼠标左键，不要松开，然后拖动鼠标到结束的位置，再释放鼠标左键，即可完成距离的测量，如图 8-15 所示。

（3）测量完成以后，在工具选项栏和“信息”面板中可以看到测量的结果。

提示：在工具箱中点击其他工具按钮，即可隐藏标尺工具的测量结果。画出的直线的倾斜角度、位置和长短等都能在工具选项栏和“信息”面板中显示出来。

（4）在要测量的角度的一边按下鼠标左键，不要松开，然后拖动鼠标画出一条直线，再松开鼠标左键。这条直线绘制的就是测量角度的其中一条直线，如图 8-16 所示。

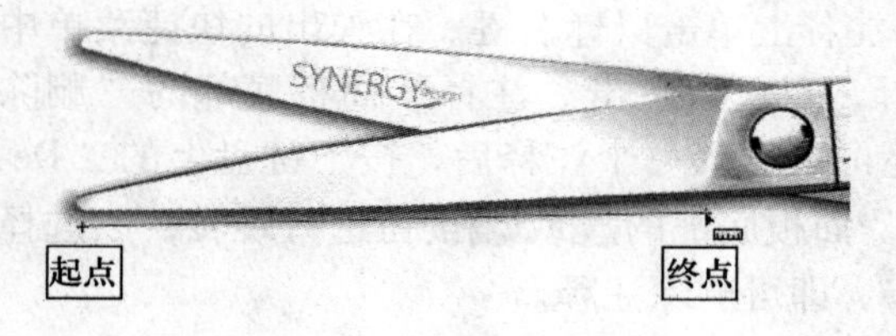

图 8-15　测量长度

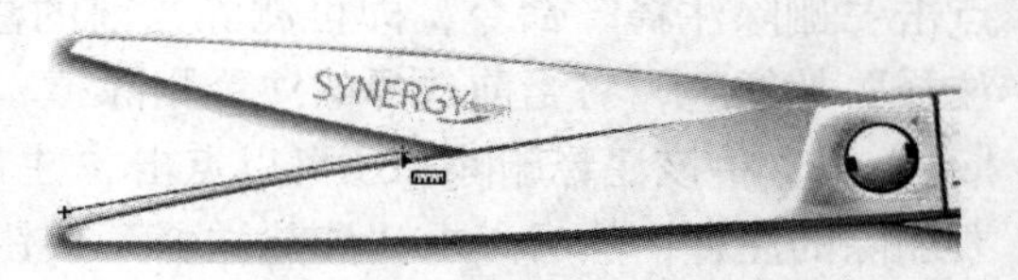

图 8-16　测量角度

（5）如果已经移动了鼠标，可以将光标再移动到直线的结尾处。当光标出现的形状时，按下键盘中的“Alt”键，此时光标会变成的形状，按下鼠标左键拖动鼠标，即可绘制出另一条测量线，然后再松开“Alt”键。这两条测量线便形成一个夹角，这个夹角就是要测量的角度，如图 8-17 所示。

（6）测量完成以后，在工具选项栏和“信息”面板中可以看到测量的结果。使用标尺工具完成距离或角度的测量以后，可以在工具选项栏和“信息”面板中查看测量的结果。

提示：选择“窗口”菜单，点击“信息”命令，或者按下“F8”键，可以打开“信息”面板，如图 8-18 所示。

图 8-17　测量夹角

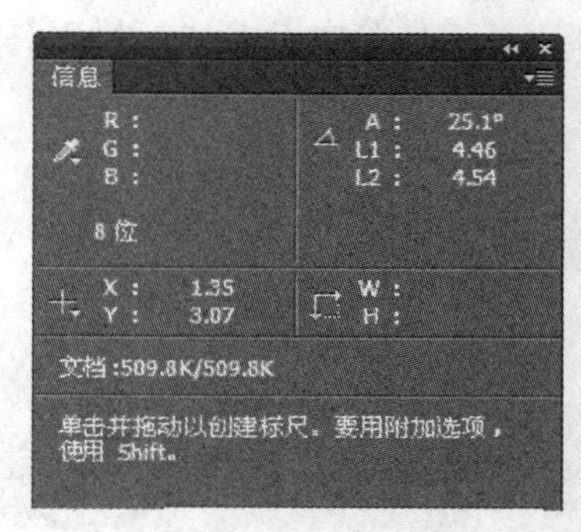

图 8-18　“信息”面板

“信息”面板包含以下信息：

（1）A，显示测量的角度值。如果是一条测量线，则显示的是倾斜的角度；如果是两条测量线，则显示的是测量线的夹角。

（2）L1，显示第 1 条测量线的长度。

（3）L2，显示第 2 条测量线的长度。

（4）X 和 Y，显示测量时当前鼠标的坐标值。

（5）W 和 H，显示测量开始位置和结束位置的水平和垂直距离，用于水平或垂直距离的测试时使用。

提示：首先按住“Shift”键，然后再拖动鼠标，可以创建水平、垂直或以 45 °角为增量的测量线。创建测量线以后，将光标放在测量线的端点上，按下并移动鼠标，可以移动端点的位置；将光标放在测量线上，可以移动测量线的位置。

【任务实践】

制作 CD 光盘的封面包装

首先来看一下最终效果，效果如图 8-19 所示。

图 8-19　最终效果

制作 CD 光盘的封面包装的操作步骤为：

（1）首先，新建文件，如图 8-20 所示。

（2）用椭圆选框工具绘制正圆，并填充灰色（RGB 都为 235），如图 8-21 所示。

（3）用同样的方法绘制一个小的正圆，并删除中间不需要部分，做出光碟中间那个孔，如图 8-22 所示。

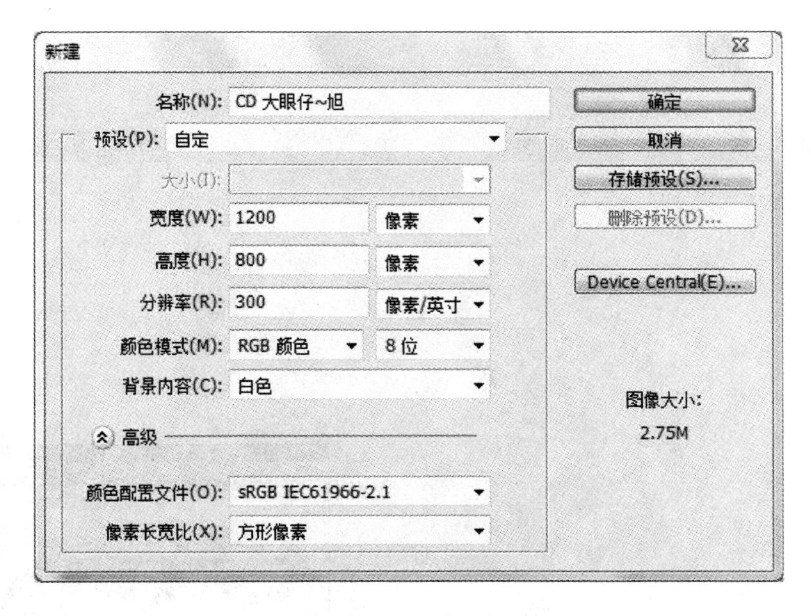

图 8-20　新建文件

（4）为其添加图层样式，投影，制作立体感，参数及效果如图 8-23 所示。

（5）新建空白图层，命名 CD 副本，使用椭圆选框工具绘制选区，并填充为灰色（RGB：229，229，229），如图 8-24 所示。

（6）新建空白图层，把 CD 图层变为通用图层，并使用魔棒工具选择中间阴影部分删除，如图 8-25 所示。

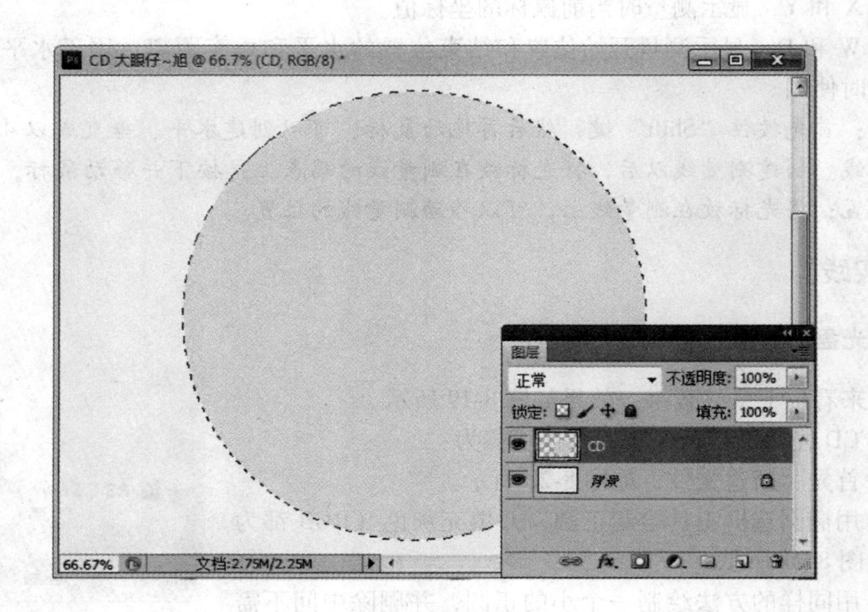

图 8-21　绘制正圆并填充

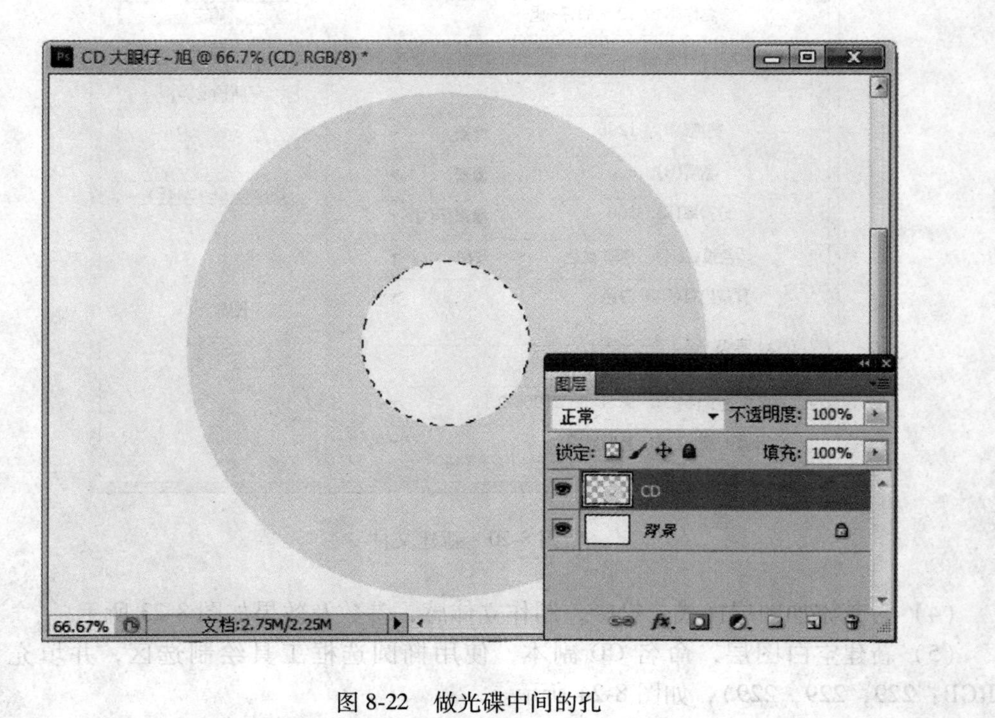

图 8-22　做光碟中间的孔

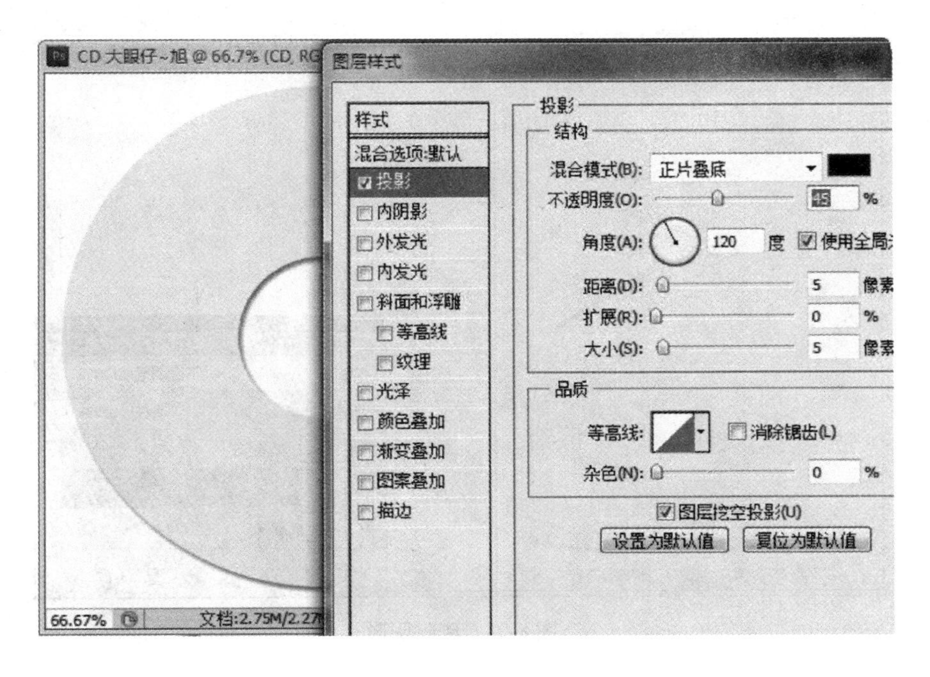

图 8-23 添加图层样式

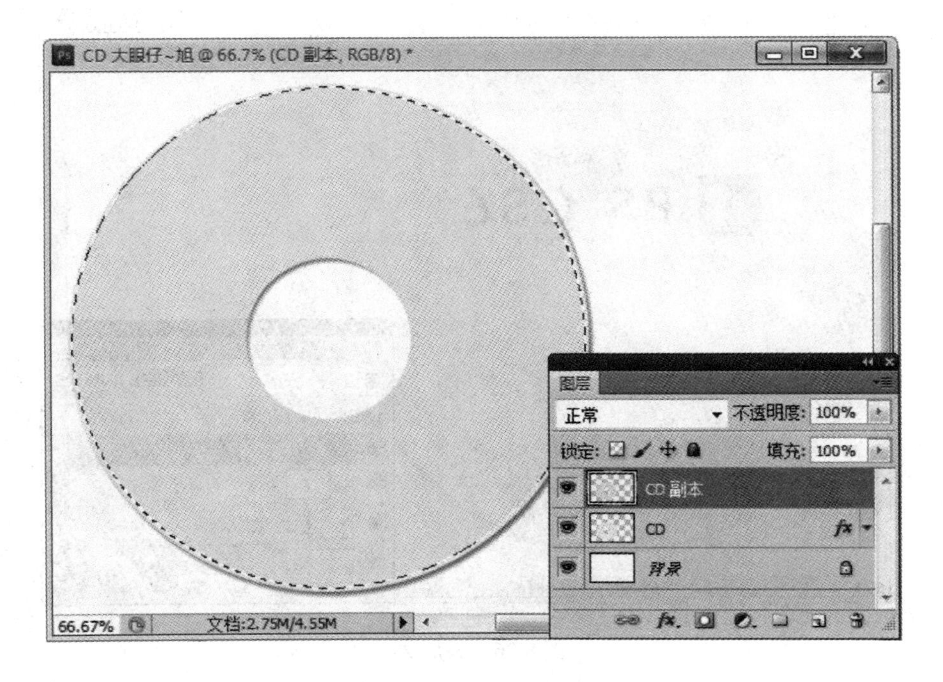

图 8-24 新建空白层并填充

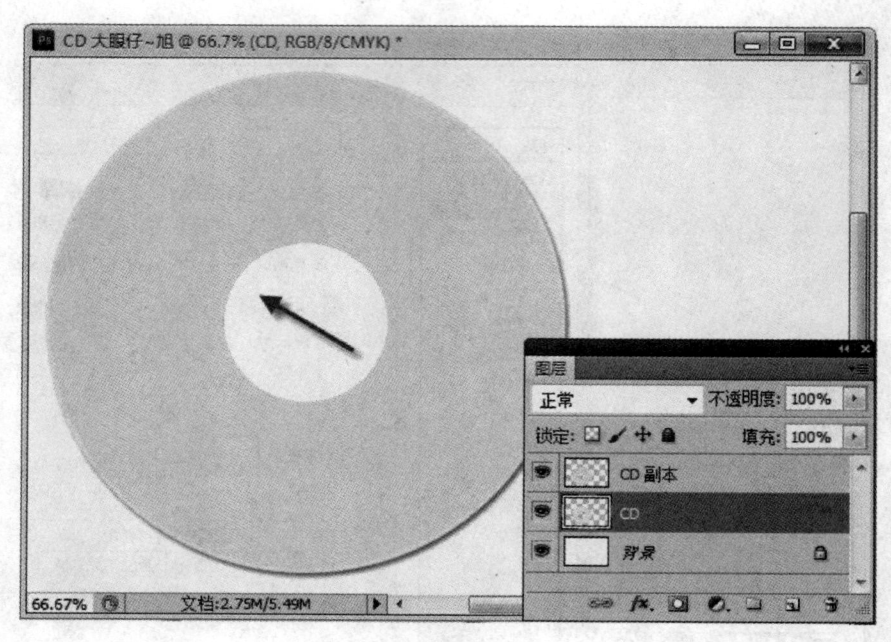

图 8-25 删除阴影

（7）为其制作一个简单的封面，添加对应的文字，如图 8-26 所示。

图 8-26 添加文字

（8）新建图层，使用椭圆选框工具制作选区并填充灰色（RGB：70，70，70），设置图层的不透明度为 9%，如图 8-27 所示。

图 8-27　设置不透明度

（9）按住“Ctrl”键点击 CD 图层缩略图调出选区，新建图层，拉出一个灰色到透明的渐变，如图 8-28 所示。

图 8-28　添加渐变效果

更改图层不透明度后的效果如图 8-29 所示。

图 8-29 更改不透明度

(10) 为了更好地表现光盘的真实感，导入如图 8-30（a）所示的素材，并放置到合适的位置，效果如图 8-30（b）所示。

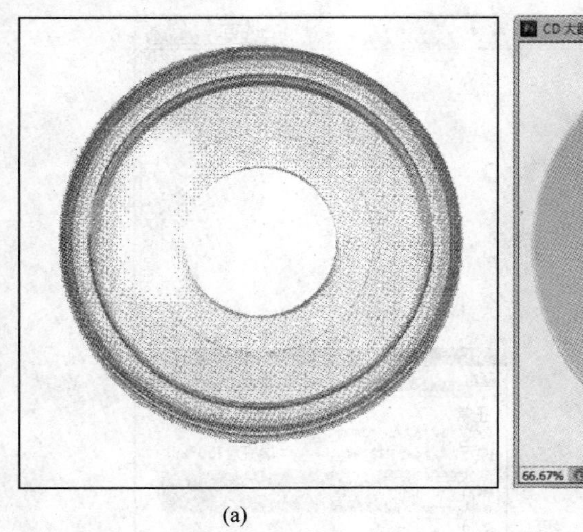

(a)

(b)

图 8-30 添加素材

(11) 新建图层，命名为高光，用钢笔工具勾出选区并填充白色，更改图层不透明度为 30%，效果如图 8-31 所示。

(12) 新建空白图层，为其制作封套，命名为纸包装，使用矩形选框工具绘制方形选区，并填充灰色（RGB：229，229，229），效果如图 8-32 所示。

图 8-31 添加高光图层

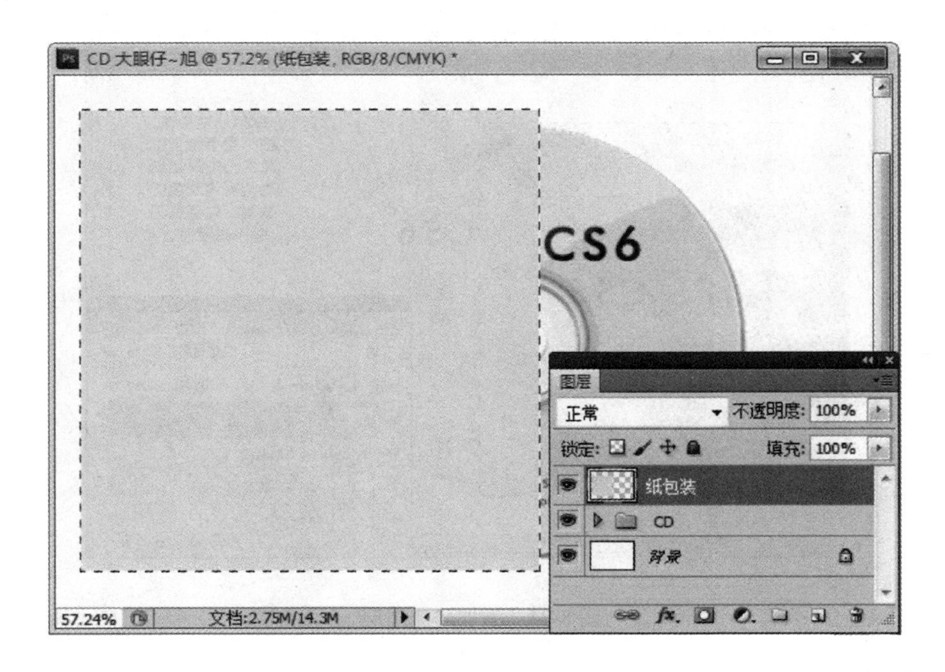

图 8-32 制作封套

（13）纸包装添加简单的文字设计，效果如图 8-33 所示。

（14）新建空白图层，使用渐变工具拉出一个黑色到透明的渐变，调整图层不透明度，如图 8-34 所示。

图 8-33　添加文字

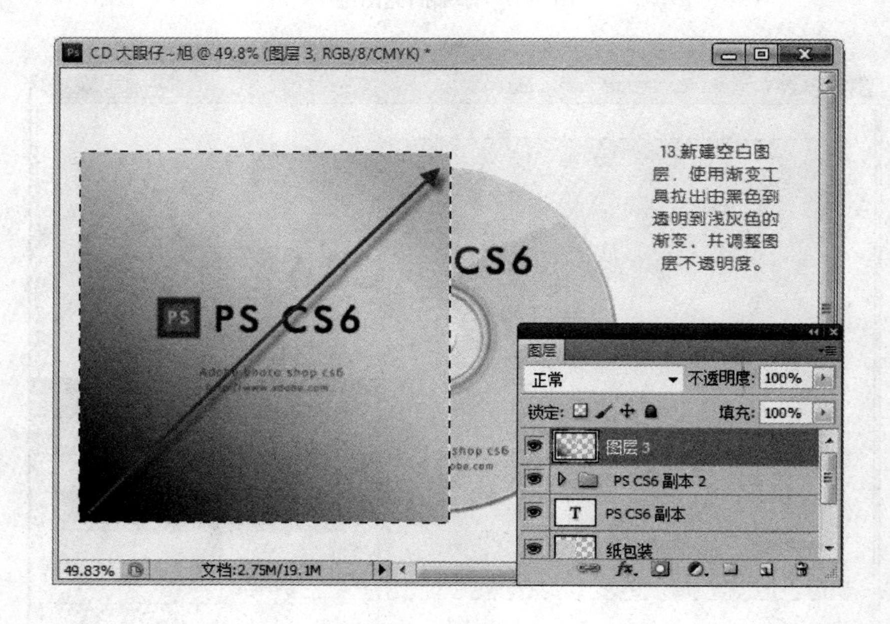

图 8-34　添加渐变图层

（15）用同样的方法，拉白色到透明的渐变制作出封套的高光，如图 8-35 所示。

（16）绘制选区，并填充黑色，调整图层不透明度为 80%，选择“滤镜>模糊>高斯模糊”菜单命令，设置模糊值为 5 像素，效果如图 8-36 所示。

（17）使用钢笔工具勾出选区，并删除不需要的部分，如图 8-37 所示。

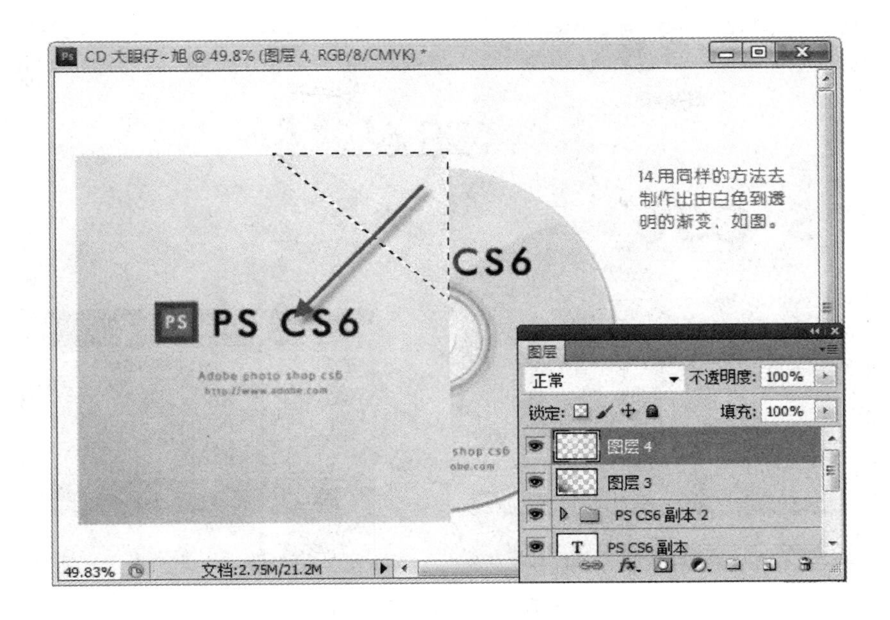

图 8-35 封套的高光

图 8-36 使用高斯模糊调整

（18）再用钢笔工具勾出选区填充黑色，调整图层不透明度为 12%，这样阴影效果就制作好了，效果如图 8-38 所示。

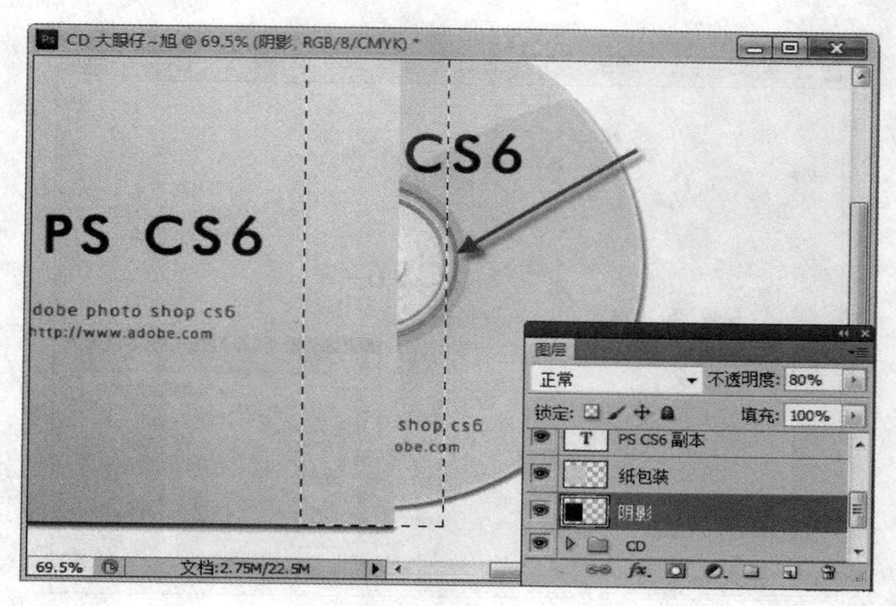

图 8-37 删除不需要的命令

图 8-38 制作阴影效果

制作完成的最终效果如图 8-39 所示。

【项目拓展】

饼干的包装盒设计

首先来看一下最终效果图，如图 8-40 所示。

图 8-39 最终效果

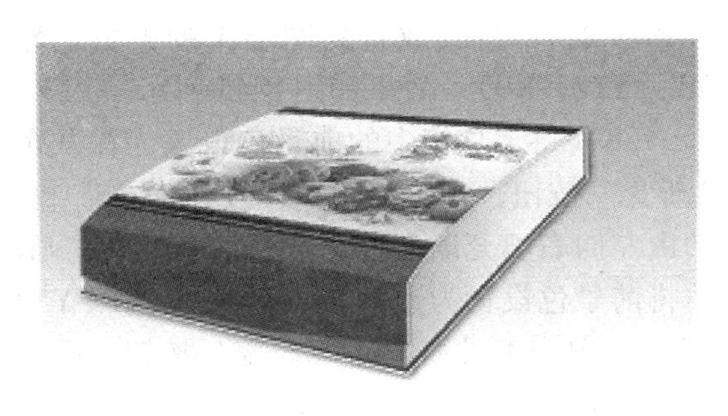

图 8-40 最终效果

饼干包装盒设计的操作步骤为：

（1）新建宽度为 20cm，高度为 12cm，分辨率为 150 像素，颜色模式为 RGB，背景为白色的文件。

（2）将工具箱中的前景色设置为蓝灰色，背景色设置为白色，然后单击工具箱中的“渐变”按钮，在画面中由上至下填充渐变色。

（3）将素材复制到文档中，选择菜单栏中的“编辑”“变换”“扭曲”命令，为图片添加扭曲变形框，将其调整至如图 8-41 所示的状态，然后确认图形的调整操作。

（4）选择工具箱中的“钢笔工具”，在画面中绘制出如图 8-42 所示的钢笔路径。

图 8-41 调整

图 8-42 钢笔工具

（5）选择工具箱中的“转换点工具”，将路径调整成如图 8-43 所示的状态。

（6）按住“Ctrl+Enter”组合键，将路径转换为选区，选择菜单栏中的“选择—反选”命令，将选区反选，然后将反选的部分删除，效果如图 8-44 所示。

图 8-43 装换点工具

图 8-44 反选后的效果

（7）取消选区，利用“钢笔工具”绘制路径，然后将路径转换为选区。在图层中新建图层2，并将其放置到图层1的下方，然后将工具箱中的前景色设置为黄灰色（C8，M7，Y12，K0），效果如图8-45所示。

（8）将工具箱中的前景色设置为深灰色（C50，M40，Y40，K10），单击工具箱中的“渐变”按钮，在弹出的“渐变编辑器”窗口中选取“前景色到透明”，在图层2的选区中由左向右填充渐变色，选择钢笔工具在画面中绘制选区，在图层面板中新建图层3，然后将前景色设置为土黄色（C45，M40，Y50，K0），背景色为深灰色（C60，M50，Y50，K20）。单击工具箱中的“渐变”按钮，由左至右为选区填充渐变色。

（9）选择钢笔工具在画面中绘制路径，然后将路径转换为选区，效果如图8-46所示。

图8-45 选取填充效果

图8-46 绘制路径并转为选区

（10）将图层1设置为当前层，新建图层4。将前景色设置为深褐色，为选区填充颜色，效果如图8-47所示。经过一系列调整后，得到最终效果图，效果如图8-48所示。

图8-47 填充颜色

图8-48 最终效果图

【项目总结】

本章主要讲解了辅助工具的使用方法，并应用于包装设计中。

项目9 网 页 设 计

【学习目标】

使用 Photoshop CS6 的 Web 工具，可以轻松地构建网页的组件块，或者按照预设或自定格式输出完整网页。

走进网页设计

网页设计是根据企业希望向浏览者传递的信息（包括产品、服务、理念和文化），进行网站功能策划，然后进行页面设计美化工作。精美的网页设计，作为企业对外宣传物料的其中一种，对于提升企业的互联网品牌形象至关重要。网页设计一般分为3大类，分别为功能型网页设计（服务网站 &B/S 软件用户端）、形象型网页设计（品牌形象站）和信息型网页设计（门户站）。根据设计网页的不同目的，选择不同的网页策划与设计方案。

（1）网页的组成元素：

1）导航栏。导航栏如果设计得恰到好处，会给网页增色很多。导航栏的功能部件不易太花哨。导航栏有一排、两排、多排、图片导航和 Frame 框架快捷导航等等各种情况的设计，有时候是横排，有时候则是竖排。另外还有一些动态的导航栏，如很精彩的 Flash 导航。

2）LOGO（标志）。关于 LOGO 的设计请参阅“项目四 Photoshop 在标志设计中的应用”的讲解。

3）BANNER（广告条）类型。几种国际尺寸的 Banner 如下：468×60（全尺寸 Banner），392×72（全尺寸带导航条 Banner），234×60（半尺寸 Banner），125×125（方形按钮），120×90（按钮类型1），120×60（按钮类型2），88×31（小按钮），120×240（垂直 Banner）。其中 468×60 和 88×31 最常用。

4）按钮。网页设计是新的行业，没有很久的历史和规范的教本，长期以来对按钮的定义也不是很清晰。其中“用户登录”“登录按钮”“More 按钮”“个股推荐”等类似物件，通常都统称为按钮。某种意义上导航的存在形式也是按钮，只是它的功能很特殊。

（2）网页设计的原则。网页的设计，是技术与艺术的结合，也是内容与形式的统一。它要求设计者必须掌握以下3个主要原则：

1）主题鲜明。视觉设计表达的是一定的意图和要求，有明确的主题，并按照视觉心理规律和形式将主题主动地传达给观赏者。

2）形式与内容统一。任何设计都有一定的内容和形式。内容是构成设计的一切内在要素的总和，形式是构成内容诸要素的内部结构或内容的外部表现方式。一个优秀的设计必定是形式对内容的完美表现。

3）强调整体。网页的整体性包括内容和形式上的整体性，这里主要讨论设计形式上的整体性。网页是传播信息的载体，它要表达的是一定的内容、主题和意念，在适当的时间和空间环境里为人们所理解和接受，以满足人们的实用和需求为目标。

【知识精讲】

任务 9.1 Web 图像的 Web 页切片

切片工具可以把图片切成若干小图片，故多用于 Web 网页图像文件切片，以提高网页图片打开速度。这个工具在网页设计中运用比较广泛，可以把做好的页面效果图，按照自己的需求切成小块，并可直接输出网页格式，非常实用。下面以一个网页的首页头部的切片为例，展示切片工具以及切片选择工具的使用方法。其操作步骤为：

（1）首先，打开需要进行切片的图片，然后长按裁剪工具，在弹出的菜单中选择“切片工具”，如图 9-1 所示。

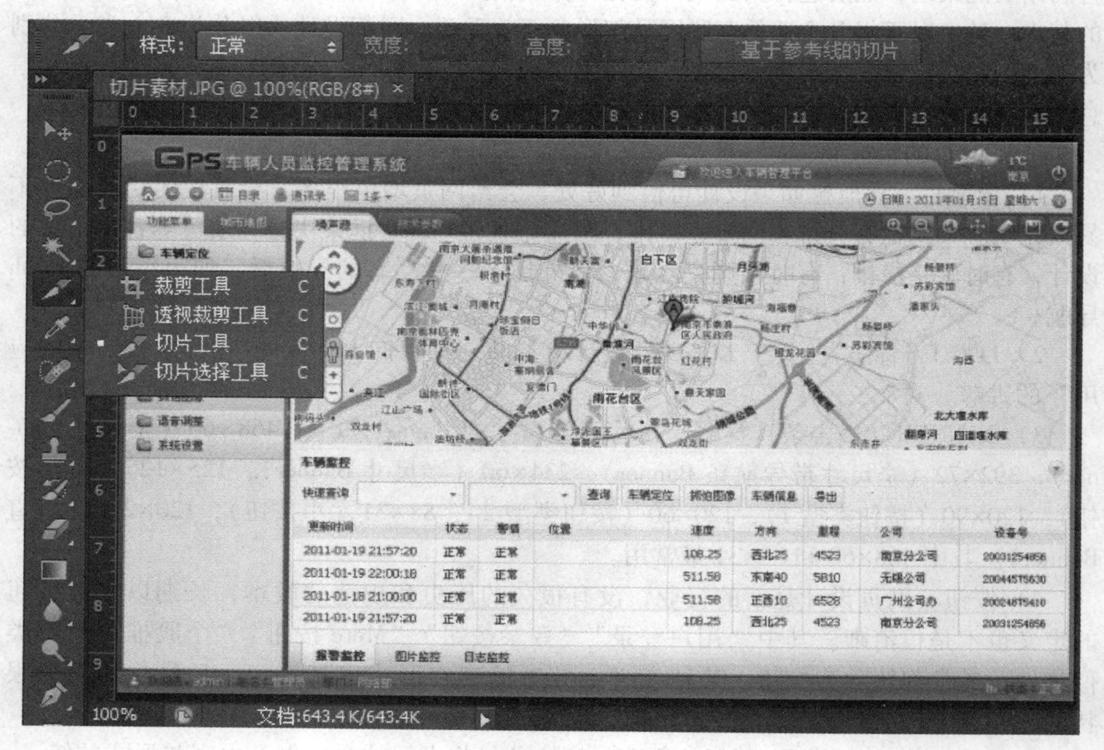

图 9-1 切片工具

（2）根据切片需要，就像使用矩形选框工具一样，在图片上拖动切片工具，连续地按需要分割成一小块一小块有序号的图片，如图 9-2 所示。一共分割出了 5 块区域，分别为 01、02、03、04、05。

而切片选择工具的作用就是在将图片进行切片处理后，能够很准确地选出被分割的小块内容，直接点击其中某小块的区域则会显示被选中的状态，即边缘会变成褐色，选中后

图 9-2　切割

可以更方便地进行编辑操作，如将光标放在被选中对象的边缘则会出现可以拉动的图标，此时可以通过这个图标改变该区域的大小。

任务 9.2　存储为 Web 和设备所用的格式

在浏览网页的时候，都会遇到网速不够，想要看的图片迟迟不能读出的情况。PS 教程将为大家带来有效的解决办法——利用 Photoshop 切片工具将图片分割。这样的好处在于，从网页中显示的图片是由几个小图构成，当浏览网速不畅的时候，将会先看到一些小图，从而避免因为图片庞大，而匆匆将网页关掉的情况。

切片完成后，选择“文件>存储为 Web 所用格式”，根据弹出来的界面，可以设置保存图片的格式、图像大小等信息，如图 9-3 所示。

点击存储后，可以在弹出来的保存对话框中选择 3 类格式，本案例中选择“仅限图像”格式。确定保存后，可以发现保持目录下多出了一个“images”文件夹，其中有 5 个切片。如图 9-4 所示。

【任务实践】

设计制作简洁清晰的网页小按钮

利用 PS 设计制作简洁清晰的网页小按钮，主要就是利用 PS 混合模式中的各项属性实现。本任务实践的效果如图 9-5 所示。

设计制作简洁清晰的网页小按钮的操作步骤为：

(1) 新建一张 300×300 的画布，填充背景颜色为灰色（#eaeaea）。然后利用圆角矩形

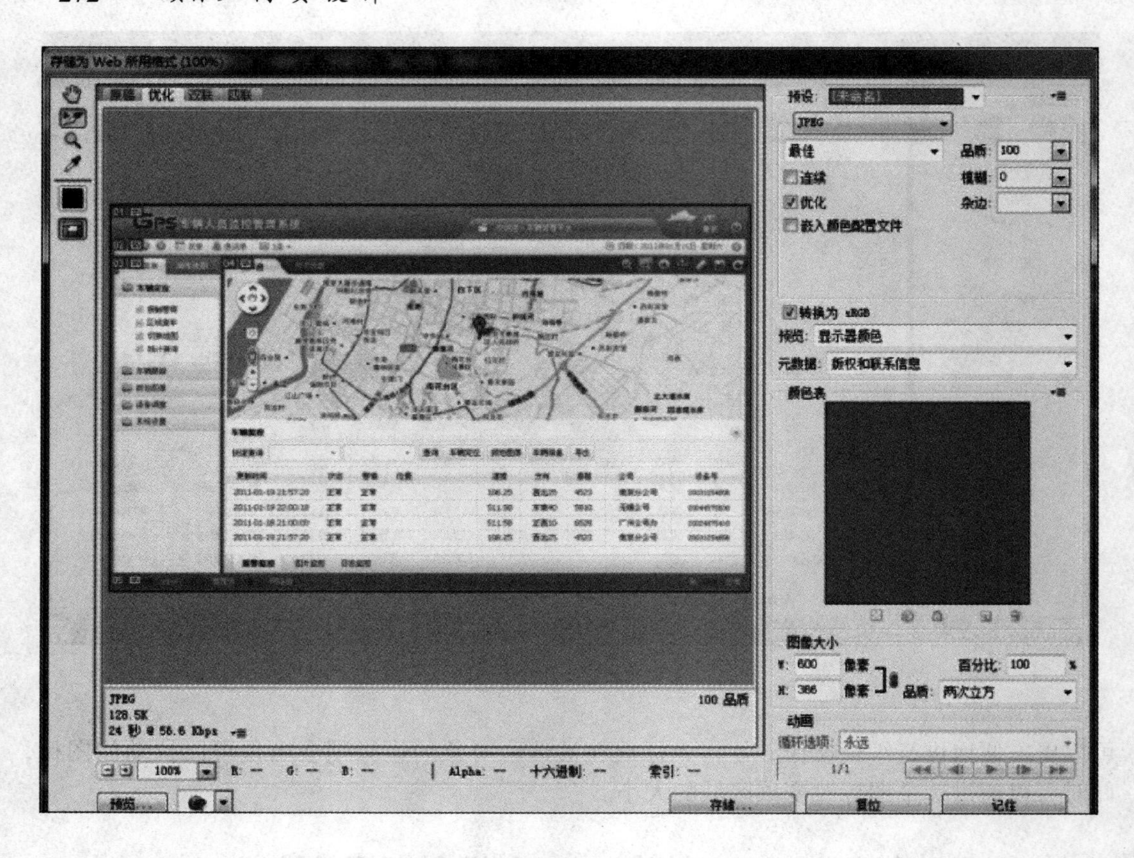

图 9-3 存储为 Web 所用格式

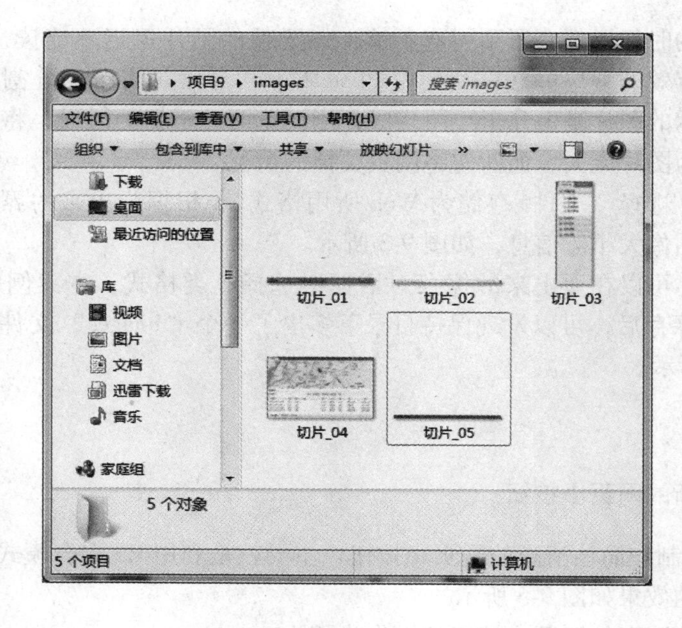

图 9-4 保存后的切片

工具，在画布上画一个适当大小的按钮形状，大小可以自行把握，并设置其混合属性“内阴影、渐变叠加”效果，参数设置和效果分别如图 9-6 和图 9-7 所示。

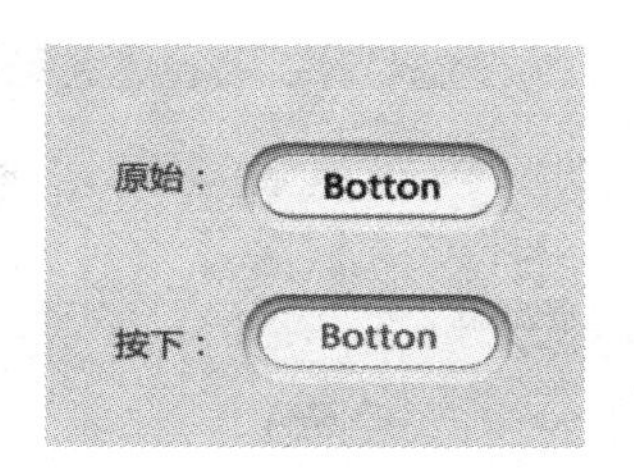

图 9-5　效果

（2）在里面再做一个圆角矩形，然后复制一层，好准备做按下去的按钮效果。该图层混合模式属性参数设置和效果分别如图 9-8 图 9-9 所示。

（3）加上按钮文字，然后制作按下去的效果，如图 9-10 所示。

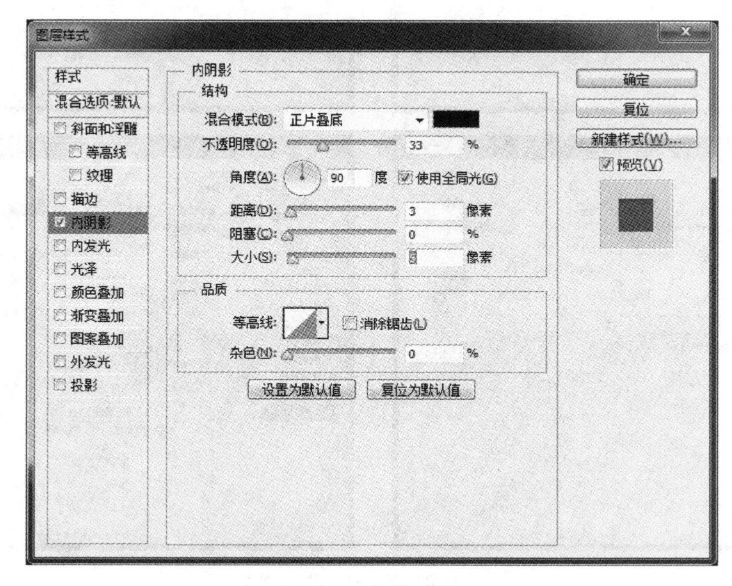

图 9-6　参数设置

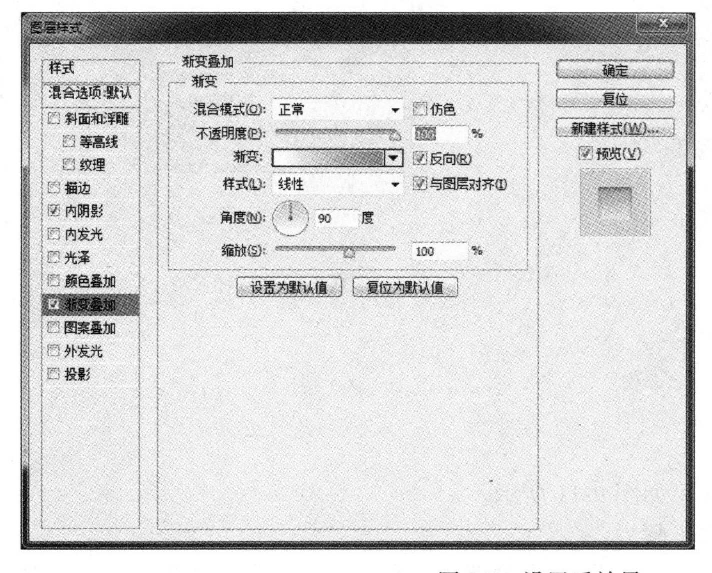

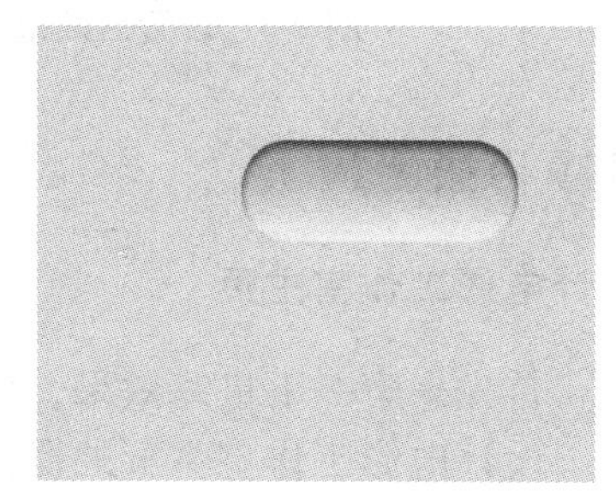

图 9-7　设置后效果

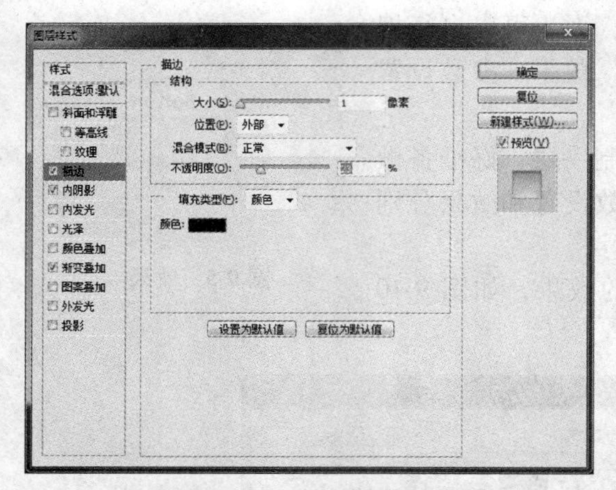

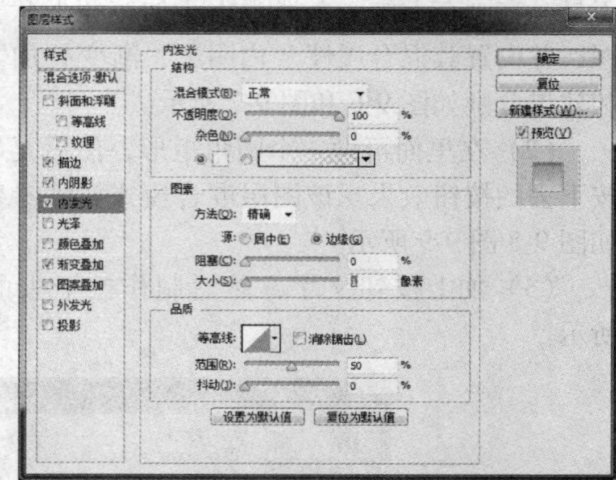

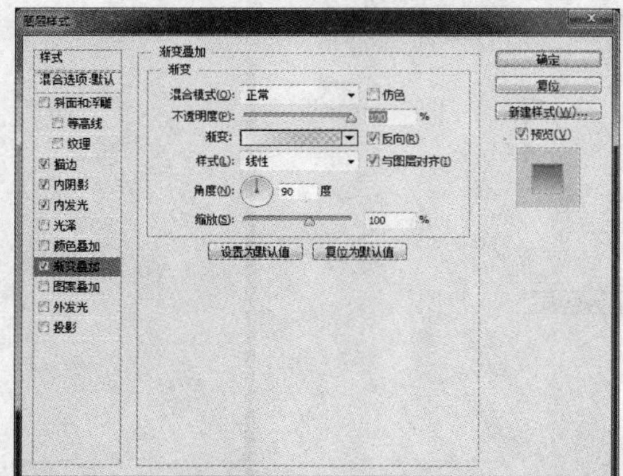

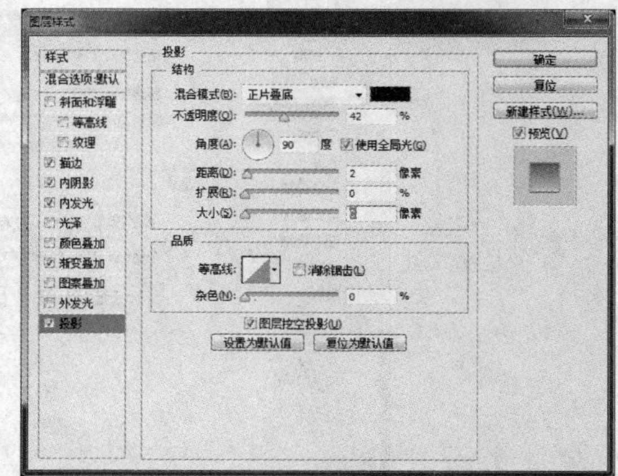

图 9-8 混合模式设置

图 9-9 设置后效果

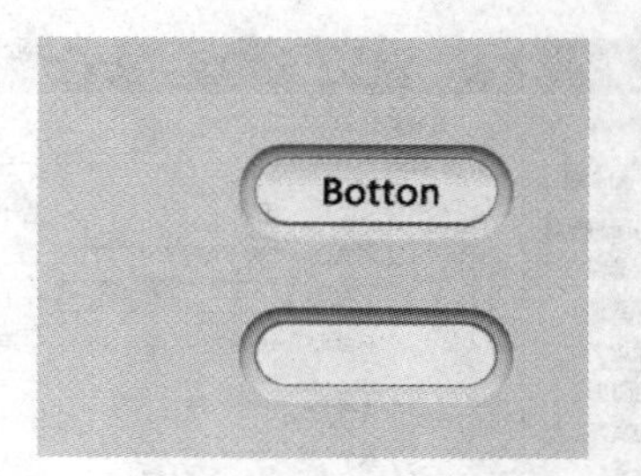

图 9-10 按钮文字

【项目拓展】

设计电影工作室主页

首先来看一下最终效果，效果如图 9-11 所示。

设计电影工作室主页的操作步骤为：

（1）打开 Photoshop，使用“Ctrl+N”组合键新建一个宽 960 像素，高 800 像素的空文

图 9-11 最终效果

档，使用移动工具（V）在文档左右两边拉出参考线，然后选择“图像>画布大小”命令，在对话框中将宽度更改为 1400 像素，点击确定。这样就有了一个宽 1400 像素，高 800 像素的空白文档以及位置合理的参考线。接下来的设计全部都在这两条参考线内展开，所以第一步创建参考线是非常重要的。

（2）按“D”键将前景和背景色调整到默认和前黑后白的状态，然后使用“Alt+Delete”组合键将图层填充为黑色。使用“文件>置入”命令将已经找好的地板素材导入到文档中，来创建整个场景的第一个元素。由于地板素材文件非常大，超过了文档的尺寸，所以置入命令后软件会自动将图片调整到合适的尺寸。另外，此命令还会将地板图片作为智能对象添加到文档中，因此可以对地板图标进行缩放、定位、斜切、旋转或变形操作，而不会降低图像的质量。所以置入是一个非常好的将图片导入到文档中的选择。

通过观察置入的地板图片可以发现，对于要创建的场景，地板中木条的宽度还是太大，所以须使用自由变换（Ctrl+T）命令，将图片再缩小一些。这时候虽然木条的宽度合适了，但是图片整体的大小太小了，不能覆盖整个文档，而制作的目的是要创建一个铺满了木地板的房间的感觉。所以这里须将调整好的地板图片再复制一层，将两张图片左右拼合起来，这样图片的宽度就够了。这里要注意一个细节，两张图片的拼合接缝处要细细地调整，最好一点都看不出来。对于这张线条明显的木地板，要做到这一点并不难。最后使用“Ctrl+E”组合键将两个图层合并，效果如图 9-12 所示。

（3）在图层面板的地板图层上点击右键，选择转换为智能对象命令。之后使用自由变换（Ctrl+T），在文档的自由变换区域内点击右键，选择透视，将鼠标放置于右上角的锚点上水平向左拖动，会观察到地板图片的顶部会向内收缩，同时出现透视的感觉。还可以通过向右水平移动右下角锚点调整透视的角度，在调整的同时注意观察图片的效果，直到满意为止。如果对最终的效果不满意，可以重新来一遍，这时由于图层已经是智能对象，所以不会损失清晰度。完成透视效果之后，在图层面板底部点击添加图层蒙版按钮，然后

图 9-12 拼合地板

选择渐变工具（G），使用黑色至透明的渐变同时按住“Shift”键在地板两端拉出水平渐变，遮盖住地板的两边，使其更好地融合于场景之中。最后选择“滤镜>锐化>智能锐化”命令，在弹出的对话框中将数量调整为 110%，半径 1 像素，其他参数默认，点击确定。这样地板看上去会更加清晰，效果如图 9-13 所示。

图 9-13 地板处理效果

（4）由于需要创建一种怀旧的感觉，所以原始地板图片的颜色看上去过于明亮，并且饱和度太高。所以接下来在图层面板的底部点击类似于太极图标的调整图层按钮，选择色阶调整图层，参数设置如图 9-14 所示。

当然这些参数只是用来参考，并不是说一定不能改动，用户也可以自己调整数值，只要将地板的亮度降低到认为合适就可以，一切以感觉为主。完成之后，回到图层面板，确保调整图层位于地板图层色上方，按住“Alt”键，移动鼠标到调整图层和地板图层之间的位置，这时会观察到鼠标从手指的形状变成了一个左边一个小箭头右边两个圆形相叠的图标样式，点击一下，调整图层的左边出现了一个向下的小箭头，这样做的目的是将调整图层转换为下面图层的剪贴蒙版，这样色阶调整图层只会对地板图层有效。否则，凡是建立在调整图层下方的图层都会受到该调整图层的影响。

降低了亮度之后，接下来再按照同样的方法创建一个色相饱和度调整图层，参数设置如图 9-15 所示。

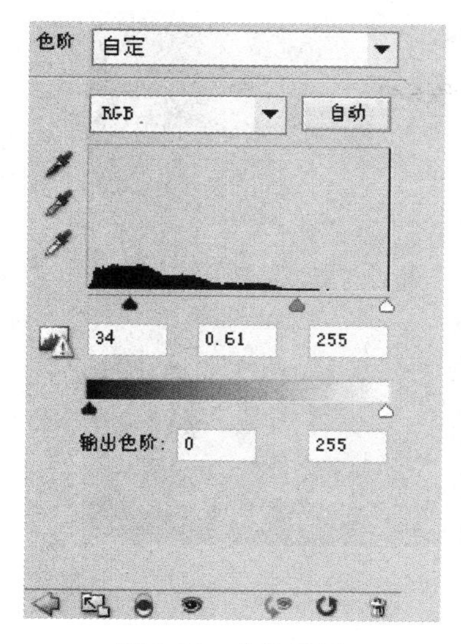

图 9-14 参数设置

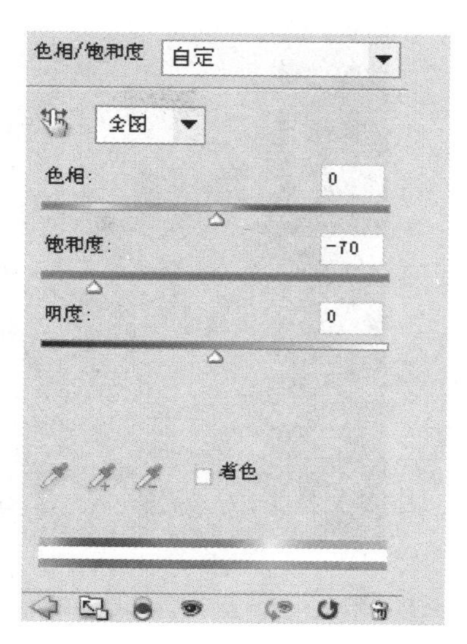

图 9-15 颜色设置

调整了色阶和饱和度之后，再来看完成后的效果，效果如图 9-16 所示。

图 9-16 调整效果

（5）至此地板的效果就完成了，接下来须在地板后面再加一堵墙。应用置入命令将下载好的墙面素材载入文档。由于下载的墙面素材还带有地面的部分，所以将墙面素材置于地板图层的下方，让地板遮住多余的部分，然后调整墙面的位置并应用自由变换使墙面素材大小合适，效果如图 9-17 所示。

（6）由图 9-17 可知，要使墙面素材融合于整个场景之中还有这么几个问题需要解决。首先是从地板的半透明区域可以看到墙面素材多余的部分，需要遮盖住；二是需要调整墙面的色调，因为它太红了；三是在墙面与地板交汇的部分过于生硬，看起来不自然。下面就一个问题一个问题地来解决。

图 9-17　载入调整

首先在墙面图层上方新建一个图层，使用渐变工具（G），按住“Shift”键从文档底部至地板与墙面的交汇处拉出一个黑色至透明的渐变，这样既遮住了墙面多余的部分，而且由于给墙面底部添加了阴影，所以地板和墙面的融合也会显得自然，一次解决了两个问题。需要注意的是，渐变的效果不要过于强烈，要柔和一些，如果一次做得不够好，可以试着多做几次。调整后的效果如图 9-18 所示。

图 9-18　渐变效果

（7）接下来与上面的方法一样，通过建立调整图层来给墙面调色，使其和地板的感觉相融合。其操作方法为：

1）首先建立一个色阶调整图层，参数设置如图 9-19 所示；

2）再建立一个色相饱和度调整图层，参数如图 9-20 所示；

3）最后给墙面图层创建一个蒙版，遮盖住两边的区域，使用“Alt”键将调整图层应用为剪贴蒙版。

完成后的效果如图 9-21 所示。

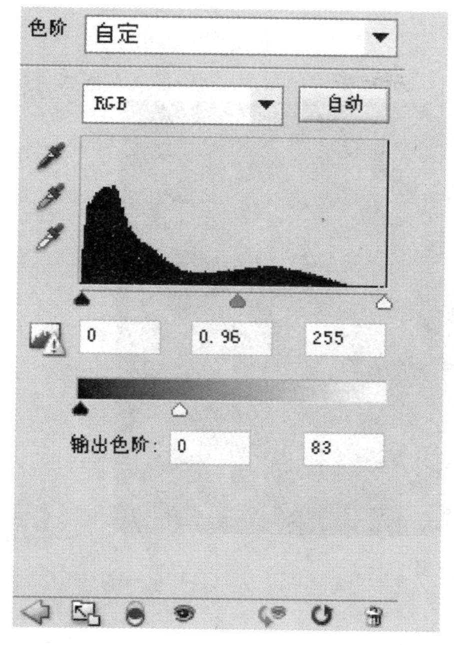

图 9-19　色阶参数设置

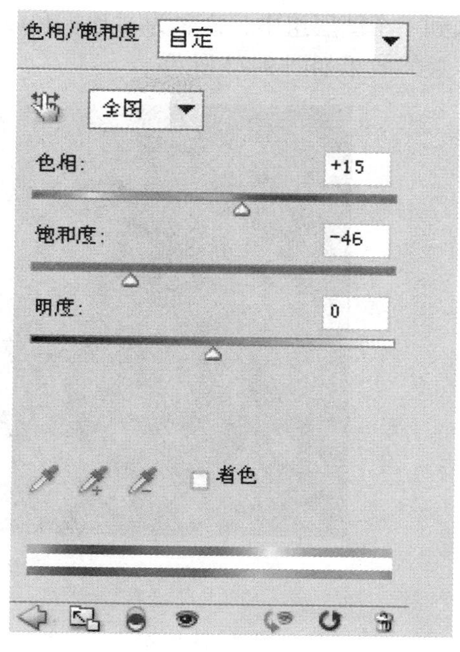

图 9-20　色相/饱和度参数

图 9-21　墙面蒙版效果

(8) 为了增加怀旧的气氛，接下来使用笔刷工具在墙面上创建裂纹的效果。其操作方法为：

1) 首先新建一个图层，然后下载上面提供的裂纹笔刷效果文件，选择画笔工具(B)，将下载的裂纹笔刷载入到画笔当中；

2) 将前景色调整为黑色，选择其中的一个裂纹笔刷效果，使用键盘上的左右方括号键调整笔刷的大小，在墙面的右下角位置点击一下，这样一条裂纹就出现在了墙面上，裂纹的效果就完成了；

3) 最后，选中以上创建的关于地板和墙面的所有图层，按"Ctrl+G"组合键将它们放入到一个图层组中，命名为“地板和墙面”。

最终效果如图 9-22 所示。

图 9-22　最终效果

（9）至此整个空间背景就创建完成了，整个设计也有了一些气氛。接下来来完成主页的 LOGO 和导航的制作。

其操作方法为：

1）新建一个图层组，命名为导航，在其中新建一个图层。

2）下载上面提供的电影胶片画笔文件，载入笔刷，选择其中的长条胶片笔刷，调整画笔大小，将前景色调整为黑色，画出电影胶片导航背景。如果画出的胶片太短的话，将画好的胶片图层复制一遍，使用移动工具（V）调整两张图片的位置，将其拼合起来，使用“Ctrl+E”组合键将两图层合并。

由于只需要胶片的打孔部分，所以接下来须新建一个图层，使用直角矩形工具画出一个宽度横跨整个文档，也就是大于 1400 像素，高度为 115 像素的黑色矩形，使用移动工具仔细地将矩形的下边框和胶片的打孔部分拼合在一起。完成后的效果如图 9-23 所示。

图 9-23　合并效果

（10）接下来需要添加 LOGO 和导航文字。其操作方法为：

1）选择文字工具，分别键出“电影”“工作室”“Flyfish Film Studio”三个文字图层。“电影”文字使用 68 像素大小，汉仪雪君字体，并应用如图 9-24 所示的图层样式；“工作室”和“Flyfish Film Studio”文字分别使用方正小标宋字体和 Georgia 字体，22 像素和 14 像素大小，颜色都为#b86850。

2）导航中文文字部分使用 12 像素大小、微软雅黑字体、加粗、犀利、颜色#bab1ad，然后新建一个图层，选择矩形选区工具（M），画一个包含中文文字上半部分的选区，填充为白色，然后按住“Alt”键将该图层创建为文字图层的剪贴蒙版，这样导航文字就有了如同金属般的质感；英文文字部分使用 12 像素大小、Georgia 字体、犀利、颜色#b86850，然后使用移动工具将中英文导航文字排列好，导航部分的设计就完成了，效果如图 9-25 所示。

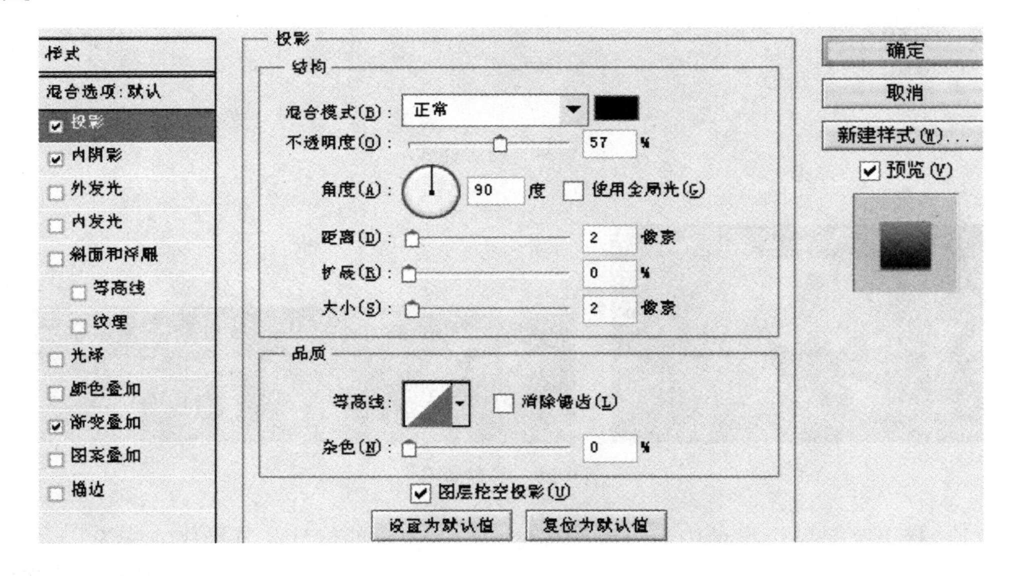

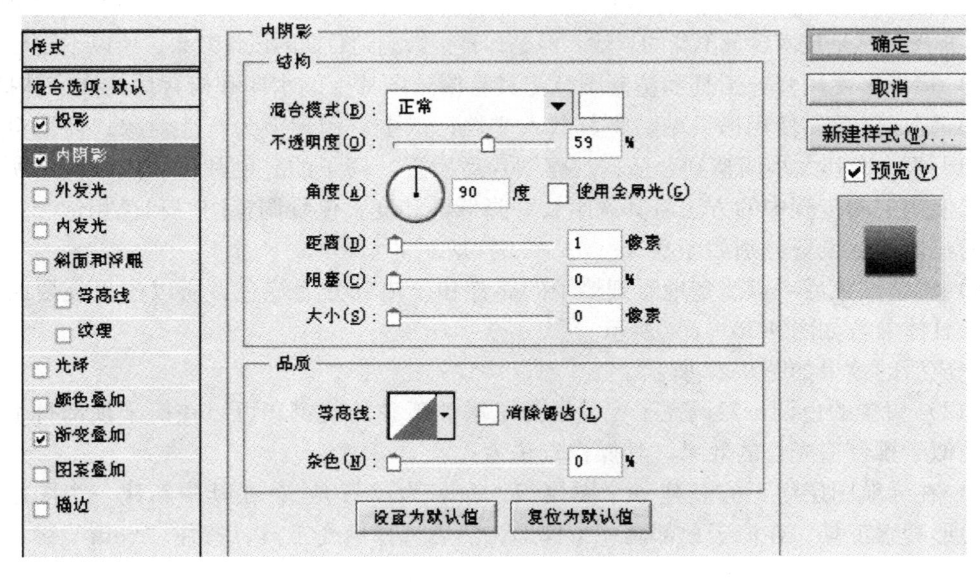

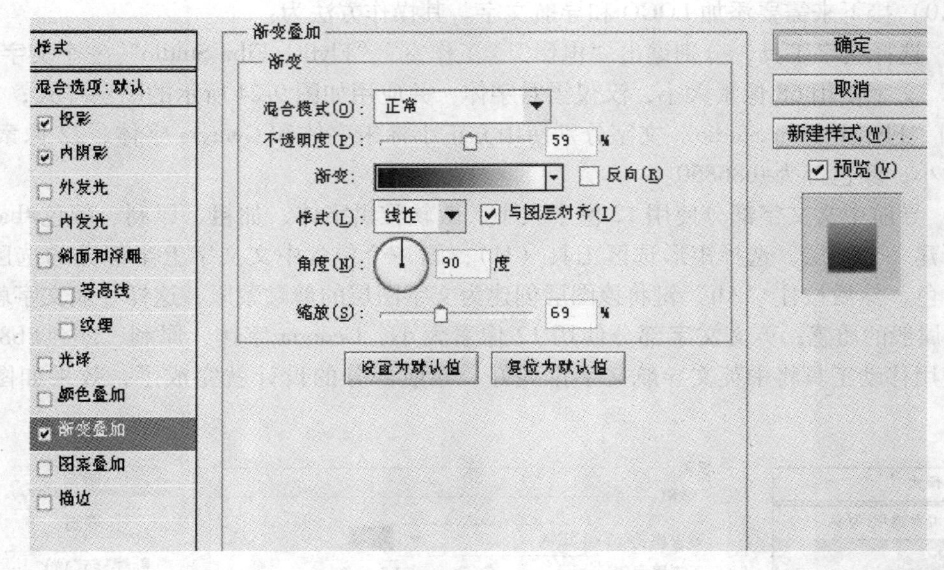

图 9-24 图层样式

图 9-25 导航部分

（11）接下来是整个设计中最重要的部分——主视觉的设计。其操作方法为：

1）首先下载导演的素材，在 Photoshop 中打开，使用钢笔工具仔细地将椅子从背景中抠出来。抠图虽然是技术含量不高的步骤，但是却直接影响到后期的设计效果，所以不能马虎。

2）接下来使用修补工具和仿制图章工具将椅子图片上的水印和椅背后的文字抹掉。

3）完成之后，使用拷贝粘贴将其载入文档，点击右键转换为智能对象，使用自由变换（Ctrl+T）将其大小调整到合适，观察图片后发现，椅子的亮度和饱和度太高，所以这里依然使用上面步骤中的方法将其调暗，并降低饱和度。色阶调整图层和色相饱和度调整图层的具体参数设置分别如图 9-26（a）、（b）所示。

4）调整结束后可以清楚地看到椅子的靠背和坐垫部分为绿色，所以这里需要改变其色相，具体参数如图 9-26（c）所示。

完成后的效果如图 9-27 所示。

（12）椅子的色调虽然调完了，但是为了增加孤独的气氛，可以在椅子顶部打上一束光，类似于舞台追光灯的效果。其操作方法为：

1）在导航图层组下方新建一个图层组，命名为“灯光”，在其中新建一个图层，使用多边形套索工具，在椅子顶部画一个梯形，然后选择渐变工具，按住“Shift”键，使用

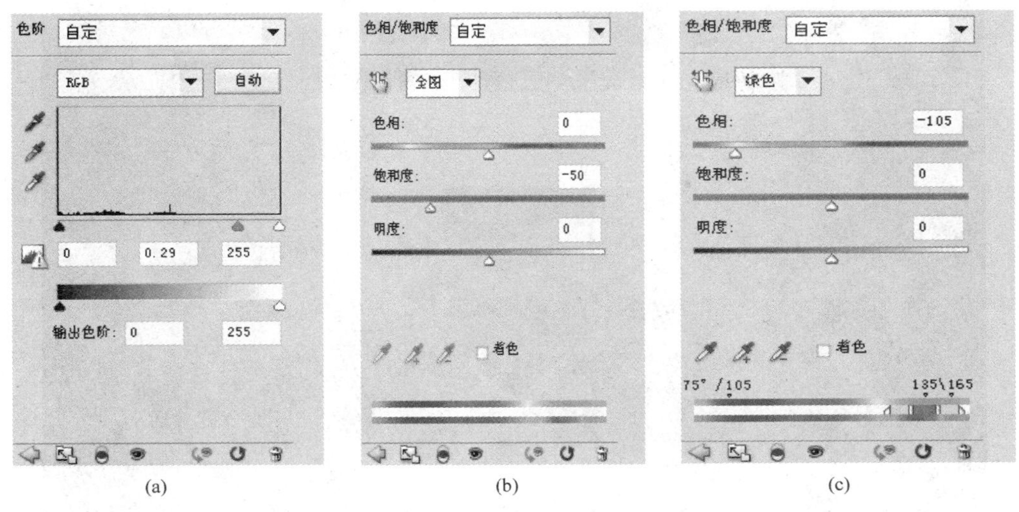

(a) (b) (c)

图 9-26 参数设置

（a）色阶调整图层的参数设置；（b）色相饱和度调整图层的参数设置；（c）改变椅子色相的具体参数设置

图 9-27 主视觉设计效果

白色至透明的渐变在选区内部画一个白色的渐变，效果如图 9-28 所示。

2）将此图层转换为智能对象，应用半径为 10 个像素的高斯模糊，将图层模式更改为叠加，然后降低图层的饱和度至 65%。

3）完成之后将此图层复制一遍，使用自由变换（Ctrl+T）将复制的图层缩小，放置于外层光的中间，这样光线中间就有了一个更为明亮的区域，使用同样的方法再做几遍，让光线看上去有一定的层次感。

4）最后新建一个图层，使用椭圆形工具（U），在椅子底部画出一个和上方光线范围

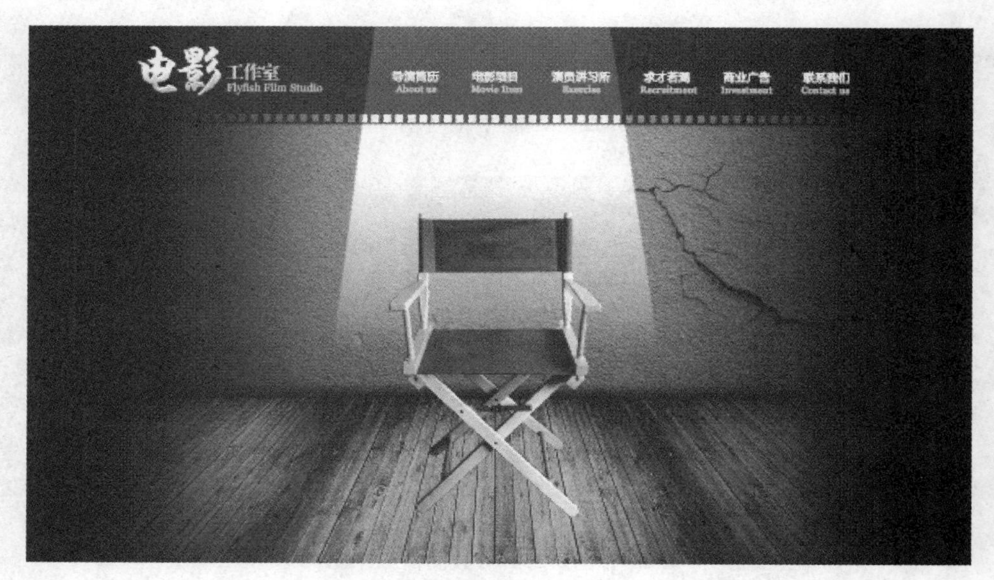

图 9-28　渐变工具

大小差不多的白色椭圆，图层模式更改为叠加，将此图层复制一遍，栅格化图层，应用 3 个像素的高斯模糊，这样光线就不会看上去过于生硬。最后完成的效果如图 9-29 所示。

图 9-29　舞台追光效果

（13）接下来给椅子添加阴影和高光。其操作方法为：

1）新建一个图层，使用矩形工具（U）在椅子底部画一个和椅子座位部分大小差不多的黑色矩形，应用 5 个像素的高斯模糊，不透明度更改为 30%，然后将椅子图层复制一遍，按住“Ctrl”键在图层缩略图上点击一下，将椅子载入选区，填充为黑色，按住

"Ctrl+D"组合键取消选区；然后使用自由变换（Ctrl+T）将图层从上向下压扁，效果如图 9-30 所示。

图 9-30　载入填充

2）给阴影图层添加图层蒙版：使用大小合适的柔软黑色画笔将多余的阴影部分擦去，这样椅子就结结实实地落在了地板上了，效果如图 9-31 所示。

图 9-31　擦除多余阴影后效果

3）给椅子座位部分添加高光：新建一个图层，使用椭圆工具（U）在椅子座位处画一个白色的椭圆，栅格化图层，应用高斯模糊；然后将图层模式更改为叠加，由于椅子部分的颜色较深，所以可能需要多复制几个图层；最后使用文字工具在椅背处键出相应的文字，大小 22 像素，Georgia 字体，颜色#a06a57，完成后的效果如图 9-32 所示。

图 9-32　叠加复制

（14）下载素材，使用钢笔将喊话筒从背景中抠出，使用色彩平衡调整图层和可选颜色调整图层调整话筒的色调，使其和背景融合，具体参数设置如图 9-33 所示；然后和上面的椅子一样，也要为话筒添加阴影和高光：使用应用了高斯模糊的白色叠加来创建高光，用钢笔在话筒左侧画出选区，填充黑色，应用高斯模糊和蒙版来添加阴影，效果如图 9-34 所示。

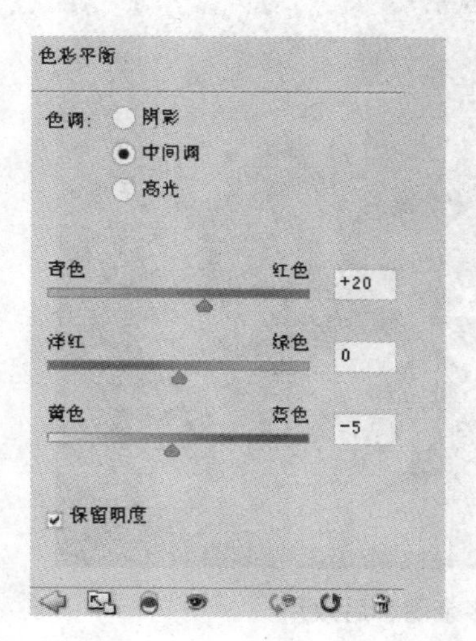

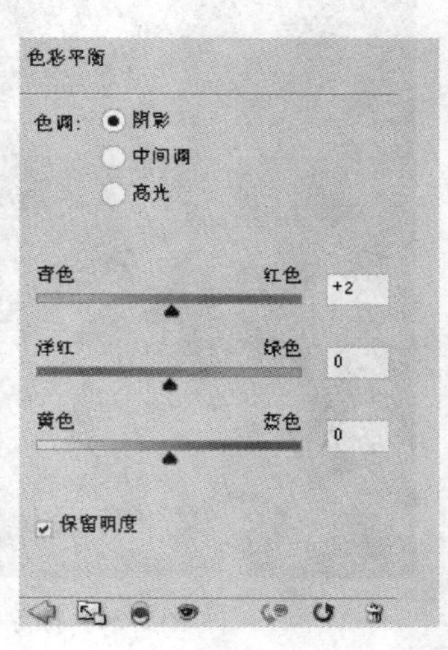

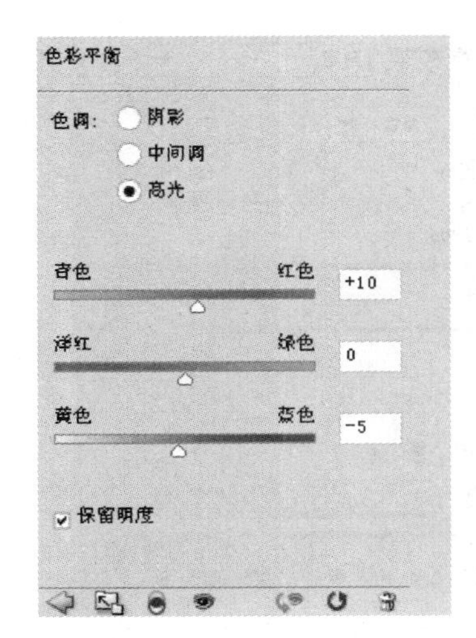

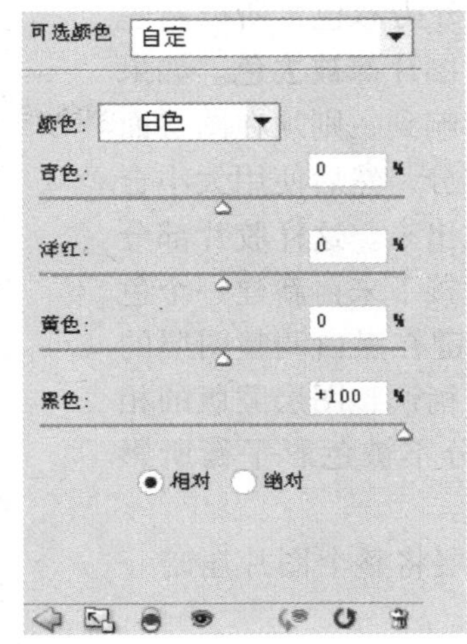

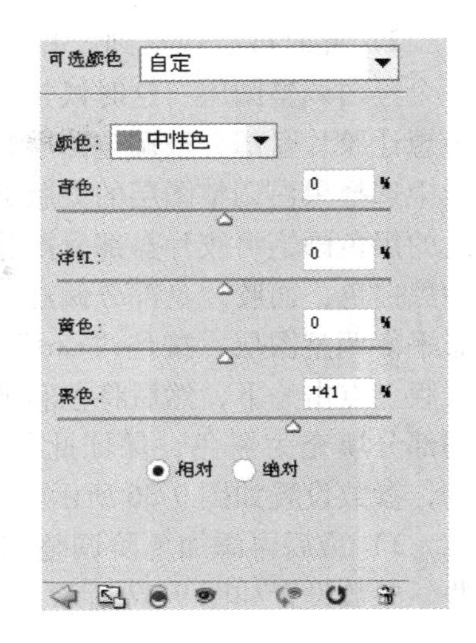

图 9-33 参数设置

图 9-34 添加喊话筒效果

（15）添加电影胶片盒。其操作方法为：

1）下载素材，抠出需要的部分，转换为智能对象，使用自由变换（Ctrl+T）将图片调整到合适大小。由于胶片盒的主要色调偏蓝色，所以首先使用色相/饱和度调整图层将整个蓝色调整为符合整个场景的偏红色，具体参数设置如图 9-35 所示。

2）此时可以观察到胶片部分为彩色，所以新建一个黑白调整图层，这时候整个图片都被去色。如果不想让胶片盘部分被调整图层影响到，则须在图层面板中选择黑白调整图层的蒙版部分，然后使用大小合适的黑色画笔将胶片盘部分擦除出来。这样胶片部分为黑白色，而胶片盘部分偏红。接下来再新建一个色彩平衡调整图层，按住“Ctrl”键在黑白调整图层的蒙版上点击一下，然后将色彩平衡调整图层蒙版的相同部分填充为黑色，保证此部分不被色彩平衡所影响，参数设置如图 9-36 所示。

3）最后再添加色阶调整图层将整个图片压暗一些。参数设置如图 9-37 所示。

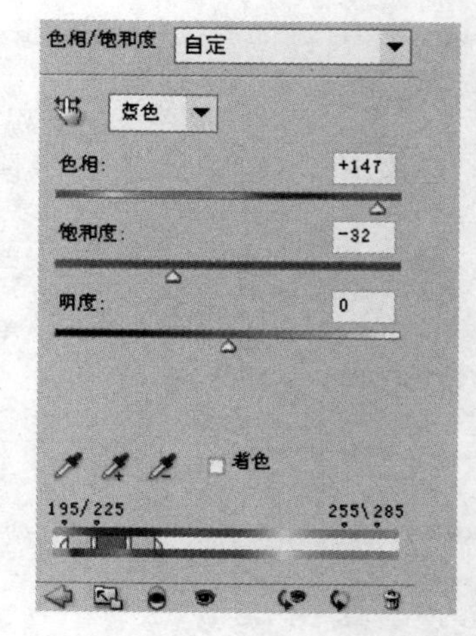

图 9-35　色相/饱和度参数设置

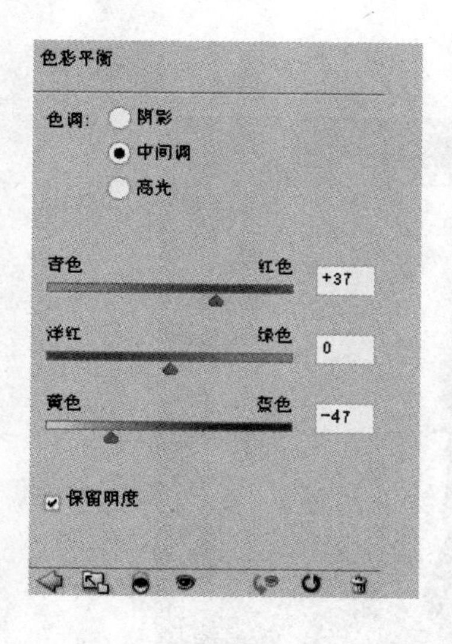

图 9-36　色彩平衡参数设置

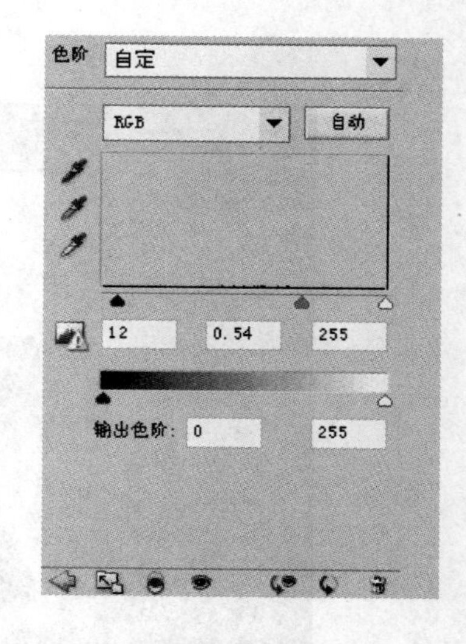

图 9-37　色阶参数设置

4）最后使用上面的方法给胶片光线区域内的部分以及右侧远离光线的部分添加高光和阴影，让它更融合于整个场景之中。添加胶片盒完成的效果如图 9-38 所示。

（16）添加电影打板和宣传语。其操作方法为：

1）下载素材，将打板从背景抠出，转换为智能对象，使用自由变换将其大小调整到合适。由于原素材偏青色，颜色较少并且亮度较高，所以首先应使用色相饱和度调整图层来做调整，让青色的板子偏红偏暗一些，具体参数设置如图 9-39 所示。

2）可以观察到，板子偏红的程度还不够，所以再给图层添加色彩平衡调整图层，给它添加一定量的红色，参数设置如图 9-40 所示。

3）使用色阶调整图层将图片压暗，参数设置如图 9-41 所示。

4）最后在板子的背后和靠墙的部分画上阴影，在板子的左下角叠加白色画出高光部分，给主视觉（椅子）的左侧添加宣传语，添加电影打板完成的效果如图 9-42 所示。

图 9-38 添加胶片盒完成效果

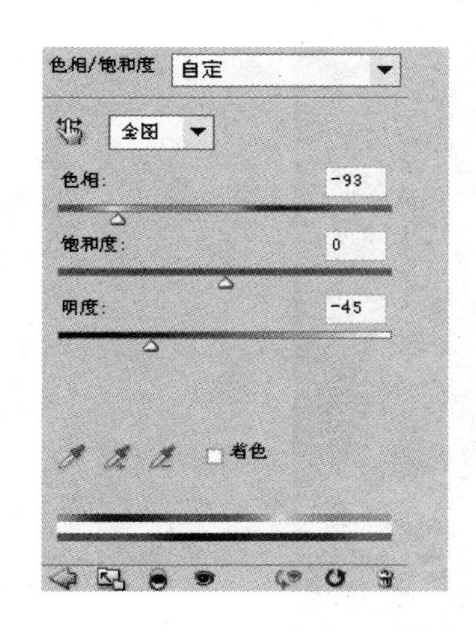

图 9-39 色相/饱和度参数设置

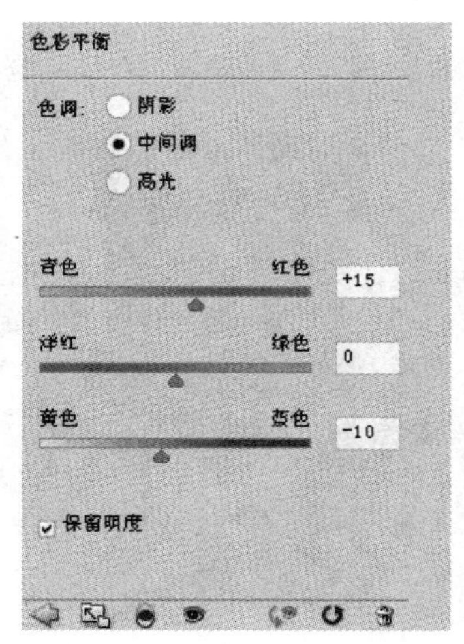

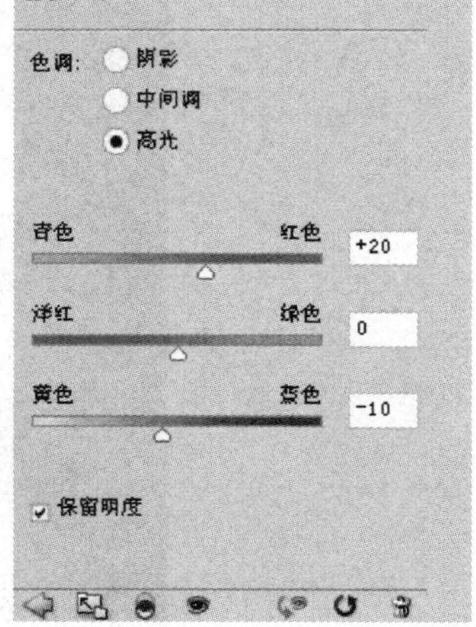

图 9-40 调整图层

（17）最后设计页脚并添加版权信息。其操作方法为：

1）首先新建一个图层组，命名为“页脚”，在其中新建一个图层，使用矩形工具（U），在文档底部画出一个横跨整个文档的黑色矩形；使用文字工具（T）分别键出“飞鱼导演工作室 FLYFISH FILM STUDIO”“FLYFISH FILM STUDIO ALL RIGHTS RESERVE 2011-2013”和“网页设计 STARTWMLIFE. COM 京 ICP 备 20111011”三行文字。第一行文字12像素大小，中文部分使用方正小标宋字体，英文部分使用Georgia字体，颜色#ab8574；第二行英文文字应用04b_03像素字体，8像素大小，颜色#492317；第三行文字和第一行文字相同，而颜色上和第二行文字相同。

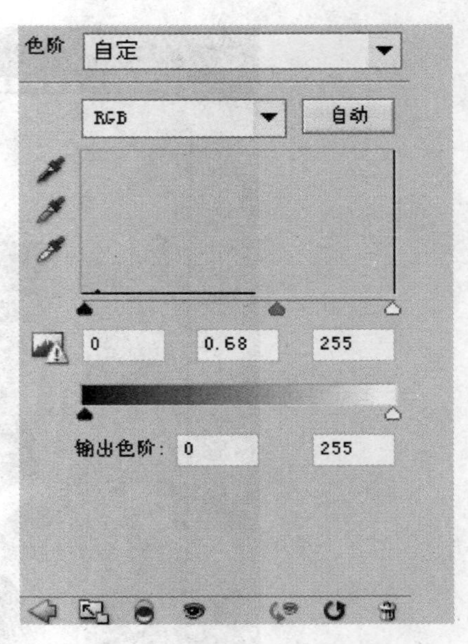

图9-41 调整色阶将图片压暗

2）接下来将老式留声机从背景抠出，转换为智能对象，自由变换改变大小。由于图片本身有些暗，所以新建一个图层，创建为剪贴蒙版，使用柔软白色画笔在需要调亮的地方画出白色，然后改变图层混合模式为叠加，如图9-43所示，这样本身暗的部分就被调亮了。

3）最后，将前景色调整为白色，放大文档，使用1像素的铅笔工具分别画出紧挨在一起的3像素高、2像素高和1像素高的三个垂直白线，这样就创建好了细腻的箭头效果。缩小文档至100%，会看到实际的效果，前进后退箭头如法炮制，最后给它们应用如图9-43所示的渐变叠加图层样式。

图9-42 添加电影打板效果

页脚部分的最终效果如图9-44所示。

至此，电影导演工作室主页的设计就全部完成了。如有需要，可以下载PSD文件，详细查看每一步骤的具体操作。最终的效果缩略图如图9-45所示，也可以点击查看大图。

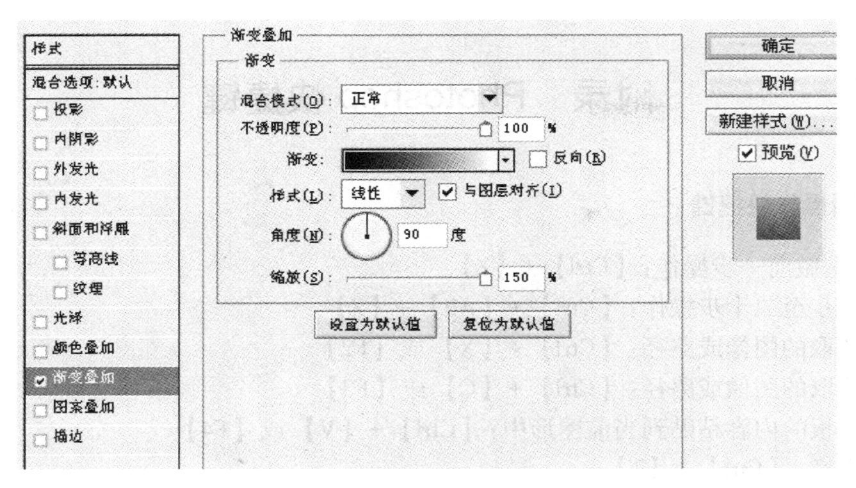

图 9-43　渐变叠加

图 9-44　页脚部分

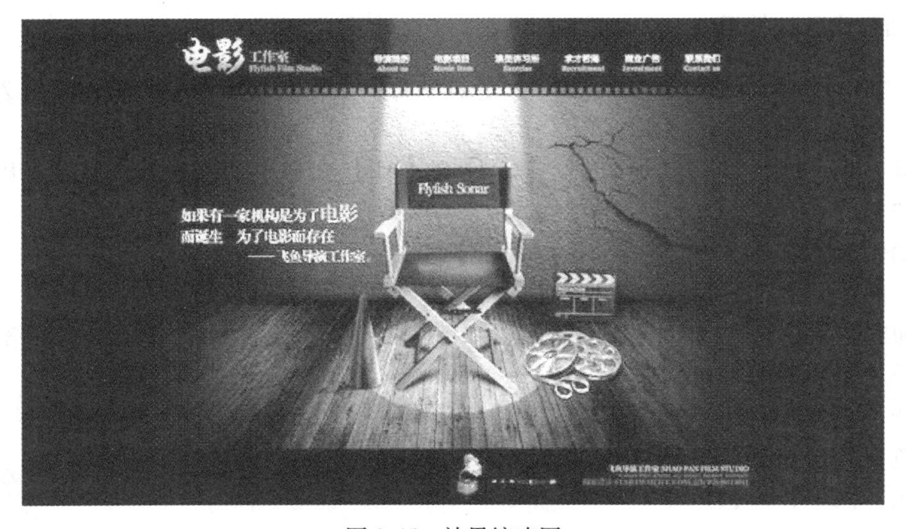

图 9-45　效果缩略图

【项目总结】

本章主要讲解了 Photoshop CS6 的 Web 图形创建工具以及 Web 图形的存储方法。对于学习网页设计的读者，本章内容必须完全掌握。

附录　Photoshop 快捷键

1. 编辑操作快捷键

撤销/重做前一步操作：【Ctrl】+【Z】
撤销两步至二十步操作：【Ctrl】+【Alt】+【Z】
剪切选取的图像或路径：【Ctrl】+【X】或【F2】
拷贝选取的图像或路径：【Ctrl】+【C】或【F3】
将剪贴板的内容粘贴到当前图形中：【Ctrl】+【V】或【F4】
自由变换：【Ctrl】+【T】
应用自由变换（在自由变换模式下）：【Enter】
扭曲（在自由变换模式下）：【Ctrl】
取消变形（在自由变换模式下）：【Esc】
再次变换复制的像素数据并建立一个副本：【Ctrl】+【Shift】+【Alt】+【T】
删除选框中的图案或选取的路径：【Del】
用前景色填充所选区域或整个图层：【Alt】+【BackSpace】或【Alt】+【Del】
用背景色填充所选区域或整个图层：【Ctrl】+【BackSpace】或【Ctrl】+【Del】
弹出"填充"对话框：【Shift】+【BackSpace】或【Shift】+【F5】

2. 图像调整快捷键

（按【Alt】不放再选图像调整命令，各选项将以上次使用该命令时的设置值为其缺省值）

调整色阶：【Ctrl】+【L】（同上【Ctrl】+【Alt】+【L】调整色阶的选项是以历史设置值为缺省值）

自动调整色阶：【Ctrl】+【Shift】+【L】
打开曲线调整对话框：【Ctrl】+【M】
使曲线网格更精细或更粗糙（"曲线"对话框中）：按住【Alt】键，点击网格
打开"色彩平衡"对话框：【Ctrl】+【B】
打开"色相/饱和度"对话框：【Ctrl】+【U】
去色：【Ctrl】+【Shift】+【U】
反相：【Ctrl】+【I】

3. 图层操作快捷键

从对话框新建一个图层：【Ctrl】+【Shift】+【N】
通过拷贝建立一个图层：【Ctrl】+【J】
通过拷贝建立一个图层并重命名新图层：【Ctrl】+【Alt】+【J】
图层编组：【Ctrl】+【G】

取消编组：【Ctrl】+【Shift】+【G】
向下合并：【Ctrl】+【E】
合并可见图层：【Ctrl】+【Shift】+【E】
盖印图层：【Ctrl】+【Shift】+【Alt】+【E】
将当前层下移一层：【Ctrl】+【［】
将当前层上移一层：【Ctrl】+【］】
将当前层移到最下面：【Ctrl】+【Shift】+【［】
将当前层移到最上面：【Ctrl】+【Shift】+【］】
激活下一个图层：【Alt】+【［】
激活上一个图层：【Alt】+【］】
调整当前图层的透明度（当前工具为无数字参数的，如移动工具）：【0】至【9】
保留当前图层的透明区域（开关）：【/】
投影效果（在“效果”对话框中）：【Ctrl】+【1】
内阴影效果（在“效果”对话框中）：【Ctrl】+【2】
外发光效果（在“效果”对话框中）：【Ctrl】+【3】
内发光效果（在“效果”对话框中）：【Ctrl】+【4】
斜面和浮雕效果（在“效果”对话框中）：【Ctrl】+【5】

4. 选择功能快捷键

全部选取：【Ctrl】+【A】
取消选择：【Ctrl】+【D】
恢复最后的那次选择：【Ctrl】+【Shift】+【D】
羽化选择：【Shift】+【F6】
反向选择：【Ctrl】+【Shift】+【I】或【Shift】+【F7】
路径变选区：【Ctrl】+【Enter】
载入选区：【Ctrl】+点按图层、路径、通道面板中的缩略图
滤镜快捷键
重复上次所做的滤镜：【Ctrl】+【F】
按上次的滤镜参数调出对话框：【Ctrl】+【Alt】+【F】

5. 视图操作快捷键

显示对应的单色通道：【Ctrl】+【数字】
以 CMYK 方式预览（开关）：【Ctrl】+【Y】
放大视图：【Ctrl】+【+】
缩小视图：【Ctrl】+【-】
满画布显示：【Ctrl】+【0】或双击抓手工具
实际像素显示：【Ctrl】+【Alt】+【0】或双击缩放工具
工具箱（多种工具共用一个快捷键的可同时按【Shift】加此快捷键选取）
移动工具：【V】

矩形、椭圆选框工具:【M】
套索、多边形套索、磁性套索:【L】
快速选择、魔棒工具:【W】
裁剪、透视裁剪、切片、切片选择工具:【C】
吸管、颜色取样器、标尺、注释工具:【I】
污点修复画笔、修复画笔、修补、内容感知移动、红眼工具:【J】
画笔工具、铅笔、颜色替换、混合器画笔工具:【B】
仿制图章、图案图章工具:【S】
历史记录画笔、历史记录艺术画笔工具:【Y】
橡皮擦、背景橡皮擦、魔术橡皮擦工具:【E】
渐变、油漆桶工具:【G】
减淡、加深、海绵工具:【O】
钢笔、自由钢笔:【P】
添加锚点工具:【+】
删除锚点工具:【-】
横排文字、直排文字、横排文字蒙版、直排文字蒙版工具:【T】
路径选择、直接选择工具:【A】
矩形、圆角矩形、椭圆、多边形、直线、自定形状工具:【U】
抓手工具:【H】
旋转视图:【R】
缩放工具:【Z】
默认前景色和背景色:【D】
切换前景色和背景色:【X】
以快速蒙版模式编辑:【Q】
标准屏幕模式、带有菜单栏的全屏模式、全屏模式:【F】
临时使用移动工具:【Ctrl】
临时使用抓手工具:【空格】
选择第一个画笔:【Shift】+【[】
选择最后一个画笔:【Shift】+【]】

6. 文件操作快捷键

新建图形文件:【Ctrl】+【N】
用默认设置创建新文件:【Ctrl】+【Alt】+【N】
打开已有的图像:【Ctrl】+【O】
关闭当前图像:【Ctrl】+【W】
保存当前图像:【Ctrl】+【S】
另存为:【Ctrl】+【Shift】+【S】
页面设置:【Ctrl】+【Shift】+【P】
打印:【Ctrl】+【P】

打开“预置”对话框：【Ctrl】+【K】
显示最后一次显示的“预置”对话框：【Alt】+【Ctrl】+【K】

7. 快捷键

F1——帮助
F2——剪切
F3——拷贝
F4——粘贴
F5——隐藏/显示画笔面板
F6——隐藏/显示颜色面板
F7——隐藏/显示图层面板
F8——隐藏/显示信息面板
F9——隐藏/显示动作面板
F12——恢复
Ctrl+H——隐藏选定区域
Ctrl+D——取消选定区域
Ctrl+Q——退出 Photoshop

参 考 文 献

[1] 时代印象．中文版 Photoshop CS6 技术大全［M］. 北京：人民邮电出版社，2013.

[2] 王红卫．全视频 Photoshop CS6 图像处理专家［M］. 北京：中国铁道出版社，2013.

[3] 创锐设计．中文版 Photoshop CS6 从入门到精通超值精华版［M］. 北京：电子工业出版社，2013.

[4] 高旺 . Photoshop CS6 超级手册［M］. 北京：人民邮电出版社，2013.

[5] 刘杰．思路与手法：Photoshop CS6/CC 数码摄影后期处理精技［M］. 北京：人民邮电出版社，2014.

[6] Art Eyes 设计工作室．中文版 Photoshop CS6 平面设计创意日记［M］. 北京：人民邮电出版社，2014.

[7] 陈维华，等．Photoshop CC 图像设计与制作［M］. 北京：清华大学出版社，2015.

[8] 刘孟辉 . Photoshop CS3 中文版商业广告设计与应用精粹［M］. 北京：电子工业出版社，2008.

[9] 傅伟 . Photoshop 项目化教程（修订版）［M］. 北京：西安交通大学出版社，2016.

[10] 孙毅芳，王丽敏，等．Photoshop 平面设计实用教程（第 3 版）［M］. 北京：清华大学出版社，2016.

[11] 传智播客高教产品研发部 . Photoshop CS6 图像处理案例教程［M］. 北京：中国铁道出版社，2017.